ADOBE DREAMWEAVER CS6
标准培训教材

ACAA教育发展计划ADOBE标准培训教材

主 编 ACAA专家委员会 DDC 传媒

编 著 余贵滨 徐伟来

人民邮电出版社

北 京

图书在版编目（CIP）数据

ADOBE DREAMWEAVER CS6标准培训教材 / ACAA专家委
员会，DDC传媒主编；余贵滨，徐伟来编著. -- 北京：
人民邮电出版社，2013.1（2017.3重印）
ISBN 978-7-115-29683-2

Ⅰ. ①A… Ⅱ. ①A… ②D… ③余… ④徐… Ⅲ. ①网
页制作工具－教材 Ⅳ. ①TP393.092

中国版本图书馆CIP数据核字(2012)第239315号

ADOBE DREAMWEAVER CS6 标准培训教材

♦ 主　　编　ACAA 专家委员会　　DDC 传媒
　　编　　著　余贵滨　徐伟来
　　责任编辑　赵　轩

♦ 人民邮电出版社出版发行　　北京市丰台区成寿寺路 11 号
　　邮编　100164　　电子邮件　315@ptpress.com.cn
　　网址　http://www.ptpress.com.cn
　　固安县铭成印刷有限公司印刷

♦ 开本：800×1000　1/16
　　印张：19.75
　　字数：507 千字　　　　　　　　　2013 年 1 月第 1 版
　　印数：5 501－5 800 册　　　　　　2017 年 3 月河北第 5 次印刷

ISBN 978-7-115-29683-2
定价：45.00 元
读者服务热线：(010)81055410　印装质量热线：(010)81055316
反盗版热线：(010)81055315
广告经营许可证：京东工商广字第 8052 号

内容提要

　　本书全面详细地介绍了使用 Adobe Dreamweaver CS6 软件建立站点以及管理站点资源的方法，图文并茂地讲解了文本、表格、框架、层（APDIV）等网页排版方法，另外还介绍了如何在 Dreamweaver 中应用图像和多媒体元素。结合实际应用环境，书中还着重讲解了建立超级链接、使用库和行为的方法。本书语言通俗易懂、循序渐进，并配以大量的图示，特别适合初学者学习，对有一定基础的读者也大有裨益。

　　本书对 Adobe 中国认证设计师考试具有指导意义，同时也可以作为高等院校美术专业计算机辅助设计课程的教材。另外，本书也非常适合其他各类相关培训班学员及广大自学人员参考阅读。

前　言

秋天，藕菱飘香，稻菽低垂。往往与收获和喜悦联系在一起。

秋天，天高云淡，望断南飞雁。往往与爽朗和未来的展望联系在一起。

秋天，还是一个登高望远、鹰击长空的季节。

心绪从大自然的悠然清爽转回到现实中，在现代科技造就的世界不断同质化的趋势中，创意已经成为 21 世纪最为价值连城的商品。谈到创意，不能不提到两家国际创意技术先行者——Apple 和 Adobe，以及三维动画和工业设计的巨擘——Autodesk。

1993 年 8 月，Apple 带来了令国人惊讶的 Macintosh 电脑和 Adobe Photoshop 等优秀设计出版软件，带给人们几分秋天高爽清新的气息和斑斓的色彩。在铅与火、光与电的革命之后，一场彩色桌面出版和平面设计革命在中国悄然兴起。抑或可以冒昧地把那时标记为以现代数字技术为代表的中国创意文化产业发展版图上的一个重要的原点。

1998 年 5 月 4 日，Adobe 在中国设立了代表处。多年来在 Adobe 北京代表处的默默耕耘下，Adobe 在中国的用户群不断成长，Adobe 的品牌影响逐渐深入到每一个设计师的心田，它在中国幸运地拥有了一片沃土。

我们有幸在那样的启蒙年代融入到中国创意设计和职业培训的涓涓细流中……

1996 年金秋，万华创力 / 奥华创新教育团队从北京一个叫朗秋园的地方一路走来，从秋到春，从冬到夏，弹指间见证了中国创意设计和职业教育的蓬勃发展与盎然生机。

伴随着图形、色彩、像素……我们把一代一代最新的图形图像技术和产品通过职业培训和教材的形式不断介绍到国内——从 1995 年国内第一本自主编著出版的《Adobe Illustrator 5.5 实用指南》，第一套包括 Mac OS 操作系统、Photoshop图像处理、Illustrator 图形处理、PageMaker 桌面出版和扫描与色彩管理的全系列的"苹果电脑设计经典"教材，到目前主流的"Adobe 标准培训教材"系列、"Adobe 认证考试指南"系列等。

十几年来，我们从稚嫩到成熟，从学习到创新，编辑出版了上百种专业数字艺术设计类教材，影响了整整一代学生和设计师的学习和职业生活。

千禧年元月，一个值得纪念的日子，我们作为唯一一家"Adobe 中国授权考试管理中心（ACECMC）"与 Adobe 公司正式签署战略合作协议，共同参与策划了"Adobe 中国教育认证计划"。那时，中国的职业培训市场刚刚起步，方兴未艾。从此，创意产业相关的教育培训与认证成为我们 21 世纪发展的主旋律。

2001 年 7 月，万华创力 / 奥华创新旗下的 DDC 传媒——一个设计师入行和设计师交流的网络社区诞生了。它是一个以网络互动为核心的综合创意交流平台，涵盖了平面设计交流、CG 创作互动、主题设计赛事等众多领域，当时还主要承担了 Adobe 中国教育认证计划和中国商业插画师（ACAA 中国数字艺术教育联盟计划的前身）培训认证在国内的推广工作，以及 Adobe 中国教育认证计划教材的策划及编写工作。

2001 年 11 月，第一套"Adobe 中国教育认证计划标准培训教材"正式出版，即本教材系列首次亮相面世。当时就成为市场上最为成功的数字艺术教材系列之一，也标志着我们从此与人民邮电出版社在数字艺术专业教材方向上建立了战略合作关系。在教育计划和图书市场的双重推动下，Adobe 标准培训教材长盛不衰。尤其是近几年，教育计划相关的创新教材产品不断涌现，无论是数量还是品质上都更上一层楼。

2005 年，我们联合 Adobe 等国际权威数字工具厂商，与中国顶尖美术艺术院校一起创立了"ACAA 中国数字艺术教育联盟"，旨在共同探索中国数字艺术教育改革发展的道路和方向，共同开发中国数字艺术职业教育和认证市场，共同推动中国数字艺术产业的发展和应用水平的提高。是年秋，ACAA 教育框架下的第一个数字艺术设计职业教育项目在中央美术学院城市设计学院诞生。首届 ACAA-CAFA 数字艺术设计进修班的 37 名来自全国各地的学生成为第一批"吃螃蟹"的人。从学院放眼望去，远处规模宏大的北京新国际展览中心正在破土动工，躁动和希望漫步在田野上。迄今已有数百名 ACAA 进修生毕业，迈进职业设计师的人生道路。

2005 年 4 月，Adobe 公司斥资 34 亿美元收购 Macromedia 公司，一举改变了世界数字创意技术市场的格局，使得网络设计和动态媒体设计领域最主流的产品 Dreamweaver 和 Flash 成为 Adobe 市场战略规划中的重要的棋子，从而进一步奠定了 Adobe 的市场统治地位。次年，Adobe 与前 Macromedia 在中国的教育培训和认证体系顺利地完成了重组和整合。前 Macromedia 主流产品的加入，使我们可以提供更加全面、完整的数字艺术专业培养和认证方案，为职业技术院校提供更好的支持和服务。全新的 Adobe 中国教育认证计划更加具有活力。

2008 年 11 月，万华创力公司正式成为 Autodesk 公司的中国授权培训管理中心，承担起 ATC (Autodesk Authorized Training Center) 项目在中国推广和发展的重任。ACAA 教育职业培训认证方向成功地从平面、网络创意，发展到三维影视动画、三维建筑、工业设计等广阔天地。

继 1995 年史蒂夫·乔布斯创始的皮克斯动画工作室 (Pixar Animation Studios) 制作出世界上第一部全电脑制作的 3D 动画片《玩具总动员》并以 1.92 亿美元票房刷新动画电影纪录以来，3D 动画风起云涌，短短十余年迅速取代传统的二维动画制作方式和流程。

2009 年詹姆斯·卡梅隆的 3D 立体电影《阿凡达》制作完成，并成为全球第一部票房突破 19 亿并一路到达 27 亿美元的影片，这使得 3D 技术产生历史性的突破。卡梅隆预言的 2009 年为"3D 电影元年"已然成真——3D 立体电影开始大行其道。

无论是传媒娱乐领域，还是在建筑业、制造业，三维技术正走向成熟并更为行业所重视。连同建筑设计领域所热衷的建筑信息模型（BIM）、工业制造业所瞩目的数字样机解决方案，Autodesk 技术成为传媒娱乐行业、建筑行业、制造业和相关设计行业的重要行业解决方案并在国内掀起热潮。

ACAA 正是在这样的时代浪潮下，把握教育发展脉搏、紧跟行业发展形势，与 Autodesk 联手，并肩飞跃。

2009 年 11 月，Autodesk 与中华人民共和国教育部签署《支持中国工程技术教育创新的合作备忘录》，进一步提升中国工程技术领域教学和师资水平，免费为中国数千所院校提供 Autodesk 最新软件、最新解决方案和培训。在未来 10 年中，中国将有 3000 万的学生与全球的专业人士一样使用最先进的 Autodesk 正版设计软件，促进新一代设计创新人才成长，推动中国设计和创新领域的快速发展。

2010 年秋，ACAA 教育向核心职业教育合作伙伴全面开放 ACAA 综合网络教学服务平台，全方位地支持老师和教学机构开展 Adobe、Autodesk、Corel 等创意软件工具的教学工作，服务于广大学生更好地学习和掌握这些主流的创意设计工具。包括网络教学课件、专家专题讲座、在线答疑、案例解析和素材下载等。

2012 年 4 月，为完成文化部关于印发《文化部"十二五"时期文化产业倍增计划》的通知中文化创意产业人才培养和艺术职业教育的重要课题，中国艺术职业教育学会与 ACAA 中国数字艺术教育联盟签署合作备忘，启动了《数字艺术创意产业人才专业培训与评测计划》，并在北京举行签约仪式和媒体发布会。ACAA 教育强化了与创意产业的充分结合。

2012 年 8 月，ACAA 作为 Autodesk ATC 中国授权管理中心，与中国职业技术教育学会签署合作协议，以深化职业院校的合作，并为合作院校提供更多服务。ACAA 教育强化了与职业教育的充分结合。

今天，ACAA 教育脚踏实地、继往开来，积跬步以至千里，不断实践与顶尖国际厂商、优秀教育机构、专业行业组织的强强联合，为中国创意职业教育行业提供更为卓越的教育认证服务平台。

ACAA 中国教育发展计划

ACAA 数字艺术教育发展计划面向国内职业教育和培训市场，以数字技术与艺术设计相结合的核心教育理念，以远程网络教育为主要教学手段，以"双师型"的职业设计师和技术专家为主流教师团队，为职业教育市场提供业界领先的 ACAA 数字艺术教育解决方案，提供以富媒体网络技术实现的先进的网络课程资源、教学管理平台以及满足各阶段教学需求的完善而丰富的系列教材。ACAA 数字艺术教育是一个覆盖整个创意文化产业核心需求的职业设计师入行教育和人才培养计划。

ACAA 数字艺术教育发展计划秉承数字技术与艺术设计相结合、国际厂商与国内院校相结合、学院教育与职业实践相结合的教育理念，倡导具有创造性设计思维的教育主张与潜心务实的职业主张。跟踪世界先进的设计理念和数字技术，引入国际、国内优质的教育资源，构建一个技能教育与素质教育相结合、学历教育与职业培训相结合、院校教育与终身教育相结合的开放式职业教育服务平台。为广大学子营造一个轻松学习、自由沟通和严谨治学的现代职业教育环境。为社会打造具有创造性思维的、专业实用的复合型设计人才。

远程网络教育主张

ACAA 教育从事数字艺术专业网络教育服务多年。自主研发制作了众多的 eLearning 网络课程，建立了以富媒体网络技术为基础的网络教学平台。能够帮助学生更快速地获得所需学习资源、专家帮助，及及时掌握行业动态、了解技术发展趋势，显著地增强学习体验，提高学习效率。

ACAA 教育采用以优质远程教学和全方位网络服务为核心，辅助以面授教学和辅导的战略发展策略。

• 解决优秀教育计划和优质教学资源的生动、高效、低成本传播问题，并有效地保护这些教育资源的知识产权。

• 使稀缺的、不可复制的优秀教师和名师名家的知识与思想（以网络课程的形式）成为可复制、可重复使用以及可以有效传播的宝贵资源。使知识财富得以发挥更大的光和热，使教师哺育更多的莘莘学子，得到更多的回报。

• 跨越时空限制，将国际、国内知名专家学者的课程传达给任何具有网络条件的院校。使学校以最低的成本实现教学计划或者大大提高教学水平。

· 实现全方位、交互式、异地异步的在线教学辅导、答疑和服务。使随时随地进行职业教育和培训的开放教育和终身教育理念得以实现。

职业认证体系

ACAA 职业技能认证项目基于国际主流数字创意设计平台，强调专业艺术设计能力培养与数字工具技能培养并重，专业认证与专业教学紧密相联，为院校和学生提供完整的数字技能和设计水平评测基准。

专业方向（高级行业认证）	ACAA 中国数字艺术设计师认证
视觉传达 / 平面设计专业方向	平面设计师
	电子出版师
动态媒体 / 网页设计专业方向	网页设计师
	动漫设计师
三维动画 / 影视后期专业方向	视频编辑师
	三维动画师
动漫设计 / 商业插画专业方向	动漫设计师
	商业插画师
	原画设计师
室内设计 / 商业展示专业方向	室内设计师
	商业展示设计师

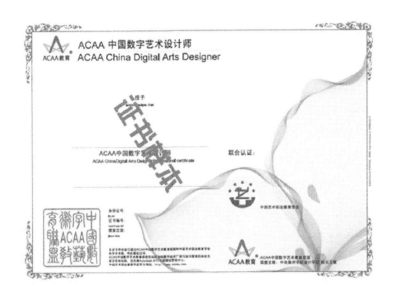

标准培训教材系列

ACAA 教育是国内最早从事数字艺术专业软件教材和图书撰写、编辑、出版的公司之一，在过去十几年的 Adobe/Autodesk 等数字创意软件标准培训教材编著出版工作中，始终坚持以严谨务实的态度开发高水平、高品质的专业培训教材。已出版了包括标准培训教材、认证考试指南、案例风暴和课堂系列在内的众多教学丛书，成为 Adobe 中国教育认证计划、Autodesk ATC 授权培训中心项目及 ACAA 教育发展计划的重要组成部分，为全国各地职业教育和培训的开展提供了强大的支持，深受合作院校师生的欢迎。

"ACAA Adobe 标准培训教材"系列适用于各个层次的学生和设计师学习需求，是掌握 Adobe 相关软件技术最标准规范、实用可靠的教材。"标准培训教材"系列迄今已历经多次重大版本升级，例如 Photoshop 从 6.0C、7.0C 到 CS、CS2、CS3、CS4、CS5、CS6 等版本。多年来的精雕细琢，使教材内容越发成熟完善。系列教材包括：

— 《ADOBE PHOTOSHOP CS6 标准培训教材》

— 《ADOBE ILLUSTRATOR CS6 标准培训教材》

— 《ADOBE INDESIGN CS6 标准培训教材》

— 《ADOBE AFTER EFFECTS CS6 标准培训教材》

— 《ADOBE PREMIERE PRO CS6 标准培训教材》

— 《ADOBE DREAMWEAVER CS6 标准培训教材》

— 《ADOBE FLASH PROFESSIONAL CS6 标准培训教材》

— 《ADOBE AUDITION CS6 标准培训教材》

— 《ADOBE FIREWORKS CS6 标准培训教材》

— 《ADOBE ACROBAT XI PRO 标准培训教材》

关于我们

ACAA 教育是国内最早从事职业培训和国际厂商认证项目的机构之一，致力于职业培训认证事业发展已有十六年以上的历史。并已经与国内超过 300 多家教育院校和培训机构，以及多家国家行业学会或协会建立了教育认证合作关系。

ACAA 教育旨在成为国际厂商和国内院校之间的桥梁和纽带，不断引进和整合国际最先进的技术产品和培训认证项目，服务于国内教育院校和培训机构。

ACAA 教育主张国际厂商与国内院校相结合、创新技术与学科教育相结合、职业认证与学历教育相结合、远程教育与面授教学相结合的核心教育理念；不断实践开放教育、终身教育的职业教育终极目标，推动中国职业教育与培训事业蓬勃发展。

ACAA 中国创新教育发展计划涵盖了以国际尖端技术为核心的职业教育专业解决方案、国际厂商与顶尖院校的测评与认证体系，并构建完善的 ACAA eLearning 远程教育资源及网络实训与就业服务平台。

北京万华创力数码科技开发有限公司

北京奥华创新信息咨询服务有限公司

地址：北京市朝阳区东四环北路 6 号 2 区 1-3-601

邮编：100016

电话：010-51303090-93

网站：http://www.acaa.cn, http//www.ddc.com.cn

（2012 年 8 月 30 日修订）

目 录

Dreamweaver CS6 基础知识

1

学习要点：

· Dreamweaver CS6 简介
· Dreamweaver CS6 的工作界面
· Dreamweaver CS6 的新功能

1.1 Dreamweaver CS6 简介

Dreamweaver 是一款专业的网站设计开发软件。Dreamweaver 以及 Flash、Fireworks 最早是由 Macromedia 公司开发的一套网页设计软件。Flash 用来生成矢量动画，Fireworks 用来制作网页图像，Dreamweaver 可以进行各种素材的集成和网络发布。这三款软件在国内有"网页三剑客"之称。2005 年，Macromedia 公司被 Adobe 公司收购，"网页三剑客"成为了 Adobe 软件家族的主要成员。两家公司的结合，给 Dreamweaver 发展带来了更为广阔的前景，Adobe 公司对 Dreamweaver 进行了大量的升级和功能整合，大大增强了 Dreamweaver 的功能，到目前为止，Dreamweaver 已经升级到 CS6 版本。

随着互联网和移动互联网的发展，终端设备和平台的多样化，仅适合于计算机屏幕浏览的网页内容已经无法满足用户的需求。制作即适合普通计算机屏幕，又适合于手机、平板电脑屏幕浏览的网页内容变得异常迫切。市场上网页开发工具繁多，有些仅适合于熟悉编程的专业程序开发人员使用，不支持可视化；有些仅支持开发适合计算机屏幕的网站，不能制作适合手机等移动设备应用的网站；而 Dreamweaver CS6 经过不断升级，除具备了可视化的设计界面、强大的网页设计功能和编辑功能外，还具备了开发移动应用程序的功能，使得制作跨平台兼容性内容变得轻而易举。

Dreamweaver 是一款"所见即所得"的网页编辑工具，利用 AP Div、行为、CSS、模板等技术对网页应用程序进行设计、编码和开发。显示器的内容被更改，结果会直接显示，并且出现相应的代码；反过来，代码被更改，显示器中的内容也随之变动，可以很直观地查看到代码编译出的实际效果。不管是对于网页设计师、前端开发人员还是程序开发人员，Dreamweaver 都提供了实用的编辑工具，使得他们可以高效地开发网站及应用程序。

结合 Dreamweaver 的可视化编辑功能，在通常情况下，用户可以不需要编写任何代码，直接在可视化环境中调整各种元素，快速地创建页面。在查看站点元素和资源时，能够直接将它们拖到文档中加以利用。还可以直接将在 Photoshop、Fireworks 或其他图形应用程序中创建和编辑的图像，以及在 Flash 中创建的动画都导入到 Dreamweaver 中，使整个工作流程得到前所未有的优化和整合。当然也能够可视化地进行基于 ColdFusion、ASP、JSP、PHP 服务器技术的动态网站的创建和基于 jQuery Mobile 框架的移动应用程序开发。Dreamweaver 在网站创建过程中起着不可替代的作用，它能够作为设计师和程序员协作的桥梁，将创建网站的各项工作有机地整合到一起。

1.2   Dreamweaver CS6 的工作界面

网页创建中的站点管理流程其实就是插入元素（文本、图像或者 AP 元素等）和修改已插入的元素两个过程的交替进行。Dreamweaver 为了让整个设计过程简单化，将一系列窗口、面板和检查器整合，提供快速便捷的操作服务。我们在进行网页创建之前要先对 Dreamweaver 的工作区有一些基本的概念，通过了解如何选择选项、如何使用检查器和面板以及如何设置最适合用户工作风格的参数来提高网页设计的效率和质量。

1.2.1   界面布局

在 Windows 系统中的集成 Dreamweaver CS6 工作区预设布局与 Dreamweaver CS5 的布局种类相比，除了经典、编码器、编码人员（高级）、设计器、设计人员（紧凑）和双重屏幕几种布局模式外，还新增了 Business Catalyst、流体布局、移动应用程序这 3 种布局模式，其中，默认的是"设计器"界面，如图 1-2-1 所示。

图 1-2-1

"设计器"界面面板组停靠在主窗口的右侧，包含面板有：Adobe BrowserLab、插入、CSS 样式、AP 元素、Business Catalyst、文件、资源。在这种工作区布局中，属性检查器在默认情况卜处于展开状态，"文档"窗口在默认情况下以"设计"视图显示，如图 1-2-2 所示。这种界面可以弥补编程能力较差带来的缺陷，并且直观可视，网页的设计效果即在眼前，设计和修改非常方便。

图 1-2-2

"编码器"界面面板组与"设计器"界面相反，停靠在主窗口的左侧，包含面板也比"设计器"界面简洁，仅有：CSS 样式、AP 元素以及文件、资源、代码片段，在默认情况下只展开"文件"面板。在这种工作区布局中，属性检查器在默认情况下处于折叠状态，"文档"窗口在默认情况下以"代码"视图显示，如图 1-2-3 所示。这种界面对于擅长网站后台编程语言的用户来说非常方便，在这里 Dreamweaver 已经提供了很多编程方面的特性。

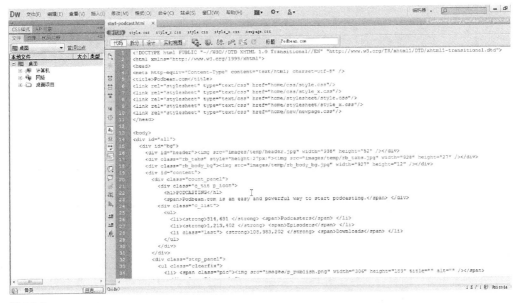

图 1-2-3

"流体布局"界面默认没有显示 Adobe BrowserLab、AP 元素及 Business Catalyst 面板，其他布局都跟"设计器"界面相同，如图 1-2-4 所示。这种界面对于前端开发人员来说非常方便，既直观可视又兼顾到编程。

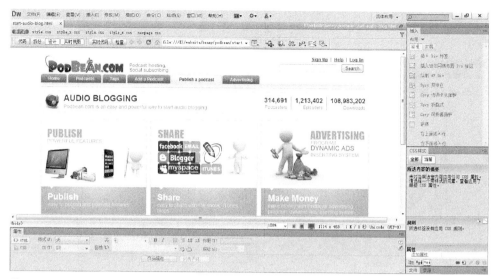

图 1-2-4

　　"移动应用程序"界面面板组分别停靠在主窗口的左右两侧，左侧有 PhoneGap Build、文件、资源；右侧有插入、CSS 过渡效果、jQuery Mobile 色板、CSS 样式，如图 1-2-5 所示。

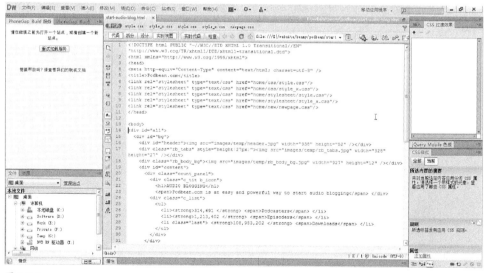

图 1-2-5

　　"双重屏幕"选项适用于在计算机上有两个显示器的用户。Dreamweaver 的界面被分成两部分，一部分显示正在设计的网页内容；而另一部分显示 Dreamweaver 的界面。如果你计算机中拥有两个显示器，可以选择双重显示屏来分布面板组合到第二个显视器上，这样主要的显视器上就有更大的空间，可以大大提高工作效率。

　　此外，"经典"布局模式等同于 Dreamweaver 之前版本中的"设计器"布局模式，"常用"工具栏处于菜单栏的下方，便于习惯之前布局模式的设计者更加顺畅地进行设计工作。其他的几种布局模式，都有其特别明显的强调重点，设计者可以根据需要做不同的选择。

在实际工作中，布局的方式是灵活多变的，我们可以根据自身的需求进行选择，甚至可以创建一个适合自己的工作区布局。执行“窗口→工作区布局→新建工作区”命令，打开“新建工作区”对话框，新建自己喜欢的工作区，如图 1-2-6 所示。

如果希望从当前的工作区切换到另一种工作区，只需执行“窗口→工作区布局→管理工作区”命令，在弹出对话框的列表中选择自己需要的布局类型即可，如图 1-2-7 所示。

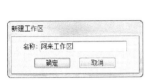

新建工作区
名称：阿来工作区
确定
取消

图 1-2-6

管理工作区
阿来工作区
确定
重命名
删除

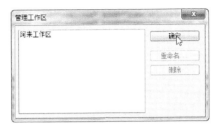

图 1-2-7

1. 应用程序工具栏

在 Adobe Dreamweaver CS6 的窗口标题栏上整合了 5 个网页制作中最常用的命令，与 CS5 不同的是，在 Adobe CS6 系列中统一去除的 CS Live 服务，如图 1-2-8 所示。这样的布局能节省大量时间，让人们投入更多的精力于设计上。这 5 个常用命令可以从菜单栏或者工具栏中找到与之相应的选项。

设计器
xuweilai

图 1-2-8

2. 菜单栏

它包含 10 项主菜单，如图 1-2-9 所示，几乎涵盖了 Dreamweaver CS6 中的所有功能。通过菜单栏的使用可以对对象进行任意的操作与控制。菜单栏按照功能的不同进行相应的划分，使用户在使用的时候能够更方便。

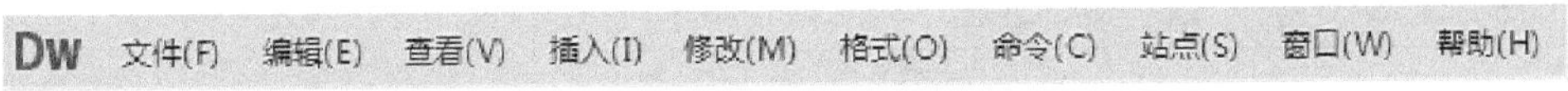

DW
文件(F)
编辑(E)
查看(V)
插入(I)
修改(M)
格式(O)
命令(C)
站点(S)
窗口(W)
帮助(H)

图 1-2-9

3. 插入栏（插入面板）

在“流体布局”布局模式下，Dreamweaver CS6 将原先的插入栏默认呈现为插入面板形式。该面板包含成行的对象图标，用于创建和插入网页元素（例如表格、图像、AP Div 和链接等）的按钮。这些按钮被组织在几个类别中，用户可以在类别弹出的选项卡之间快速地进行切换，如图 1-2-10 所示。Dreamweaver CS6 插入栏的类别与 Dreamweaver CS5 相同，且在此基础上新增了“jQuery Mobile”类别。

如果设计者还是比较习惯使用 Dreamweaver 旧版本界面，可以直接在应用程序工具栏中选择“经典”布局模式，或者执行“窗口→工作区布局→经典”命令。在“经典”布局模式下提供两种模式的插入栏：制表符模式和菜单模式，如图 1-2-11 所示。这两个模式外观非常简洁，以选项卡的形式展现，占据主界面很小的工作区空间，每一个标签包含一套不同的相关图标，便于设计者操作，且有更多空间控制网页的整体设计效果。

图 1-2-10

图 1-2-11

另外，当在插入栏内的工具选项图标上或者空白处单击鼠标右键时，会打开一个包含"颜色图标"和"自定义收藏夹"命令的快捷菜单，其中的"颜色图标"命令处于启用状态，如图 1-2-12 所示。当取消"颜色图标"选项的启用状态时，可以看到"常用"工具栏下的图标由彩色变成了黑白，如图 1-2-13 所示，再次启用时会切换回彩色。

图 1-2-12

图 1-2-13

4. 文档工具栏

在文档工具栏里，用户可以直接根据需要访问很多选项，它们被附在每一个文档窗口的顶部。文档工具栏包含一系列按钮，如图 1-2-14 所示，能改变文档视图，定义页面标题，在浏览器中预览页面以及与站点里的服务器主机相互影响。

5. 文档窗口

文档窗口是在创建网络站点时，所有动作出现的地方，如图 1-2-14 所示。这里是召集所有的页面元素和设计页面的地方，所有操作都可在此直接显现出来。文档窗口与浏览器窗口在外观上非常相似。

6. 标签选择器

标签选择器位于文档窗口底部的状态栏中，如图 1-2-14 所示。随着用户在显示器上选择视觉元素，标签选择器显示相关的 HTML 标签的层次结构。这是在页面上选择不同项目的一种快速且容易的方法。标签选择器在代码视图中是不可见的。

图 1-2-14

7. 属性检查器

通过属性检查器可以检查和编辑当前选定的页面元素最常用的属性。它是上下文相关的，意思是根据你在网络页面上选定的元素类型进行改变。如果你选定了表格，会在属性检查器里看到表格的宽、高、标题、换行、背景颜色等相关属性；如果你选定了图像，则会显示图像的属性，如图 1-2-15 所示。

图 1-2-15

8. 标签组（又称为面板组）

Dreamweaver 通过一套面板和面板组系统来轻松地处理不同的复杂界面。面板组将多个相关面板组合使用，如图 1-2-16 所示。如果需要展开或折叠一个面板组，可以单击面板组名称右侧的"展开面板"或者"折叠为图标"按钮在展开和折叠之间进行切换。

9. 文件面板

它是面板组中用来管理文件和文件夹的一个面板，这些文件可以是 Dreamweaver 站点的一部分，也可以是远程服务器上的。文件面板还可以访问本地磁盘上的全部文件，非常类似于 Windows 资源管理器或 Finder (Macintosh)，如图 1-2-16 所示。

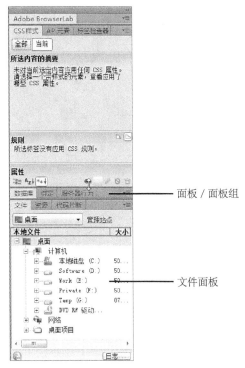

图 1-2-16

除了这些常用的工具外，Dreamweaver 还提供了多种在此处没有说明的面板、检查器和窗口，如 CSS 样式面板和代码检查器等。

在制作网页的时候需要深入了解 Dreamweaver 的操作环境，这样才能非常熟练地用它来设计网页。这些面板都有其负责的功能，也都可以打开或关闭。在没有用到它们的时候可以将其关闭，这样就不会占用屏幕的空间；需要打开时，可以在菜单栏里找到"窗口"菜单，在"窗口"菜单里找到它们并将其打开。设计者在使用中，可以根据自己的需要自由选择。

1.2.2　工具、窗口和面板

本节主要详细介绍如何使用 Dreamweaver CS6 中的各种特定窗口、工具栏、面板、检查器以及 Dreamweaver CS6 工作区的其他元素。

1. 欢迎屏幕

运行 Dreamweaver CS6 软件后，我们最先看到的是起始页的欢迎屏幕，如图 1-2-17 所示。欢迎屏幕在 Windows 上是综合性工作区的一部分，提供了一种快速的方式来展示常见的任务，主要分为 3 栏：打开最近的项目、新建、主要功能。在左侧的"打开最近的项目"栏中，用户可以打开最近使用过的文档；中间的"新建"栏可以创建各类新文档，如 HTML、CSS 或 ASP 文件等；右侧的"主要功能"栏是 Dreamweaver CS6 中主要功能的网上视频教程。欢迎屏幕的下方提供了该软件的快速入门、新增功能、资源和帮助等信息，初次使用 Dreamweaver 的用户能够从中了解该软件的概况，帮助信息可以通过网络不断更新。

图 1-2-17

　　无论是什么原因，如果你不想使用欢迎屏幕，都可以通过在欢迎屏幕的左下角选中"不再显示"复选框，或者通过执行"编辑→首选参数"命令，在弹出的"首选参数"对话框的"分类"列表框中选择"常规"选项，接着将右边"文档选项"栏中的"显示欢迎屏幕"复选框的选中状态取消，如图 1-2-18 所示，下次运行该软件时就不再显示欢迎屏幕了。同样，想再次显示欢迎屏幕的话，可以在"文档选项"栏中重新选中"显示欢迎屏幕"复选框。

图 1-2-18

2. 文档工具栏

　　文档工具栏包含了一些与查看文档、在本地和远程站点间传输文档以及调试 JavaScript 代码有关的普通按钮和选项，如图 1-2-19 所示。

图 1-2-19

　　A. 显示代码视图：单击此按钮可切换到代码视图，使用手写代码的方式对网页进行编辑。

　　B. 显示代码视图和设计视图：又叫做拆分视图。单击此按钮可以将窗口拆分为两部分，一部分显示代码视图，而另一部分显示设计视图。当选择了这种组合视图时，应用程序工具栏"布局"下拉列表框中的"左侧的设计视图"选项变为可用。使用该选项可以指定在文档窗口的左侧显示哪种视图。还可以把默认勾选的"垂直拆分"取消选中，这时文档窗口呈水平拆分形式，原本"布局"下拉列表框中的"左侧的设计视图"选项变为"顶部的设计视图"。使用该选项可以指定在文档窗口的顶部显示哪种视图。

C. 显示设计视图：设计视图是文档窗口的默认视图。这个视图在页面上显示的是 WYSIWYG（所见即所得）模式。它能让你精确地预览到作为被设计的页面在浏览器里的样子。

D. 将设计视图切换到实时视图：单击此按钮，可以像在浏览器中预览一样查看设计效果，显示不可编辑的、交互式的、基于浏览器的文档视图。

E. 多屏幕预览：单击此按钮可检查智能手机、平板电脑和台式机所建立项目的显示画面，通过使用媒体查询，使设计符合多种设备要求。该预览面板现在还能够检查 HTML5 内容呈现。

F. 在浏览器中预览 / 调试：可以让用户选定浏览器来预览页面或者调试 JavaScript，也可以访问定义浏览器对话框，定义新建浏览器，或者对已经确定并且存在的浏览器参考线进行更改。

G. 文件管理：这个下拉列表框通过上载和下载文件，解除锁定它们，以及检查它们入或者出让用户处理站点的文件。在维护网站时，经常需要进行一些小的修改，使用"文件管理"下拉列表框中的选项可以很快地处理好这些事情。不过，只有在站点定义中已经定义了远程站点时，这些选项才能够使用。

H. W3C 验证：该按钮用来检查用户创建的网站内容是否符合 W3C 标准。

I. 检查浏览器兼容性：该按钮用来检查用户创建的网站内容是否能够兼容各种浏览器。

J. 可视化助理：只可在设计视图中使用。用来在网页设计过程中辅助设计师的操作，如标识某些对象或显示一些数据等。它的一系列选项可以打开和关闭网页相关的助理工具。选择"隐藏所有可视化助理"选项可以一次性显示或关闭这些可视化助理。

K. 刷新设计视图：用户在代码视图中进行更改后需要刷新文档的设计视图。在执行某些操作（如保存文件或单击该按钮）之前，用户在代码视图中所做的更改不会自动显示在设计视图中。

L. 文档标题：允许为文档输入一个标题，它将显示在浏览器的标题栏中。如果文档已经有了一个标题，则标题显示在该区域中。

Adobe Dreamweaver CS6 文档工具栏与 CS5 的区别是，当"实时视图"选项处于活动状态时，"实时代码"和"检查模式"这两个选项才会出现在文档工具栏中。另外，原本 CS5 中独立呈现的"浏览器导航"在 CS6 中也整合在"实时视图"时的文档工具栏里，如图 1-2-20 所示。这种改变为设计师提供更大的可视空间，还有更方便快捷的调试环境。

图 1-2-20

M. 实时代码视图：显示浏览器用于执行该页面的实际代码，单击此按钮后，其窗口下的代码以黄色显示且不可编辑。

N. 检查模式：与实时视图一起使用，帮助用户快速识别 HTML 元素及其关联的 CSS 样式。打开检查模式后，将鼠标悬停在页面上的元素上方即可查看任何块级元素的 CSS 盒模型属性。

O. 浏览器导航：该工具栏在实时视图中激活，并显示正在" 文档"窗口中查看的页面的地址。它还可以浏览到您的本地站点以外的站点（例如 http://www.witline.cn），Dreamweaver 也将在"文档"窗口中加载该页面。

P. 实时视图选项：默认情况下，不激活"实时视图"中的链接。在不激活链接的情况下可选择或单击"文档"窗口中的链接文本，而不进入另一个页面。若要在"实时视图"中测试链接，单击此按钮，在菜单中选择"跟踪链接"或"持续跟踪链接"，启用一次性单击或连续单击。

3. 标准工具栏

标准工具栏中包含"文件"和"编辑"菜单中的常用命令，例如，新建、打开、保存、全部保存、打印代码、剪切、复制、撤销和重做等，如图 1-2-21 所示。在默认的界面下，标准工具栏是不显示出来的；如果需要使用它，可以执行"查看→工具栏→标准"命令将其打开。

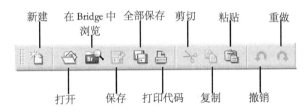

图 1-2-21

备注：在 Adobe CS6 创意套件中，Adobe Bridge CS6 被认为是公用的图像管理软件。无论是使用 Photoshop 还是 Flash 都可以使用 Bridge 为当前创建的项目收集图片素材，当然 Dreamweaver 也不例外，用户在设计网页时可以使用 Bridge 来寻找合适的图片素材。

4. 样式呈现工具栏

样式呈现工具栏默认情况下处于隐藏状态，它包含一些相关的按钮。如果使用依赖于媒体的样式表，则这些按钮可以帮助我们查看设计在不同媒体类型中的呈现方式。它还包含一个允许启用或禁用 CSS 样式的按钮，若要显示该工具栏，选择"查看→工具栏→样式呈现"命令即可，如图 1-2-22 所示。

图 1-2-22

只有在文档使用依赖于媒体的样式表时，此工具栏才有用。例如，样式表可能会为打印媒体指定某种正文规则，而为手持设备指定另一种正文规则。

A. 呈现屏幕媒体类型：显示页面在计算机屏幕上的显示方式。

B. 呈现打印媒体类型：显示页面在打印纸张上的显示方式。

C. 呈现手持型媒体类型：显示页面在手持设备（如手机或 BlackBerry 设备）上的显示方式。

D. 呈现投影媒体类型：显示页面在投影设备上的显示方式。

E. 呈现 TTY 媒体类型：显示页面在电传打字机上的显示方式。

F. 呈现 TV 媒体类型：显示页面在电视屏幕上的显示方式。

G. 切换 CSS 样式的显示：用于启用或禁用 CSS 样式。此按钮可独立于其他媒体按钮之外工作。

H. 设计时样式表：可用于指定设计时样式表。

5. 编码工具栏

编码工具栏垂直显示在文档窗口的左侧，只出现在代码视图中，如图 1-2-23 所示。它包含可用于执行多种标准编码操作的按钮，例如，折叠和展开代码的选定内容、高亮显示无效代码、应用删除注释、缩进代码以及插入最近使用过的代码片段。

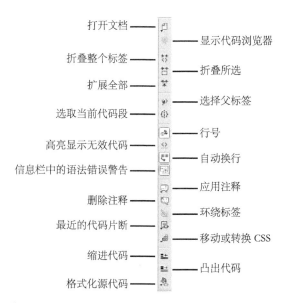

图 1-2-23

在使用编码工具栏时，不能将其取消停靠或移动，但是可以将它隐藏起来。编码工具栏可以通过用户的编辑来显示更多的按钮，例如，自动换行、隐藏字符和自动缩进。除了添加按钮，还可以将一些不常用的按钮隐藏起来。

6. 状态栏

状态栏位于窗口的底部，用于提供与当前文档有关的信息，如图 1-2-24 所示。

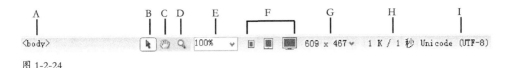

图 1-2-24

A. 标签选择器：显示环绕当前选定内容的标签的层次结构。单击该层次结构中的任何标签以选择该标签及其全部内容。单击 <body> 可以选择文档的整个正文。可以通过右击该标签，在弹出的菜单中选择相应命令来快捷编辑该标签的属性和内容，如设置样式，指定 ID 等。

B. 选取工具：启用和禁用手形工具。

C. 手形工具：用于在"文档"窗口中单击并拖动文档。

D. 缩放工具：放大和缩小当前页面，可按住 Alt 键进行放大或缩小的功能切换。

E. 设置缩放比率：通过弹出菜单可以为文档设置缩放比率。

F. 手机屏幕、平板电脑屏幕和显示器屏幕切换：Dreamweaver CS6 的新增功能，用于调式页面内容在手机、平板电脑、普通显示器中的呈现效果，对于流体布局的页面调试很有帮助。流体布局也是 Dreamweaver CS6 新增的功能，具体的使用方法我们将在后面的章节详细说明。

G. 窗口大小弹出菜单（在"代码"视图中不可用）：用于将"文档"窗口的大小调整到预定义或自定义的尺寸。显示的窗口大小反映浏览器窗口的内部尺寸（不包括边框），显示器大小显示在括号中，如图 1-2-25 所示。若访问者按其默认配置在 800×600 显示器上使用网页浏览器，如 Internet 浏览器，则可使用"760×420（800×600，最大值）"。如果在下拉列表框中没有找到合适的尺寸，可以自己进行任意的尺寸设置。选择最下面的"编辑大小"选项，会弹出一个"首选参数"对话框。在左边的"分类"列表框中选择"窗口大小"选项，在右边的"窗口大小"栏中就可以进行任意数值的设置了，如图 1-2-26 所示。

H. 文档大小和下载时间显示页面（包括所有相关文件，如图像和其他媒体文件）的预计文档大小和预计下载时间。

I. 编码指示器显示当前文档的文本编码。

图 1-2-25

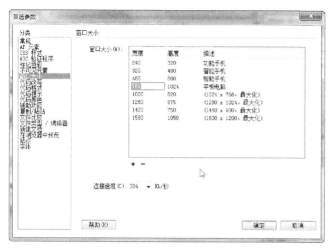

图 1-2-26

7. 状态栏参数设置

　　为状态栏设置参数时，可以执行"编辑→首选参数"命令，打开"首选参数"对话框。在左边的"分类"列表框中选择"窗口大小"选项，在右边就会显示出状态栏的相关设置。状态栏的设置选项分为上下两部分，上面的是窗口大小的设置，如前所述，用户可以自定义出现在状态栏下拉列表框中的窗口大小；下面是连接速度的设置选项，确定下载时的连接速度（以 kbit/s 为单位），如图 1-2-27 所示。页面的下载速度显示在状态栏中。在窗口中选择一个图像时，这个图像的下载速度将会显示在属性检查器中。

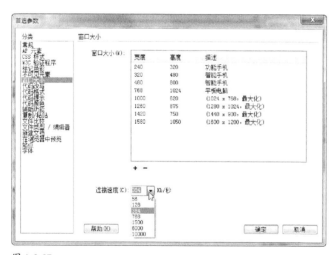

图 1-2-27

1.2.3　使用插入栏

　　插入栏在"设计器"的工作区预设中做为一个面板悬停在文档窗口的右侧，我们可以通过面板的下拉菜单中选择相应的类别来使用不同的对象插入功能。为了方便讲解，我们切换工作区为"经典"，这时插入栏位于菜单栏和文档工具栏的中间部分。插入栏涵盖了在设计网页时最常使用的项目，如图 1-2-28 所示。

图 1-2-28

插入栏包含 9 类对象，分别是常用、布局、表单、数据、Spry、jQuery Mobile、InContext Editing、文本、收藏夹。其他的高级的类别用于各种不同的服务器端脚本语言：ASP、ASP.NET、CFML、Basic、CFML Advanced、JSP、PHP 和 XSLT 等。这些高级的类别只有在打开相应文件类型的文档时才会出现在插入栏中。

1.“常用”选项卡

插入栏中默认的是“常用”选项卡。它为用户准备了诸如图像、表格、媒体、链接等最常用的对象。

2.“布局”选项卡

插入栏中的“布局”选项卡如图 1-2-29 所示，用于处理表格、Div 标签、AP Div 和框架，通过这些对象可以定义页面布局。Dreamweaver 提供了两种方式来使用表格，它们分别是标准视图和扩展视图。另外，还可以进行单元格的布局和表格的布局。

图 1-2-29

3.“表单”选项卡

表单是实现 HTML 互动性的一个主要方式。“表单”选项卡中为用户提供了用来创建基于网页表单的基本构建块，如图 1-2-30 所示。表单仅仅是表单元素的容器，除非执行了“查看→可视化助理→不可见元素”命令，否则表单边框在文档窗口中是看不到的。

图 1-2-30

4.“数据”选项卡

该选项卡主要用来添加与网站后台数据库相关的动态交互元素，例如，记录集、重复区域以及插入表单和更新记录表单等，如图 1-2-31 所示。

图 1-2-31

5.“Spry”选项卡

Spry 构件是一个 JavaScript 库，具有 XML 驱动的列表和表格、折叠构件、选项卡式面板、Spry 工具提示等元素，为网页设计人员提供便利，创建给站点访问者带来更多丰富体验的网页。“Spry”选项卡如图 1-2-32 所示。

图 1-2-32

6. "jQuery Mobile" 选项卡

jQuery Mobile 也是一个 JavaScript 库，是 jQuery 在手机上和平板设备上的版本，具有页面、列表视图、布局网格、可折叠区块、文本输入、密码输入、滑盖、反转切换开关等元素，大大提高了移动设备应用程序的开发效率，如图 1-2-33 所示。

图 1-2-33

7. "InContext Editing" 选项卡

"InContext Editing"选项卡中包含供生成 InContext 编辑页面的按钮，它们分别是"创建重复区域"和"创建可编辑区域"，如图 1-2-34 所示。通过该功能，网页设计人员不但可以维护其站点设计的完整性，同时允许客户处理他们自己的更新。

图 1-2-34

8. "文本" 选项卡

"文本"选项卡用于插入各种文本格式和列表格式的标签。它包含最常用的文本格式 HTML 标签，例如强调文本、改变文本字体或创建项目列表所需要的选项，如图 1-2-35 所示。文本类别包含了一个字符按钮和一些特殊字符，例如欧元符号"€"可以通过被称为"字符实体"的代码在 HTML 中显示出来。Dreamweaver 用字符对象对这些复杂难记的代码实体进行简化。最常用的字符将作为独立对象包含在其中，而一些特殊的字符，则被放置在"其他字符"按钮的对话框中。在文本类别里还包含了可以插入换行符和不间断空格的对象。

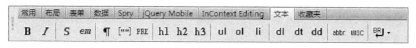

图 1-2-35

9. "收藏夹" 选项卡

"收藏夹"选项卡是 Dreamweaver 中很受欢迎的附加功能，用于将"插入"面板中最常用的按钮分组和组织到某一公共位置，提高工作效率。

1.2.4　属性检查器

属性检查器用于检查和编辑当前选定页面元素的最常用属性，随着选定元素的不同会有所变化。它在设计视图和代码视图中都能显示。属性检查器中的属性大多以文本框的形式出现，如图 1-2-36 所示；用户只需单击其中的一个选项并输入相应的值即可。如果文本框中已经显示了值，那么无论是数字还是名称，双击它会高亮显示该信息，然后输入新数据，旧数据就会立即被替换掉。

图 1-2-36

大多数属性在修改后会直接应用于文档窗口。但是某些属性需要用户在属性编辑文本的区域外单击、按下回车键（"Enter"键）、按下"Tab"键切换到其他属性时，才会应用更改。

属性检查器中显示的内容会根据用户选定的元素而变化。属性检查器中最初显示选定元素的大多数属性。单击属性检查器右下角的扩展箭头按钮（呈小三角形），可以折叠属性检查器，使它仅显示最常用的属性。

备注：在少数情况下，一些不重要的属性即使在展开的属性检查器中也可能不会显示出来。在这种情况下，可以使用代码视图或代码检查器手工对这些属性进行编码，或者在代码视图中选择该标签然后执行"修改→编辑标签"命令。

1.2.5 使用管理面板和面板组

Dreamweaver 通过一套面板和面板组系统来轻松地处理不同的复杂界面。这两个界面元素一起工作能帮助用户自定义工作区，因此可以快速的访问需要的面板。每一个面板组都包含了数个面板，每一个面板都被标签确定。可以单击每一个标签在面板间进行移动。面板组可以是浮动的，也可以停放在一起。面板组内的面板显示为选项卡，如图 1-2-37 所示。

图 1-2-37

1.展开或折叠面板

单击面板右上角的"折叠为图标"或者"展开面板"图标可以轻松展开或折叠面板，折叠为图标后的显示方式有两种：只显示图标和显示图标以及相应的文字，如图 1-2-38 所示。

图 1-2-38

2. 拖动面板或者面板组

在众多的面板组（又称为标签组，下同）集合的部分，如果希望将其中一个面板或者面板组拖出来，用户可以直接将鼠标指针放在需要拖出的面板名称上或者面板组名称的后面，按下鼠标左键不放拖动鼠标就可以将其拖出。

另外，我们也可以在众多的面板组之间随意改变各个面板排列的前后位置，选中任意面板，按下鼠标左键不放拖动鼠标到想要排列的位置松开鼠标即可。

拖出来的面板组如果需要再拖回原来的位置，直接将它向原来的位置拖动即可，例如，我们想要将下方的面板组拖回上方面板处，当看到在上方面板组旁边出现一根蓝色线条时松开鼠标即可，如图 1-2-39 所示。

在每个面板和面板组的右上方都会有一个选项按钮，单击就会出现一个与其功能相关的下拉列表框，如图 1-2-40 所示。

图 1-2-39

图 1-2-40

1.2.6　Dreamweaver 中的自定义功能

1. 自定义收藏夹

在最初的默认状态下，“收藏夹”选项卡中并没有很多的选项，需要在该选项卡上单击鼠标右键，然后在弹出的快捷菜单中选择"自定义收藏夹"命令，这时会弹出一个"自定义收藏夹对象"对话框，如图1-2-41所示。

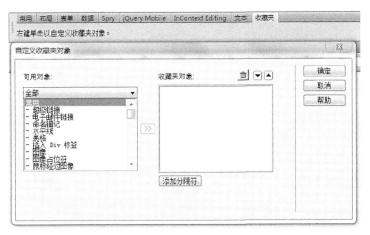

图 1-2-41

在左边的"可用对象"列表框中选择一个对象，单击两列表框中间的"添加"按钮，可以将选中的对象添加到"收藏夹对象"列表框中，如图1-2-42所示。在"收藏夹对象"列表框的下面单击"添加分隔符"按钮可以将图标分组显示，而位于该列表框右上方的3个按钮分别用于删除和移动收藏夹中的对象。添加完毕后，单击"确定"按钮，在"收藏夹"选项卡中就会出现"收藏夹对象"列表框中添加的内容。

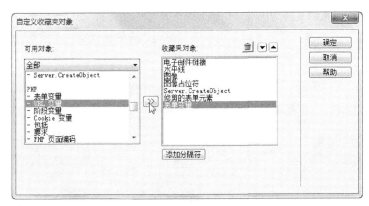

图 1-2-42

2. 自定义快捷键

在Dreamweaver中，快捷键的使用可以弥补选项和命令较多，操作费时，工作效率低的缺点。使用快捷键可以避免在制作过程中从菜单中寻找命令再执行，从而在制作过程中节省一些时间，提高效率。

Dreamweaver中存在一些为户定制的常用命令的快捷键，一般情况下无需再对快捷键进行修改。如果用户希望拥有属于自己的个性快捷键，也能够在Dreamweaver中轻松实现。执行"编辑→快捷键"命令，会打开一个"快捷键"对话框，如图1-2-43所示。

图 1-2-43

在为某项命令设置快捷键时，需要以下几个步骤。

（1）执行"编辑→快捷键"命令，打开"快捷键"对话框。

（2）选择需要更改的命令，这里选择"新建"命令，当前它的快捷键为"Ctrl+N"。

（3）单击对话框右上角的"复制副本"按钮复制为副本（可以重命名副本的名称），在副本设置中再次选择"新建"命令。将光标移至"按键"文本框，只需在键盘上按下当前新设置的快捷键，不需要在文本栏中输入快捷键名称。

（4）然后单击"更改"按钮，最后单击"确定"按钮关闭当前的对话框。接着就可以在 Dreamweaver 中测试用户设置的快捷键是否已经生效，如图 1-2-44 和图 1-2-45 所示。

图 1-2-44

图 1-2-45

1.3 Dreamweaver CS6 的新功能

Dreamweaver CS6 版本外观变化不大，但是功能上新增了高效创建、测试跨平台和跨浏览器的 HTML5 内容的支持，新增加了开发和打包移动设备应用程序的功能，并优化了 FTP 的性能。下面我们一起看看 Dreamweaver CS6 都有哪些新功能。

1. 流体网格布局

在 Dreamweaver 中可以使用新增的流体网格布局（"新建→新建流体网格布局"）来创建能应对不同屏幕尺寸的布局。利用简洁、业界标准的代码为各种不同设备和计算机开发项目，创建跨平台和跨浏览器的兼容网页，提高工作效率。可以很直观地创建复杂网页设计和页面版面，无需了解更多代码知识便能轻松上手，如图 1-3-1 所示。

图 1-3-1

2. 增强型 jQuery Mobile 支持

使用更新的 jQuery Mobile 支持为 iOS 和 Android 平台创建应用程序，简化移动开发工作流程。Dreamweaver CS6 附带 jQuery 1.6.4，以及 jQuery Mobile 1.0 文件。新增 jQuery Mobile 色板，通过使用"jQuery Mobile 色板"面板（"窗口→ jQuery Mobile 色板"），在 jQuery Mobile CSS 文件中预览所有色板（主题）。然后，使用此面板来应用色板，或从 jQuery Mobile Web 页的各种元素中删除它们。使用此功能可将色板逐个应用于标题、列表、按钮和其他元素，如图 1-3-2 所示。

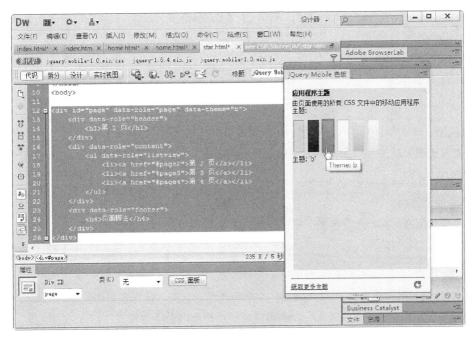

图 1-3-2

3. PhoneGap Build 云服务集成

新增 PhoneGap Build 云服务的直接集成，通过 Dreamweaver CS6，用户可以使用其现有的 HTML、CSS 和 JavaScript 技术来创建适用于移动设备的本机应用程序。在通过 PhoneGap Build 面板（"站点 → PhoneGap Build"）登录到 PhoneGap Build 后，可以直接在 PhoneGap Build 服务上生成 Web 应用程序，并且将生成的本机移动应用程序下载到本地桌面或移动设备上。通过 PhoneGap Build 服务管理项目，允许用户为大多数流行的移动平台生成本机应用程序，包括 Android、iOS、Blackberry、Symbian 和 WebOS，如图 1-3-3 所示。

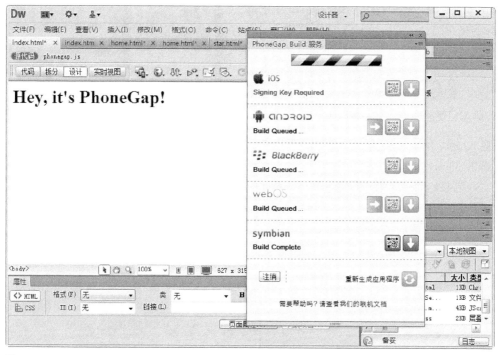

图 1-3-3

4. 更新的实时视图

使用更新的"实时视图"功能在发布前测试页面。"实时视图"现已使用最新版的 WebKit 转换引擎，能够提供绝佳的 HTML5 支持。

5. 更新的多屏幕预览面板

利用更新的"多屏幕预览"面板检查智能手机、平板电脑和台式机所呈现的页面效果，该增强型面板现在能够让我们检查 HTML5 内容呈现。

6. CSS 过渡效果

使用新增的"CSS 过渡效果"面板，能使页面元素的变化平滑运动起来。比如当鼠标悬停在菜单栏项上，使菜单颜色从一种颜色慢慢过渡到另一种颜色。我们可以通过执行菜单命令"窗口→ CSS 过渡效果"来打开"CSS 过渡效果"面板，如图 1-3-4 所示。

图 1-3-4

7. 多 CSS 类选区

现在可以将多个 CSS 类应用于单个元素。选择一个元素，单击右键，在弹出菜单中选择"设置类→应用多个类"打开"多类选区"对话框，然后勾选所需类。在您应用多个类之后，Dreamweaver 会根据已选择的类来创建新的多类，如图 1-3-5 所示。

图 1-3-5

8. Business Catalyst 集成

Business Catalyst 是用于构建和管理在线企业的托管应用程序。通过这个统一的平台，无需任何后端编码操作，即可构建一般的网站，或者是功能强大的在线商店。Dreamweaver 与 Business Catalyst 集成后，用户可以创建 Business Catalyst 站点并在 Dreamweaver 中更新 Business Catalyst 站点。在创建 Business Catalyst 站点之后，可以连接到 Business Catalyst 服务器。服务器提供可用来构建站点的文件和模板。

9. Web 字体

在 Dreamweaver 中可以使用有创造性的 Web 支持字体（如 Google 或 Typekit Web 字体）。首先，使用 Web Font Manager（"修改→Web 字体"）将 Web 字体导入您的 Dreamweaver 站点。 Web 字体将在 Web 页中可用。

10. 简化的 PSD 优化

Dreamweaver CS5 中的"图像预览"对话框在 CS6 中叫做"图像优化"对话框。要打开此对话框,应在"文档"窗口中选择一幅图像，然后单击属性检查器中的"编辑图像设置"按钮。以前的 CS5"图像预览"对话框中的一些选项现在显示在属性检查器中。当更改"图像优化"对话框中的设置时，"设计"视图中会显示图像的即时预览，如图 1-3-6 所示。

图 1-3-6

11. 对 FTP 传递的改进

Dreamweaver 使用多线程传输选定文件。Dreamweaver 也允许同时使用获取和放置操作来传输文件。如果有足够的可用带宽，FTP 多路异步传递可显著加快传输进度。

12. 站点管理面板改进

虽然大部分功能保持不变，但"管理站点"对话框（"站点→管理站点"）给人焕然一新的感觉。附加功能包括创建或导入 Business Catalyst 站点的能力。

文本的处理与控制 2

学习要点：

- 设置网页标题
- 对文本进行基本的设置
- 使用"文本"插入栏
- 设置项目列表
- 复制、粘贴文字
- 导入 Office 文档

浏览网页时，人们获得大量信息的最基本途径是文字。在众多构成网页界面的要素中，文字具有最佳的直观传达作用以及最高的明确性。文字作为大量信息的载体，既具有传达信息的功能，使浏览者容易阅读和接受，又可以通过文字形态的节奏与韵律带给人美感，在良好信息传达效果的基础上适应人们的审美需求，成为网页设计制作中的主体。现在，网页设计人员为网页指定的精美字体、颜色、大小等相关命令都能够被大多数浏览器所识别，使得网页不但内容丰富，外观也更加精彩，因此，文字的处理与控制已是网页设计中至关重要的部分。

2.1 设置网页标题

我们打开网页，最先看到的就是网页的标题。它一般位于网页的左上角，也就是浏览器中当前网页的名称，如图 2-1-1 所示。在搜索引擎对网页进行搜索时，标题被优先搜索，因此，对于一个网页来说，标题是非常重要的一部分。很多网站都会把一些很重要的信息放在标题中，以使网页在搜索结果中排列在前面。

图 2-1-1

在菜单栏中执行"修改→页面属性"命令，在打开的"页面属性"对话框中可以设置网页标题。选择"分类"列表框中的"标题 / 编码"选项，然后在右边的"标题"文本框中输入该网页的标题，如图 2-1-2 所示。

图 2-1-2

　　输入完毕后单击"确定"按钮即可完成标题设置。除了这种方法，用户还可以在 Dreamweaver 的文档窗口标题处直接设置标题，如图 2-1-3 所示。

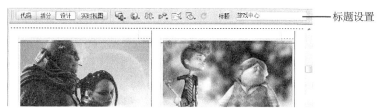

图 2-1-3

　　使用这种方法设置标题有一个好处，就是可以根据需要任意设置网页的标题或修改标题，另外，可以使用代码视图对网页的标题进行设置。如果在设计视图中已经设置好了标题，那么直接选择代码视图或拆分视图就可以看到在代码中是如何设置标题的，如图 2-1-4 所示。

图 2-1-4

　　HTML（HyperText Markup Language）即超文本标记语言，它是 WWW 的描述语言，由 Tim Berners-lee 提出。设计 HTML 语言的目的是能把存放在一台计算机中的文本或图形与另一台计算机中的文本或图形方便地联系在一起，形成有机的整体，人们不用考虑具体信息是在当前计算机上还是在网络的其他计算机上。HTML 是用来制作网页的一种计算机语言。随着技术的发展，很多网页设计软件的出现，大大减少了创建网站的工作量。但是，对于一个高级的网页设计和制作人员来说，就算不必直接使用 HTML 来编写代码，也必须要认识和懂得如何修改这些代码。因此，掌握一定的 HTML 语言基础知识是非常有必要的。

　　HTML 是一种信息组织的方式，浏览者可以自行选择阅读的路径，不需要按顺序阅读，可以只对自己感兴趣的话题进行浏览。标记是指在网页中对元素的属性的描述，更改这些属性的描述可以对网页中的元素做相应的调整。

HTML 也被称为标记语言，因为它不仅可以用来对文件中的各个部分按其功能进行分类，还可以用来定义用户网页的不同部分。它对文件各部分功能进行分类主要是通过特定的标记来完成的。在 HTML 中，每个用来标记的符号都可以看作一条命令，告诉浏览器应该如何显示文件的内容。在制作网页的时候，用户会看到很多制作完成的网页最终要存储成为后缀名为".htm"或者".html"格式的文件。也就是说，网页在浏览器中被解读为 HTM 或 HTML 格式的文件，而这个文件中显示到浏览器的部分就是用户平时看到的"网页"。不仅如此，每个在浏览器中显示的网页都会还原成 HTML 源代码，并能够通过源代码的查看来了解其内容。

从图 2-1-4 可以了解到，网页的标题是在 <title>…</title> 标签中编写的。所以，对于网页的标题也可以在 <title>……</title> 标签中任意进行设置和修改。

2.2 HTML 文件的基本结构

了解一些 HTML 语言的基本结构可以使我们在代码视图中很好地控制文本标签。除了文本标签外，图片标签、超级链接标签等都建立在基本的 HTML 语言的结构中。

HTML 文件的结构是由元素组合而成的。组成 HTML 文件的元素有许多种，它们用于组织文件的内容和指导文件的输出格式。大多数元素具有起始标记和结尾标记，在起始链接标签和结尾链接标签中间的部分是元素体。每一个元素都有名称和可选择的属性，元素的名称和属性都在起始链接标签内标明。下面是就列举一个体元素（body）的背景属性（background）的设定。

<body background="background.gif">

<h2> 标题 </h2>

<p> 内容 </p>

</body>

首先从第一行说起。这一行是体元素的起始链接标签，它标明体元素从这里开始。所有的链接标签都具有相同的结构，为了使大家能够对链接标签的写法有一些了解，下面对这个链接标签的各个部分进行分析。

"<"表示起始链接标签，"body"是元素的名称。由于元素和链接标签一一对应，所以元素名也被叫做链接标签名。在进行书写的时候，"<"和"body"之间不能有空格，元素的名称在书写方面不区分大小写。

"background"是属性名，这个属性用来指明用什么方法来填充背景。而"="指的就是属性值，"background.gif"属性值表示用文件"background.gif"来填充背景。一个完整的属性是由属性名、"="和属性值合起来构成的，一个元素可以有多个属性，各个属性用空格分开，元素的名称也不分大小写。

">"表示链接标签结束。

第二行和第三行是"body"元素的元素体，最后一行是"body"元素的结尾链接标签。结尾链接的起始标签以"</"开始，然后是元素名称，最后也是以">"结束，其实结尾链接和起始链接唯一的区别是在结尾链接中多出了一个"/"。

通过这个简单的例子，用户可以看到，在一个元素的元素体内可以有另外的元素，就像这个例子中第二行中的 <h2>…<h2> 标题元素和第三行中的 <p> 分段元素。而在真正的制作过程中，一个 HTML 文件只由一个 html 元素组成。也就是说，整个文件由 <html> 开始，以 </html> 结束，在这两个标签之间其他的内容都是 html 的元素体。

html 元素体由头部分 <head>…</head>、主体部分 <body>…</body> 和一些注释组成。头部分和主体部分又由其他的一些元素、文本以及注释组成。在一个 html 文件中应该具有这样一个通用的结构。

<html>HTML 文件开始

<head> 文件头开始

文件头

</head> 文件头结束

<body> 文件体开始

文件体

</body> 文件体结束

</html>HTML 文件结束

在 HTML 格式的文件中，有些页面元素只能出现在文件头中，而大多数的元素只能出现在文件体中。文件头中包含的元素表示的是该 HTML 文件的一般信息，比如文件名称、关键字及是否可检索等。这些元素书写的次序是无关紧要的，它只表明该 HTML 文件是否具有该属性。与此相反，出现在文件体中的元素对次序是敏感的，改变元素在 HTML 文件中的次序则会改变该 HTML 文件的输出形式。

2.2.1 <head> 标签

<head> 标签主要包括页面的一些基本描述的语句，它包含当前文档的有关信息，例如标题和关键字等。通常情况下，用户将这两个标记之间的内容统称为 HTML 的"头部"。实际上，<head> 标签中的内容都不会在网页上直接显示，而是通过另外的方式起作用，例如标题是在 HTML 的头部定义的，它不会在网页上显示，但是会出现在网页的标题栏中。

2.2.2 <body> 标签

网页的主体文件部分都写在 <body> 标签的内部。在这其中，还需要有其他的一些小标签才能组成一个完整的部分，如 <p>（段落）、<font>（字体）、<img>（图像）、<a>（超级链接）和 <table>（表格）标签等。这些标签都有自己独特的属性，在 Dreamweaver 中可以对它们进行属性的设置。

在菜单栏上执行"修改→页面属性"命令，会打开一个"页面属性"对话框，如图 2-2-1 和图 2-2-2 所示。

图 2-2-1　　　　图 2-2-2

在"页面属性"对话框中左边的"分类"列表框中选择"标题／编码"选项，右边就会列出与标题和编码相关的设置项目。一般情况下，不需要对它们有很大的改动，在设置编码类型时，通常情况下会使用"Unicode（UTF-8）"编码类型。最后，设置完毕单击"确定"按钮，即可将设置应用到网页中。

备注：Unicode（统一码、万国码、单一码）是一种在计算机上使用的字符编码。它为每种语言中的每个字符设定了统一并且唯一的二进制编码，以满足跨语言、跨平台进行文本转换、处理的要求。

2.3　文本的基本设置

2.3.1　设置文本标题

在任何的文字编排软件中，都会使用到标题的设置。下面我们来看 Dreamweaver 中标题的设置。

在设置之前需要先将作为标题的文字选中，然后在菜单栏中执行"修改→页面属性"命令，打开"页面属性"对话框。在 Dreamweaver CS6 中，"页面属性"对话框中各属性选项的更改方式与属性检查器相同。

选择"分类"列表框中的"标题（CSS）"选项，在标题的设置选项中可以看到，文本标题的设置共有 6 个级别，也就是说，用户最多可以直接在该对话框中设置 6 个级别的标题，如图 2-3-1 所示。

在对这些标题进行设置时，每个标题的字体大小和颜色都可以单独设置。需要对所有标题设置字体类型。通常情况下，"标题字体"下拉列表框中会为用户列出一些默认的字体，如果这些字体中没有需要的字体，可以在"标题字体"下拉列表框中选择最下面的"编辑字体列表"选项，进而在打开的"编辑字体列表"对话框中添加或删除字体类型，如图 2-3-2 所示。

图 2-3-1

图 2-3-2

首先在"可用字体"列表框中选择字体，接着单击"添加"按钮。这样就可以将选中的字体添加到"字体列表"列表框中。当然，在"字体列表"列表框中还可以对当前已有的字体进行添加或删除，只需单击"字体列表"列表框左上角的加号和减号就可以轻松管理字体。需要注意的是，从"可用字体"列表框中添加字体每次只能添加一个；如果超过了一个，那么超出的字体将和第一个添加的字体被列在同一项中。

备注：用户在添加字体类型的时候，最好使用宋体、楷体、仿宋和黑体4种字体。若使用其他不常用的字体，那么这个网页的正常显示状态就可能只能在当前的这台计算机上显示出来，而在用户端显示时则会使用到用户的字体库，如果用户的字体库中没有设计者使用的字体，就不会正常地显示这个网页。

在 Dreamweaver CS6 中，"编辑字体列表"的对话框中新增了 Web 字体嵌入的功能，这是 CSS3 增加的一个模块，目的是突破浏览器默认安全字体的使用局限，使网页设计者有更大更灵活的设计空间，呈现更为精美生动的网页给用户。

首先在"编辑字体列表"的对话框中单击"Web 字体"打开"Web 字体管理器"对话框，如图 2-3-3 所示，在"Web 字体管理器"对话框中可轻松的添加、编辑、删除 Web 字体。

接着，单击"添加字体 …"按钮打开"添加 Web 字体"对话框，如图 2-3-4 所示。在对话框中，设计者可以自定义字体名称，由于不同浏览器对字体格式支持的不一致，所以 Dreamweaver CS6 提供了 EOT、WOFF、TTF、SVG4 种字体的导入方式。

Embedded Open Type(.eot) 格式：.eot 字体是 IE 浏览器专用字体，可以从 TrueType 创建此格式字体。支持这种字体的浏览器有 IE4+。

Web Open Font Format(.woff) 格式：.woff 字体是 Web 字体中的最佳格式，它是一个开放的 TrueType/OpenType 的压缩版本，同时也支持元数据包的分离。支持这种字体的浏览器有 IE9+、Firefox3.5+、Chrome6+、Safari3.6+、Opera11.1+。

图 2-3-3   图 2-3-4

TureTpe(.ttf) 格式：.ttf 字体是 Windows 和 Mac 的最常见的字体，是一种 RAW 格式，因此它不为网站优化。支持这种字体的浏览器有 IE9+、Firefox3.5+、Chrome4+、Safari3+、Opera10+、iOS Mobile Safari4.2+。

SVG(.svg) 格式：.svg 字体是基于 SVG 字体渲染的一种格式。支持这种字体的浏览器有 Chrome4+、Safari3.1+、Opera10.0+、iOS Mobile Safari3.2+。

导入 Web 字体后，务必将"我已经对以上字体进行正确许可，可以用于网站"的复选框勾选，这样"确定"添加 Web 字体的按钮才会由只读变为可单击状态。需要注意的是，在添加应用 Web 字体之前最好先保存要使用 Web 字体的网页，因为在设计者添加 Web 字体的时候，Dreamweaver 会以设计者自定义的字体名称为文件夹名，在与该网页同级的目录下新建一个文件夹，把导入的 Web 字体复制到此文件夹中，并新建一份名为"stylesheet"的 CSS 文件也存放于此文件夹中，如图 2-3-5 所示。

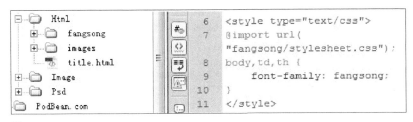

图 2-3-5

在代码视图中，对于文本标题的设置可以使用标题字标记 <h> 来编写。一般来说，一级标题就是 <h1>…</h1>，二级标题就是 <h2>…</h2>。

输入文字后，在属性检查器的"格式"下拉列表框中可以找到之前设置的标题。依次为文字添加上标题样式。图 2-3-6 所示就是在拆分视图中显示的标题代码和显示效果。

图 2-3-6

2.3.2 添加空格

在 Dreamweaver 中添加空格时，如果直接在文档窗口中选择文本，并按下空格键只能输入一个空格，继续按下去光标将不会向后移动。

连续输入空格的方法有很多，可以先在插入栏中找到"文本"选项卡，然后单击其最后面的按钮，弹出一个下拉列表框，从中选择"不换行空格"选项可以为文本添加一个空格，如图 2-3-7 所示。如果需要添加多个空格，可以在这个按钮上一直单击，直到达到需要为止。也可以直接在键盘上按下"Ctrl+Shift+ 空格"键来实现空格的插入。

图 2-3-7

此外，可以在代码视图中进行空格的添加。打开代码视图，可以看到之前使用不换行空格添加的空格在代码中显示为" "。这就是说，在代码视图中空格的代码就是" "，这时，只需将空格的代码复制，然后根据所需的数量进行粘贴就可以任意添加空格。

另外，可以使用全角模式输入空格。一般情况下，当用户使用中文的输入法进行中文的输入时，会有半角和全角的设置。将半角切换为全角后，再按下空格键也可以添加多个空格，如图 2 3 8 所示。

姓 名：涂伟来　　　　职 位：前端开发工程师
公 司：
手 机：　　　　　　　E-mail:
全/半角(Shift+Space)

图 2-3-8

　　其实，还有一个更简单的空格输入方法。在菜单栏上执行"编辑→首选参数"命令，打开"首选参数"对话框，然后在"分类"列表框中选择"常规"选项，接着将右边的"允许多个连续的空格"复选框选中，如图 2-3-9 所示。这样当需要添加空格的时候，就可以直接按空格键输入了。

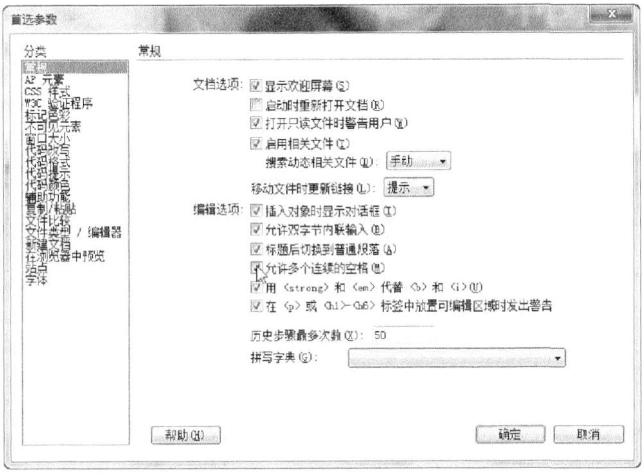

图 2-3-9

2.3.3　强制换行

　　在 Dreamweaver 中输入文字的时候，通常在换行时按下回车键即可，但是往往重新开始的一段文字和前面一段文字的距离有些远。如果希望前后两行文字之间能够紧挨着，可以在按住"Shift"键的同时按下回车键，进行强制换行，如图 2-3-10 所示。

图 2-3-10

　　另外，还可以单击插入栏的"文本"选项卡中的最后一个按钮，在弹出的下拉列表框中选择"换行符"选项，如图 2-3-11 所示，在页面窗口中按回车键就可以看到效果。

图 2-3-11

2.3.4 文字的基本设置

在 Dreamweaver CS6 中，属性检查器中的各种属性都按照类别划分到相应的 HTML 代码和 CSS 样式标签下。

选中一段文本，打开属性检查器（通过执行"窗口→属性"命令或者按"Ctrl+F3"组合）。在属性检查器中，开发者用两个标签将 HTML 格式和层叠样式表（CSS）格式完全分开，我们可以有选择性地设置文本属性。当选择 HTML 格式时，属性检查器中呈现与 HTML 相关的选项，设置完成后，Dreamweaver 会将属性添加到页面正文的 HTML 代码中。同样，如果应用了 CSS 格式，Dreamweaver 就会将属性写入文档头或单独的样式表中。

1. 在属性检查器中编辑 CSS 规则

打开属性检查器，将光标定位在一段已经应用了 CSS 规则的文本中，单击"CSS"按钮，该规则将显示在"目标规则"下拉列表框中或者直接从"目标规则"下拉列表框中选择一个规则赋予需要应用样式的文本。

然后，通过使用 CSS 属性检查器中的各个选项对该规则进行更改，如图 2-3-12 所示。

图 2-3-12

"目标规则"下拉列表框中的选项是指在 CSS 属性检查器中正在编辑的规则。当文本已应用了样式规则时，在页面的文本内部单击，将会显示出影响该文本格式的规则。如果要创建新规则，在"目标规则"下拉列表框中选择 < 新 CSS 规则 >，选项，然后单击"编辑规则"按钮，在打开的"新建 CSS 规则"对话框中进行设置即可。

"编辑规则"按钮用以打开目标规则的 CSS 规则定义对话框。例如文本运用的目标规则为 .as，从"目标规则"下拉列表框中选择该规则，单击"编辑规则"按钮，Dreamweaver 会打开".as 的 CSS 规则定义"对话框。

单击"CSS 面板"按钮是另外一种打开 CSS 样式面板的方法，并且在当前视图中显示目标规则的属性。

"字体"下拉列表框用于更改目标规则的字体。

"大小"下拉列表框用于设置目标规则的字体大小。

"文本颜色"选项可以将所选颜色设置为目标规则中的字体颜色。可以通过单击颜色框选择 Web 安全色，或在相邻的文本框中输入颜色值。

"粗体"按钮用于向目标规则添加粗体属性。

"斜体"按钮可以给目标规则添加斜体属性。

"左对齐"、"居中对齐"、"右对齐"和"两端对齐"按钮用来设置目标规则的各种对齐属性。

注："字体"、"大小"、"文本颜色"、"粗体"、"斜体"和"对齐"属性始终显示当前应用于文档窗口中所选内容的规则的属性。更改其中的任何属性都将影响目标规则。

2. 在属性检查器中设置 HTML 格式

选择要设置格式的文本，打开属性检查器，单击"HTML"按钮。设置要应用于所选文本的选项，如图 2-3-13 所示。

图 2-3-13

"格式"下拉列表框用于设置所选文本的段落样式。"段落"应用 <p> 标签的默认格式，"标题 1"用 <h1> 标签表示等。

"ID"下拉列表框用于为所选内容分配 ID，以表示其唯一性。"ID"下拉列表框中默认情况下为"无"选项，如果适用，"ID"下拉列表框中将列出文档内所有未使用的已声明 ID。ID 在同一个页面中是唯一的，也就是一个 ID 在同一个页面中只能出现一次。

"类"下拉列表框用于显示当前应用于所选文本的类样式。如果没有对所选内容应用过任何样式，则"类"下拉列表框中显示"无"选项。如果对所选内容应用了样式，则该下拉列表框中会显示出应用于该文本的样式。类与 ID 不一样，ID 有唯一性，而类可以被重复使用，一个页面中可以多次出现同一个类。Dreamweaver CS6 新增加了应用多个类的功能，一个元素可以应用多个类。单击类下拉列表中的"应用多个类 ..."打开"多类选区"对话框，如图 2-3-14 所示。

图 2-3-14

勾选相应的类，类名会在文本输入框中以单击复选框的先后顺序排列，并以空格隔开，单击"确定"按钮，多个类便应用于同一个元素。

可以直接为文本选择样式列表中已经存在的样式；选择"无"选项以删除当前所选的样式；选择"重命名"选项以重命名该样式或者选择"附加样式表"选项以打开一个允许向页面附加外部样式表的对话框。

"粗体"按钮用于设置文本是否以粗体显示。根据"首选参数"对话框的"常规"类别中设置的样式首选参数，用 <b> 或 <strong> 标记所选文本。

"斜体"按钮用于设置文本是否以斜体显示。根据"首选参数"对话框的"常规"类别中设置的样式首选参数，用 <i> 或 <em> 标记所选文本。

"项目列表"按钮用于为所选文本创建项目列表，又被称为无序列表，有方形、空心圆形和实心圆形三种表示标记的方式。

"编号列表"按钮用于为所选文本创建编号列表，又被称为有序列表，可以用数字、大小写字母、大小写罗马数字来标记。

"文本缩进"和"文本凸出"按钮用于通过应用或删除 blockquote 标签，减小所选文本或删除所选文本的缩进。在列表中，运用"缩进"可以创建一个嵌套列表，而与它有相反作用的"凸出"则会删除缩进则取消嵌套列表。

"链接"下拉列表框用于创建所选文本的超级链接。创建超级链接的方法有 4 种：其一，单击"浏览文件"按钮可以浏览到站点中的文件。其二，直接输入 URL。其三，将"指向文件"按钮拖曳到"文件"面板中的文件上以完成文件的超级链接。其四，直接拖曳"文件"面板中的文件到"链接"下拉列表框中。

"标题"文本框用于为超级链接指定文本工具提示。

"目标"下拉列表框用于指定将链接文档加载到哪个框架或窗口，它包含 _blank、_parent、_self 和 _top 4 种情况。

2.3.5 "文本"插入栏的使用

除了在属性检查器中可以对文字进行设置外，用户还可以使用插入栏的"文本"选项卡来设置文字。选择插入栏中的"文本"选项卡后，也会看到许多关于文字的设置选项，如图 2-3-15 所示。

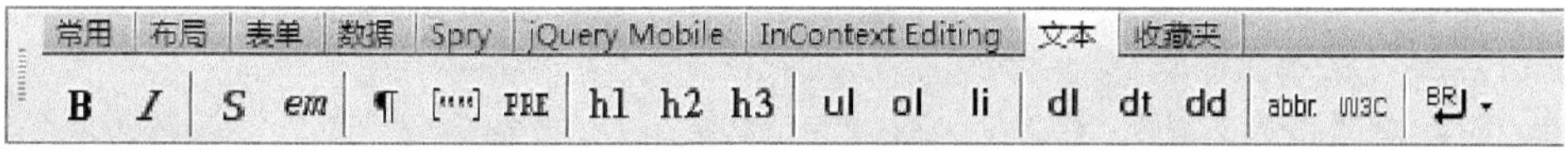

图 2-3-15

其中粗体、斜体的设置和属性检查器中相同。"加强"按钮"S"、"强调"按钮"em"的功效和粗体、斜体的功效一样。

接着是"段落"、"块引用"和"已编排格式"按钮。段落的设置，实际上和直接按下回车键进行编辑的功效是一样的。关于块引用的设置用户可以先选择一段文字，然后在"文本"选项卡中单击"块引用"按钮，这样就可以看到如图 2-3-16 所示的文字缩进效果。

从图 2-3-16 中可以了解到，与选中文字紧挨着的其余几行文字都发生了改变。它们的改变主要是文字缩进，即"块引用"按钮相当于"缩进"按钮。如果再次单击"块引用"按钮，那么这段文字会继续缩进。

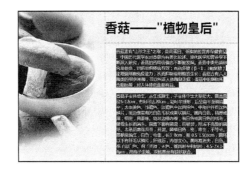

图 2-3-16

后面是"已编排格式"（PRE）按钮，在使用该功能时，需要先将一段文字选中再单击"PRE"按钮。单击该按钮后文字会发生一些变化，已编排格式是需要在代码视图中才能使用的，所以要回到代码视图中并找到当前选中的文字。为了能够更清晰地看到已编排格式的效果，可以多输入几行文字。需要注意的是，在单击"已编排格式"按钮后，所有被选中的文字都会尽量排列成一行，才能实现已编排格式的效果。而且在代码视图中，原来的 <p>...</p> 标签在单击"PRE"按钮后，改变为 <pre>…</pre> 标签，如图 2-3-17 所示。

图 2-3-17

进入代码视图后，在 <pre>…</pre> 标签中找到之前输入的文字，然后在这些文字前面任意添加空格，重新编排这几行文字。接着回到设计视图中，就可以看到在代码视图中文字的编排效果，如图 2-3-18 所示。

在"已编排格式"按钮后面的"h1"、"h2"和"h3"按钮和属性检查器中的"格式"下拉列表框的"标题 1"、"标题 2"和"标题 3"选项功效是一样的，也是用来设置标题样式的。后面的"ul"、"ol"、"li"以及"dl"、"dt"、"dd"按钮都用于列表的设置，它们的使用方法将在后面进行讲解。

位于"文本"选项卡中的最后一个按钮包含了许多特殊符号的设置。包括"换行符"和"不换行空格"选项都是在这里供用户选择，如图 2-3-19 所示。

除了简单的"左引号"、"右引号"和"破折线"选项，还有"英镑符号"、"欧元符号"和"日元符号"选项。如果需要，只需对这些选项进行选择即可将它们添加到文本中。如果这些列出的符号中没有用户需要的，还可以单击"其他字符"按钮，在打开的插入其他字符对话框中进行设置，如图 2-3-20 所示。

图 2-3-18

图 2-3-19

图 2-3-20

备注：在国内，注册商标"@"是已经注册过的商标，并且是已经受法律保护的商标。而商标"TM"虽然也是商标，但出现这个符号的商标表示该商标已经向注册商标的机构提交了申请，处于申请的期间暂时还没有最终审批下来。所以在使用这两个符号时需要注意。

在打开的"插入其他字符"对话框中列出了很多符号。找到需要的符号后，只需单击它就会在"插入"文本框中显示出该符号的代码。所选的符号就会在设计视图中显示出来，而显示到代码视图中的则是"插入"文本框后面显示的代码。

2.4 项目列表

对于项目列表的，经常被使用到词汇表和品种说明书中。在 Dreamweaver 中可以使用属性检查器和

"文本"插入栏来实现项目列表的编辑。在Dreaweaver中可以将列表设置为有序列表和无序列表。首先，用户可以输入需要添加项目列表的文字，输入完一个列表项后按回车结束。为后面的设置做准备，如图2-4-1所示。

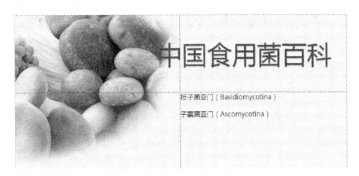

图 2-4-1

2.4.1　设置无序列表

所谓无序列表，就是指那些以"●"、"○"和"□"等符号开头、没有顺序的列表项目。在无序列表中通常不会有顺序级别的区别，只在文字的前面使用一个项目符号作为每个列表项的前缀。在设置无序列表的时候，只需先将文字部分选中，然后在属性检查器中单击"项目列表"按钮，或在"文本"插入栏中单击"ul"按钮即可，如图 2-4-2 所示。

图 2-4-2

单击"项目列表"按钮后，文本前面自动添加了一个小圆点，如图 2-4-3 所示。

需要设置下级列表的时候，只需将文字选中，然后单击"项目列表"按钮后面的"文本缩进"按钮。这样被选中的文字就会向后缩进一些，并且它们前面的符号也会发生改变，这样是为了能够清楚地区分上一级和下一级。如果继续在第二级中设置下级列表，则此时的文字就又会向后缩进并改变它们前面的符号。

图 2-4-3

用户可以将这些文字设置为下级列表，同样也能够将其设置为上级列表。与"文本缩进"按钮相对应的是"文本凸出"按钮，在设置上级列表时，单击"文本凸出"按钮可以轻松地设置上级列表。

将"项目列表"、"文本缩进"、"文本凸出"三个按钮结合起来使用，可以很方便地对无序的项目列表进行编排。图 2-4-4 所示为上级列表和下级列表的设置。

对无序列表前面的符号的设置需要在代码视图中完成。在代码视图中找到 <ul> 标签，它用来表示无序列表，而 <li> 标签则是每个项目的起始。用户在设置项目符号时就可以在它的标志上进行设置。

在代码视图中，将 <ul> 标签选中或者直接将光标置于该标签中，然后单击鼠标右键，在弹出的快后捷菜单中选择"编辑标签"命令，如图 2-4-5 所示。

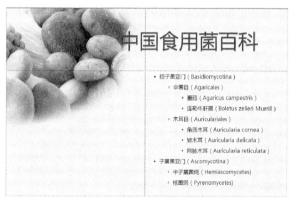

图 2-4-4

图 2-4-5

这时，会弹出一个"标签编辑器 -ul"对话框，在这个对话框中用户只需在"ul-常规"类别的"类型"下拉列表框中进行选择即可。因为之前使用的默认符号是一个黑色的小圆点(也就是这个下拉列表框中的"圆盘"选项)，通过选择其他选项将它们区分开，如图 2-4-6 所示。

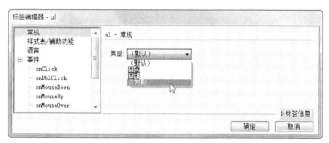

图 2-4-6

单击"确定"按钮后，返回设计视图中可以查看到修改后的列表。

实际上，除了在 <ul> 标签上进行列表符号的设置外，用户还可以在 <li> 标签上进行列表符号的设置。但是这两种设置是有区别的。对 <ul> 标签进行设置后，和它是同一级别列表的符号都会同时发生改变；而对 <li> 标签进行的设置则只能够改变当前标签中列表的符号，如图 2-4-7 所示。

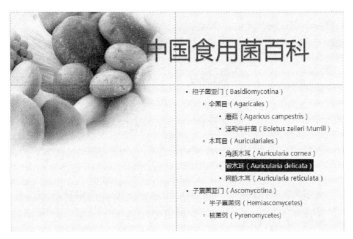

图 2-4-7

另外，在用户对列表符号设置完毕后，会发现在 <ul> 标签或 <li> 标签里面出现代码 <li type="circle">。这表示对于列表符号，用户也可以使用编写代码的方式来设置。这些符号的值如下。

符号"●"的值为"Disc"；

符号"○"的值为"Circle"；

符号"□"的值为"Square"。

当需要对列表的符号进行改变时，用户只需对 type 后面的值进行改变即可。

2.4.2　设置有序列表

有序列表以数字或英文字母开头，并且每个项目都会有先后的顺序性。

将文字选中后，在属性检查器中找到"项目列表"按钮，单击该按钮旁边的"编号列表"按钮。这样可以实现有序列表的设置，如图 2-4-8 所示。

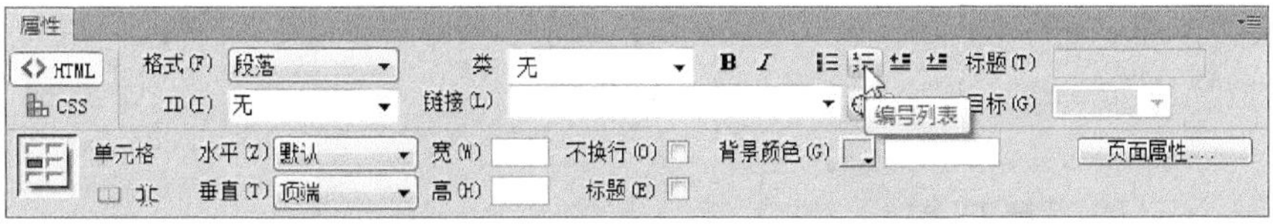

图 2-4-8

与"编号列表"按钮配合使用的仍然是"文本凸出"和"文本缩进"按钮，它们的使用方法已经在无序列表设置中讲解过，这里不再详细讲解。给文本添加有序列表令后的效果如图 2-4-9 所示。

对于列表前面的序列类型，用户可以使用与无序列表中一样的方法，也是先找到代表有序列表的标签 <ol>。将它选中后，单击鼠标右键，在弹出的快捷菜单中选择"编辑标签"命令，弹出"标签编辑器 -ol"对话框，如图 2-4-10 所示。

图 2-4-9

图 2-4-10

在对有序列表进行设置时，需要先在"类型"下拉列表框中选择一种序列类型。通常情况下，任何一种排序方式都会以最小的整数开始排列，而在这个对话框中，除了序列类型的设置，还可以在"开始"文本框中输入序列的开始位置。图 2-4-11 所示为不同的排序方式。

图 2-4-11

备注：在对"开始"文本框项进行设置时，用户只需输入将要开始的那个符号的数字顺序就可以了。

在代码视图中，对有序列表的排列方式进行的设置和无序列表的设置方式不同。有序列表中使用的是 <ol> 标签和 <li> 标签，当对 <ol> 标签进行设置时，可以将和它位于同一级中的列表一起改变；而当对 <li> 标签进行设置时，改变的却只是当前所选的这一项。在无序列表中可以将这些忽略掉，但在有序列表中却不能忽略。

实际上，解决方法非常简单。只需将同级别其中一项的 "type="…"" 复制，然后粘贴到同一级别其他的项目中。这样它们就会按照顺序进行排列了，第二级别和第三级别中的序号都是在代码视图中复制而得到的效果。

2.4.3　在标签检查器中设置项目列表

之前对项目列表的设置都是在代码视图中进行的，其实这些设置也可以在标签检查器中完成。首先选择文字，然后在 Dreamweaver 界面的右侧找到属性检查器。它会根据用户所选标签内容的不同而显示不同的设置。由于当前选择的是有序列表的 <ol> 标签，所以标签检查器中就会显示为 <ol> 标签的设置，如图 2-4-12 所示。

在这里，可以在"常规"栏中找到"type"选项，选中后会出现一个下拉列表框。在该下拉列表框中可以对序号的类别进行设置，如果当前使用的是无序列表，那么在"type"选项后面的下拉列表框中就是三种符号的代码；如果当前用户使用的是有序列表，那么显示的则是众多英文字母和数字的排序类别，如图 2-4-13 所示。

图 2-4-12

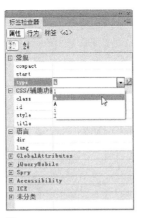

图 2-4-13

在标签检查器中也可以设置有序列表排序的开始位置。选择"type"选项下面的"value"选项，直接在它后面的文本框中输入开始序号的位置就可以了。

使用标签检查器对项目列表进行设置，无需将视图调整到代码视图，并查找相关的代码标签，直接在标签检查器中就可以完成所有的设置和修改。

2.4.4　定义项目列表

Dreamweaver 中项目列表的设置往往不能够满足用户的需求，这时用户可以自己定义项目列表。定义项目列表主要是通过"文本"插入栏来完成的，在使用关于定义项目列表的一组按钮时（见图 2-4-14），需先输入一些文字，这样可以更容易地看到它们的功能。

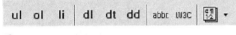

图 2-4-14

从文字中可以观察到，"方法一"、"方法二"和"方法三"是将要定义的名词，而每一部后面的详细步骤是这些名词的解释部分。将文字选中，然后在"文本"插入栏中找到位于"li"按钮后面的"定义列表"按钮"dl"，并单击该按钮。这样选中的文字的格式就会发生变化，如图 2-4-15 所示。

图 2-4-15

"li"按钮用于添加列表项，单击该按钮后将直接跳转到代码视图中，用户可以在代码图中添加新增加列表项的内容。

那么"定义列表"按钮后面的两个按钮"dt"和"dd"又起什么作用呢？将鼠标指针移到"dt"按钮上会出现这个按钮的名称"定义术语"，它用于定义项目列表前面的名词，图2-4-15-B中"方法一"就属于当前列表中的名词。而"方法一"后面的文字"提高快门速度"就是这个名词的解释或说明，这些是由"定义说明"按钮来设置的，也就是"dd"按钮。

一般情况下，由于只使用"定义列表"按钮就可以将这些文字按名词和解释进行排列，所以只需单击"dl"按钮就可以定义项目列表。

2.5 使用外部文本

网页中的文字很多，如果用户已经编写了文字，只需把编辑好的文字直接粘贴到Dreamweaver中或导入到已经编排好的文件中即可。

2.5.1 粘贴文本

粘贴文本是使用外部文本的一种常用方法。在复制粘贴文本时，一般情况下都会直接从Word文件中粘贴。

在Dreamweaver中布局好文本所要放置的位置，然后将文件粘贴在文档窗口中。当粘贴的文件中有图片和文字叠加的情况时，如果直接粘贴会使图片上的文字和图片分开，图2-5-1左图为效果图，图2-5-1右图为粘贴进入Dreamweaver前的效果。

 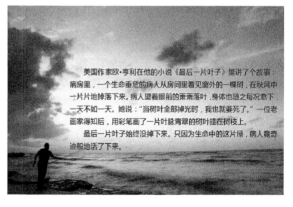

图 2-5-1

图2-5-1左图显示的是粘贴到Dreamweaver中的图片和文字，而图2-5-1右图显示的是文件中原来的图片和文字。对于这种情况，需要在菜单栏中选择"编辑"菜单中的"选择性粘贴"命令，这样就会出现一个对话框，如图2-5-2所示。

对"选择性粘贴"对话框中的单选按钮进行设置，可以满足用户不同的粘贴需求。

仅文本：如果选中了该单选按钮，那么粘贴过来的文件只有文字。其他的图片、文字样式以及段落设置都不会被粘贴过来。

带结构的文本（段落、列表、表格等）：如果选中了该单选按钮，那么粘贴过来的内容会保持它的段落、列表、表格等最简单的设置。不过，选中该单选按钮后仍无法将图片粘贴过来。

图 2-5-2

带结构的文本以及基本格式（粗体、斜体）：如果选中了该单选按钮，原稿中的一些粗体和斜体的设置就正常显示了，同时文字中的基本设置和图片也会显示出来。

带结构的文本以及全部格式（粗体、斜体、样式）：这个单选按钮用于保持原稿中的所有设置，如果选中了该单选按钮，那么原稿中所有的效果和内容都会被粘贴到 Dreamweaver 中。

对于图 2-5-1 左图的情况，在 Dreamweaver 中是无法完全和原稿中的样式一样的。最简单的解决方法就是将粘贴过来的图片设置为"背景"，然后按照原稿中文字在图片中的位置来改变文字的位置就可以了。

2.5.2　粘贴表格

虽然可以直接在 Dreamweaver 中制作表格，但是对于一些数据量较大的表格来说，在 Dreamweaver 中进行制作很烦琐。这时可以用专业的制表软件 Excel，用户可以先在 Excel 中制作表格，然后粘贴到 Dreamweaver 中。

首先在 Excel 中准备一个表格文件，扩展名为 .xls，这里我们使用软件中自带的一个模板。将该表格全选，并按下"Ctrl+C"组合键将其复制，再回到 Dreamweaver 中，执行"编辑"→"选择性粘贴"命令，在出现的对话框中发现，默认设置为选中"带结构的文本（段落、列表、表格）"单选按钮，这种情况下粘贴的表格只显示文字和基本的表格结构，如图 2-5-3 所示。

如果对这样粘贴的效果不满意，用户可以在"选择性粘贴"对话框中单击"粘贴首选参数"按钮。这样就可以在打开的"首选参数"对话框中对复制和粘贴进行设置，如图 2-5-4 所示。

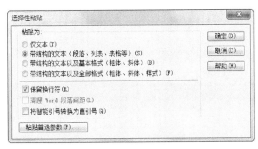

图 2-5-3

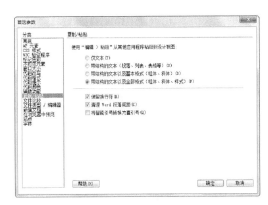

图 2-5-4

　　将该对话框中的"带结构的文本以及全部格式（粗体、斜体、样式）"单选按钮选中，单击"确定"按钮回到"选择性粘贴"对话框中。继续单击"确定"按钮后，在文档窗口中可以看到效果。粘贴过来的表格和 Excel 中的表格很相似，如图 2-5-5 所示。

图 2-5-5

2.5.3　导入 Word 文档和 Excel 表格

　　用户可以使用两种方法导入 Word 文档和 Excel 表格，一种是直接将文件导入 Dreamweaver 中，另一种是将 Word 文档保存一下再在 Dreamweaver 中打开。

　　直接导入 Word 文档和 Excel 表格的方法是，打开 Dreamweaver，并在菜单栏上执行"文件→导入→ Word 文档"命令。在打开的"导入 Word 文档"对话框中选择需要导入的文件，这个对话框的下面有一个"格式化"下拉列表框，此处的对格式化选项的设置和对"选择性粘贴"对话框中的单选按钮的设置是一样的，如图 2-5-6 所示。

图 2-5-6

所以，按照"选择性粘贴"对话框中的单选按钮的设置方式选择一个格式化选项，然后单击"打开"按钮，可以直接将 Word 文件导入 Dreamweaver 中。Excel 文件的导入方法和 Word 文件的导入方法是相同的。

另外，Word 文档可以直接保存为网页文档，用户需要先在 Word 文档里打开已经编辑好的文件，然后在菜单栏上执行"文件"→"另存为"命令，如图 2-5-7 所示。

将文件的保持类型设置为"网页"，对文件进行保存后，可以将 Word 文件保存为 HTML 文件，如图 2-5-8 所示。然后打开 Dreamweaver，此时，在 Dreamweaver 中可以通过"打开"命令将 Word 生成的 HTML 文件导入。

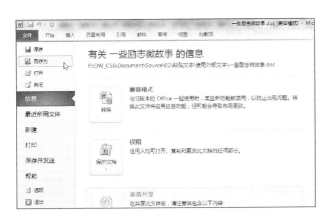

图 2-5-7

图 2-5-8

使用 Word 生成 HTML 文件也有它的一些弊端。为了更好地保留格式，Word 加入了很多控制代码，因此文档一般比较大，不太适合在网络上展示。打开 Word 生成的网页文件后，将它的视图选择为代码视图，代码中会出现冗余。如图 2-5-9 所示，当前的代码行数为 1045。

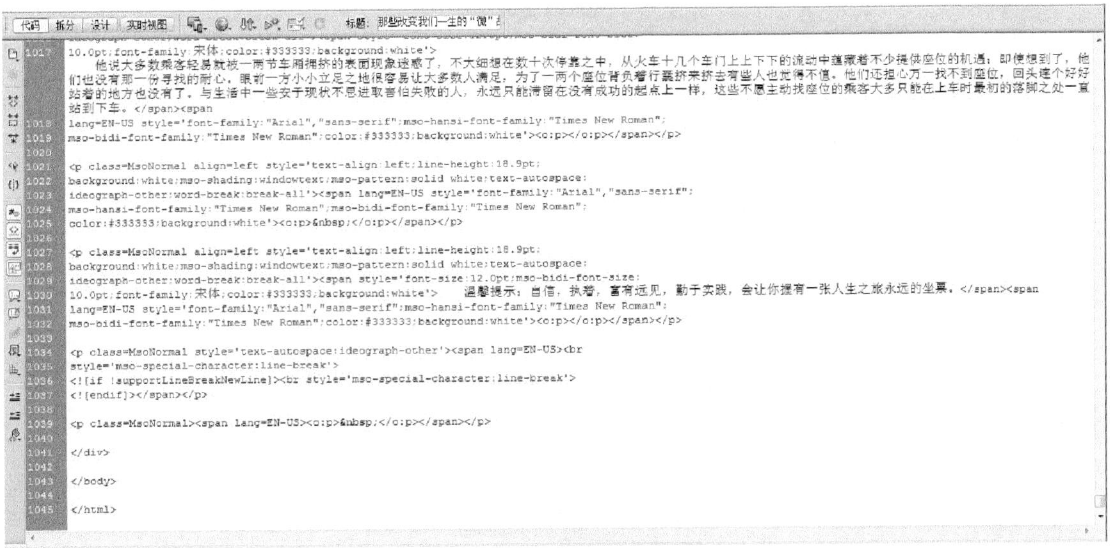

图 2-5-9

　　如果需要在代码视图中对网页进行修改或设置，需要用到 Dreamweaver 中的清理 HTML 功能。在菜单栏中的"命令"菜单中选择"清理 HTML"或"清理 Word 生成的 HTML"命令即可。当前用户选择"清理 Word 生成的 HTML"命令，这样会弹出"清理 Word 生成的 HTML"对话框，如图 2-5-10 所示。

　　在这个对话框中可以对需要清理的项目进行选择，还可以选择生成代码的 Word 文件的版本。另外，可以在"详细"选项卡中进行更详细的清理设置。通常情况下都会使用默认的设置，单击"确定"按钮后会出现一个清理报告，其中列出了所清理的内容，如图 2-5-11 所示。

图 2-5-10

图 2-5-11

　　清理完毕以后，当前的网页可能会发生一些改变。但是只需稍微修改即可恢复页面原来的样式。代码视图中的代码经过清理后简洁了许多，由原来的 1045 行简化为了 242 行，效果是明显的，如图 2-5-12 所示。

图 2-5-12

　　优化后的 Word 网页文件在网络的下载速度会大大加快。

建立超级链接 3

学习要点：

- 超级链接的概念
- 超级链接的基本添加方法
- 设置链接的各种参数
- 制作电子邮件链接
- 制作下载链接
- 制作锚链接

网站一般都有很多页面，如果页面之间彼此是独立的，那么网页就好比是孤岛，这样的网站是无法运行的。为了建立起网页之间的联系，必须使用超级链接。之所以称为"超级链接"，是因为它什么都能链接，如网页、下载文件、网站地址、邮件地址等。理解超级链接的基本概念和原理，对于网页的制作非常有益。这一章主要学习在 Dreamweaver 中添加链接和设置链接属性的方法。

3.1 超级链接的概念

为了能够有效地制作网页、节省时间，在开始创建链接之前，用户需要了解超级链接中使用的内容，根据网页所需的类型合理地添加链接。

3.1.1 URL 概述

每个网页都有独一无二的地址，通常被称为 URL（统一资源定位符）。网页上的页面、新闻组、图片和按钮等都可以通过 URL 地址来引用。如果想浏览一个网站，就需要先在浏览器中输入网站的 URL 地址，比如浏览 Adobe 的中文网站就需要在浏览器中输入"http://www.adobe.com/cn/"，然后按回车键，就会直接进入 Adobe 的中文网站的主页面，如图 3-1-1 所示。

一个典型的 URL 主要由以下例子中的几部分组成，每个部分由斜线、冒号、井号或它们的组合分隔开。如果是作为属性值输入的，一般情况下要将整个 URL 都放在引号中以保证地址作为一个整体被读取。举例如下。

图 3-1-1

http://www.myURL.com/website/index.htm

http: 用于访问资源的 URL 方案。方案就是用于在客户端程序和服务器之间进行通信的协议，用来引用 Web 服务器的方案使用的超文本传输协议（HTTP）。

www.myURL.com：这一部分是提供资源的服务器名称。服务器可以是域名，也可以是 Internet 协议，也就是 IP 地址。

/website：这一部分表示到资源的目录路径。根据网页在服务器上的位置，用户可以指定无路径（资源位于服务器的公共根目录下）、单一的文件夹名称或几个文件夹及子文件夹的名称。

/index.htm：资源的文件名。如果省略了文件名，Web 浏览器会寻找默认的页面，文件名通常为 index. htm、index.html 或 default.html。根据文件类型，浏览器的反应会有所不同。如果用户在网页中使用了 GIF 图片或 JPEG 图片，那么通常情况下都会直接显示出来，而一些可执行的文件和存档文件，如 ZIP 文件和 WinRAR 文件等就会被显示为下载。

3.1.2　超级链接中的路径

在计算机中，每个文件都有存放位置和路径，这些文件的路径、存放位置和用户制作超级链接是紧密相连的。

链接中共有 3 种路径：绝对路径、相对路径、根路径。通常情况下，在添加外部链接时，使用绝对路径；为网页添加内部链接时，使用根路径和文件的相对路径。

备注：链接分为内部链接和外部链接，它们都是相对于站点文件夹而言的。如果添加的链接是指向站点文件夹之内的文件，即内部链接；如果添加的链接是指向站点文件夹之外的文件，即外部链接。

1. 绝对路径

绝对路径是为文件提供的完整路径，其中包括适用的协议，常见的有 http、ftp 等。例如，http://www.

myadobe.com.cn，在这个路径中不仅有网页的地址，还附带有它所适用的协议。当用户制作的链接要连接到其他网站中的文件时，就必须要使用绝对路径。

2. 相对路径

相对路径非常适用于内部链接。凡是属于同一网站之下的文件，就算不在同一个目录下，也可以使用相对链接。也就是说，只要是处于站点文件夹之内，相对地址可以自由地在各个文件之间构建链接。之所以可以如此的自由，是因为这种地址使用的是构建链接的两个文件之间的相对关系，不会受到站点文件夹所处的服务器位置的影响，可以省略绝对地址中的相同部分。这种方式可以保证在站点文件夹所在的服务器地址发生改变的情况下，文件夹的所有内部链接都不会出现错误或无法链接。

在使用的时候需要注意，如果链接到同一目录下，用户只需输入要链接文档的名称（例如，blue.gif）；如果链接的是下一级目录中的文件，需要先输入目录名，然后添加一个"/"符号，接着输入文件名即可（例如，img/blue.gif）；而链接到上一级目录中的文件时，需要在目录名和文件名的前面先输入"../"才可以实现链接（例如，../blue.html）。

3. 根路径

根路径也适用于创建内部链接，只有站点的规模非常大、需要放置在几个服务器上或在一个服务器上放置多个站点时才使用。

根目录相对地址在书写时要以"/"开头，代表根目录，然后在它的后面添加上文件夹名和文件名，按照它们的从属顺序书写。根路径以"/"开头，后面则是根目录下的目录名（例如，/HTML/index-3.html）。

3.2　为文本添加链接

在浏览网页时，有时可以看到很多文本，而当用户把鼠标指针移到这些文本上时，有时文本的颜色会变成蓝色或出现下画线，这就表示当前的这个文本被添加上了链接。对它进行单击就直接打开了它所链接的网页。而当用户浏览过链接的网页后，再返回之前文本的网页中，又会发现凡是被单击过的文本链接都会变成紫红色，这就是网页中的文本链接。

3.2.1　添加链接

为文本添加链接是一种比较常见的链接添加方式。用户准备了一些需要添加链接的文字，如图3-2-1所示。

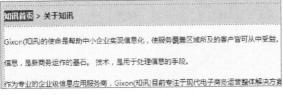

图 3-2-1

在图 3-2-1 中，需要添加链接的文字"知讯首页"已经处于选中状态，在属性检查器中的"链接"下拉列表框中输入一个完整的网址，或单击其后面的文件夹按钮，在本地电脑中找到一个文件与这段文字建立链接，如图 3-2-2 所示。

图 3-2-2

输入链接地址后，后面的"目标"下拉列表框就被激活了。如果希望链接的内容在一个新的窗口中打开，就要选择"_blank"选项。如果希望用链接的内容替换掉当前窗口中的内容，就需要选择"_self"选项。这里用户选择"_blank"选项，让链接的内容在一个新的窗口中打开。链接添加完毕后，用户会发现原来的黑色文字变成了蓝色的文字，并且添加了下画线。这表示这段文字已经被成功地添加了链接。

为了查看链接的效果，在文档窗口上面单击"在浏览器中预览／调试"按钮（预览之前要先对这个网页进行保存），效果如图 3-2-3 所示，新打开的窗口就是之前用户为这段文字链接到的内容。

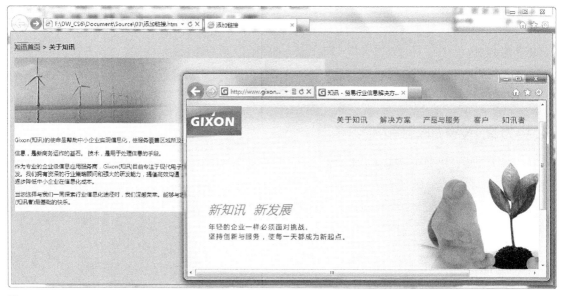

图 3-2-3

单击文字链接后，文字的颜色会变成紫红色，表示已经单击过的链接。这样，一个简单的文字链接就制作完成了。

使用插入栏也可以对文本进行链接的添加。选中需要添加超级链接的文本后，选择"常用"插入栏，单击该栏的"超级链接"按钮。在弹出的对话框中对链接进行设置，如图 3-2-4 所示。

在这个对话框中设置链接，可以在没有选中页面输入义本的情况下直接进行文本的设置。如果是在选中文本的状态下使用了这种添加链接的方法，那么被选中的文字就会自动添加在"文本"文本框中。

图 3-2-4

"链接"下拉列表框和"目标"下拉列表框的设置方法和属性检查器中的设置方法一样。"标题"文本框的内容是对超级链接添加的说明文字，一般情况下可以不设置。

在"访问键"文本框中输入一个字母，这个字母就相当于正在添加的超级链接的快捷键。预览的时候按住"Alt"键的同时再按下设置的访问键，可以直接选中这个链接。我们在"Tab 键索引"文本框中输入了数字"2"，表示预览时当第 2 次按下"Tab"键时，可以将这个链接选中。输入的数字越低，选择这个链接的顺序就越靠前。

单击"确定"按钮可以将设置的链接添加到设置前光标所在的位置。图片的超级链接设置和文本的超级链接设置基本一样，它的一个特殊点就是对热区添加超级链接。

3.2.2 设置链接

对链接的设置主要通过"页面属性"对话框来实现。在属性检查器中找到"页面属性"按钮，单击该按钮可以打开"页面属性"对话框。从"分类"列表框中选择"链接（CSS）"选项，然后可以在右边对链接进行设置。图 3-2-5 所示为打开的链接设置项。

图 3-2-5

链接字体：在该下拉列表框中可以对设置为链接的字体进行设置，如果当前的默认字体中没有所需的字体，可以选择"编辑字体列表"选项，在弹出的对话框中可以任意地添加和删除各种字体。另外，还可以对链接的字体进行加粗和斜体的设置。

大小：该下拉列表框用于对链接字体的大小进行设置，可以选择不同的大小设置方式。

颜色设置：链接颜色是链接没有被单击时的静态颜色；变换图像链接的颜色是当用户把鼠标指针移到链接上时的显示颜色；单击过的链接颜色就是通过已访问链接来设置的；活动链接是指用户对链接进行单击的颜色，有些浏览器不支持这种设置。

下画线样式：Dreamweaver 提供了 4 种下画线的样式。如果不希望链接中有下画线，可以选择"始终无下画线"选项。如果将下画线样式设置为"仅在变换图像时显示下画线"，那么在预览时就可以看到如图 3-2-6 所示的效果。

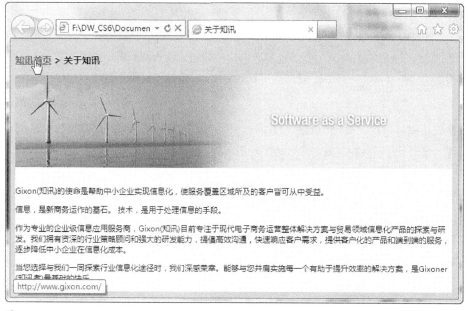

图 3-2-6

3.2.3　使用超级链接标签 <a>

超级链接在网页的设计过程中非常重要，并被广泛地使用，而它在代码视图中却只有一个标签 <a>。超级链接标签 <a> 的属性有 href、name、title、target 和 accesskey。最常用的是 href 和 target，href 用来指定链接的地址，target 用来指定链接的目标窗口。这两个属性是创建超链接时必不可少的部分。

name 属性用来为链接命名，title 属性用来为链接添加说明文字，accesskey 属性用来为链接设置热键。这几个属性和前面使用插入栏设置链接中所用到的对话框中的设置相同。

在使用标签 <a> 进行链接的书写时，可以用 <a>…</a> 格式。被添加链接的文字写在 <a> 和 </a> 的中间，而设置链接属性的时候要在 <a> 中对它的属性进行设置。下面通过制作首页链接来讲解编写链接的具体方法。

（1）首先在代码视图中另起一行，先输入 <a>，然后在其中输入 href 属性为链接添加一个内容。在输入的过程中，几乎不需要手工输入，当用户在"a"的后面按下空格键时，能直接在出现的列表框中找到

href 属性。选择这个属性后又会自动出现后面的等号和双引号，而在双引号的后面又会出现链接的按钮，单击该按钮找到要链接的地址。这样就添加上了超级链接的链接内容。

（2）链接的目标窗口要通过 target 属性来设置，它的基本语法如下。

<a href="http://www.gixon.com" target="value" >

value 的取值分别为 _blank、_new、_parent、_self 和 _top，在这个链接里选择"_blank"选项。

（3）然后可以根据需要为这个链接设置其他的属性，设置方法也都差不多。如果要设置链接的文本说明，可以先输入"title"，然后在后面的双引号里使用汉字输入文字说明。

图 3-2-7

（4）最后不要忘记结束的后半个尖括号，然后输入"首页"两个字以及 <a> 标签的后半部分"</a>"，一个完整的链接代码输入如下。

<a href="http://www.gixon.com" target="_blank" tabindex="3" title=" 转到网站的首页 " accesskey="G" > 首页 </a>

书写完毕后，可以回到设计视图查看最终的效果，也可以使用拆分视图一边编写一边查看效果。对于 <a> 标签，可以直接在代码视图中修改各个属性，也可以通过标签检查器来修改。标签检查器中会显示用户刚才已经设置的参数，其中"常规"栏是最基本的链接内容和目标窗口的设置，"CSS/辅助功能"栏中有链接的其他属性的设置，如图 3-2-7 所示。

3.3 检查链接

对刚制作完成的网站，很有必要对网站中的内容进行检查。在对网页进行检查时，需要对它的众多链接进行仔细的检查，尽管这个工作可能会比较乏味，但是很有必要。Dreamweaver 中有强大的链接检查和链接更新的功能，使用户的工作更简便。

断掉的链接、链接到站点以外文件的链接以及孤立的文件（站点没有指向它们的链接文件）会通过 Dreamweaver 为它们生成一个报告。用户可以检查打开文档内的链接、站点内所有文档里的链接或"文件"面板上所选文档内的链接。

（1）检查当前文档中的链接可以在菜单栏上执行"文件→检查页"命令，在其子菜单中选择"链接"命令，如图 3-3-1 所示。

（2）按下"Shift+F8"组合键也可以开始检测。检测完毕后会在链接检查器的下面打开一个结果面板，当前为用户显示的就是检测过的链接报告，如图 3-3-2 所示。

（3）从这个面板中找到显示项，当前显示的是"断掉的链接"。如果希望查看外部链接和孤立文件，可以单击"断掉的链接"按钮旁边的下拉按钮，就可以选择其他的检测结果了。

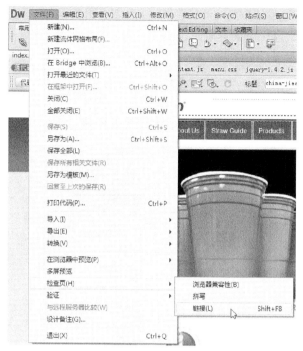

图 3-3-1

（4）在检测方面也是可以有选择的，单击链接检查器左边的绿色三角形按钮，在弹出的下拉列表框中可以选择一种检测方式。由此用户也可以得出，Dreamweaver 不仅可以检测当前网页的链接，还可以检测整个站点的链接，如图 3-3-3 所示。

图 3-3-2

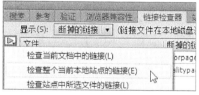

图 3-3-3

（5）这些检测出的结果也是可以被保存起来的。单击"保存报告"按钮会出现一个"另存为"对话框，将其保存到指定的目录下，如图 3-3-4 所示。

（6）为了能够准确地找到生成的报告，这里我们将其保存到该文档所在的站点文件夹下。保存完毕后，站点文件夹里就多了一个 .txt 格式的文件，打开该文件能够看到之前在 Dreamweaver 中检测到的所有断开的链接。

通过链接检查器，还可以对出问题的链接进行修改。在链接检查器中选择要修改的文件，对其进行双击就可以找到页面中错误的链接，或打开有错误的文件。这样，在修复工作中就可以很方便地找到错误的位置，并及时对其进行修改。

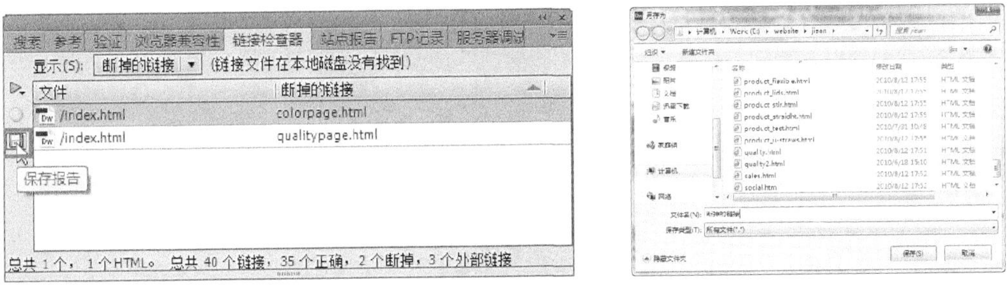

图 3-3-4

3.4 制作电子邮件链接

电子邮件链接也是链接中比较常见的一种。在浏览网页时，如果单击一个电子邮件链接，会显示出一个用于发送新电子邮件信息的窗口。这和在新窗口中打开的普通链接是不同的，这个信息窗口用来发邮件非常方便。它会为用户提供已经填写好的收件人的地址或邮件发送的方式。而用户需要做的就只是添加邮件的主题、输入主要的内容，单击"发送"按钮。

在 Dreamweaver 中有一个对象，它简化了添加电子邮件链接的过程。用户只需添加链接的文本和电子邮件的地址，这样一个电子邮件的链接就完成了。它和其他的链接一样，直接在 Dreamweaver 中对它单击是没有效果的。只有在预览的时候才能看到设置的效果。

(1) 将光标定拉到要添加电子邮件链接的位置。

(2) 在插入栏中选择"常用"选项卡，单击"电子邮件链接"按钮。打开"电子邮件链接"对话框，如图 3-4-1 所示。

图 3-4-1

(3) 在对话框中的"例文本"文本框中输入电子邮件链接的文本，也就是告诉浏览者此处有一个电子邮件链接，"电子邮件"文本框用来输入收件人的邮箱地址。

(4) 单击"确定"按钮，将这个电子邮件的链接就添加好了。和标准页面链接有所不同，该代码使用的是"mailto："前缀，其后有一个有效的邮件地址。Dreamweaver 会为所有电子邮件链接自动创建正确的代码，用户可以通过属性检查器中的"链接"下拉列表框查看到，如图 3-4-2 所示。

图 3-4-2

（5）对设置好的页面进行预览。直接在键盘上按下"F12"键，可以在浏览器中进行预览。在设置好的电子邮件链接处单击，在电子邮件信息出现后，"收件人"文本框中已经有地址了，如图 3-4-3 所示。

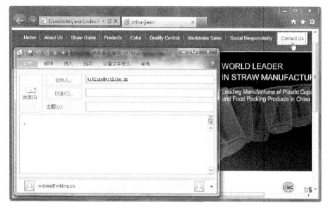

图 3-4-3

如果希望能够更快捷地添加电子邮件链接，可以先选中需要添加链接的图片或文本，然后在属性检查器中直接输入电子邮件的链接。只需将平常的有效电子邮件地址输入进去，然后在前面加一个前缀"mailto:"，再按下回车键确定，无需设置"目标"下拉列表框就可以轻松地添加一个简单的链接。

1. 添加邮件主题

如果想要添加更复杂的电子邮件链接，也可以直接在属性检查器中的"链接"下拉列表框中输入相应的内容。比如想直接在这里为邮件添加主题，可以在邮件地址的后面先输入一个"？"，然后输入"subject="。接下来就可以输入想要的主题了，这里输入一个名为"feedback"的主题。以下是刚才在"链接"下拉列表框中输入的内容。

图 3-4-4

mailto:witline@witline.cn?subject=feedback

按下"F12"键，查看最终的效果，图 3-4-4 所示为单击"Contact Us"超级链接以后显示的邮件。

2. 添加抄送

为电子邮件的"抄送"文本框添加内容，可以先在之前输入的内容后面添加一个连接符"&"，也就是直接在键盘上按下"Shift+7"组合键，然后输入"cc="，接着在等号的后面输入一个邮件地址，并按下回车键确定，输入的内容如下。

mailto:witline@witline.cn?subject=feedback&cc=tony@gixon.com

然后在浏览器中预览，单击"Contact Us"超级链接后，弹出的邮件就不只有主题了，还会有抄送地址，如图 3-4-5 所示。

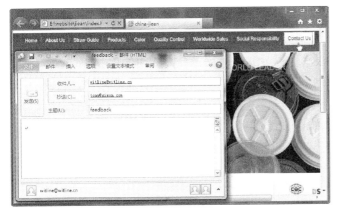

图 3-4-5

添加了抄送地址就可以同时向两个地址发送邮件了。当然，对于一些需要保密的邮件是可以在属性检查器中设置。设置抄送使用的是"cc"，设置密件抄送就要用到"bcc"。

由于要再添加一项，所以在之前输入的邮件地址后面再添加一个连接符号"&"。接着输入"bcc="，继续在等号的后面输入第 3 个电子邮件的地址"benny@gixon.com"。按下回车键后就可以在浏览器中预览效果了，如图 3-4-6 所示。

利用密件抄送又添加了一个邮箱地址，并且对设置了密件抄送的邮箱发送邮件，其他人是看不到的。设置这个链接时，输入的内容如下。

图 3-4-6

mailto:witline@witline.cn?subject=feedback&cc=tony@gixon.com&bcc=benny@gixon.com

其中包含了 4 段代码，其余的部分只需对地址进行输入即可。这 4 段代码的解释如下。

mailto：表示收件人地址。

?subject=：表示添加邮件主题。

&cc=：表示添加抄送地址，也就是设置同时发给两个邮箱。

&bcc=：表示添加密件抄送地址，不仅同时多发给一个邮箱，而且增加了保密措施。

3.5 下载链接

在 Dreamweaver 中制作下载链接的方法如下。

（1）先在 Dreamweaver 中准备好一些用来添加下载链接的图片和文本，选中需要添加下载链接的图片或文本。

（2）然后在属性检查器的"链接"下拉列表框后面单击"指向文件"按钮，并在单击的同时进行拖曳。此时，用户可以看到一个箭头跟着鼠标指针移动，直接将其拖到"文件"面板中，选择一个文件就可以直接产生链接。因为制作的是下载链接，所以要将其链接到一个压缩文件上或一个可执行程序上，如 RAR、ZIP 或 EXE 文件。现在将其链接到一个已经被压缩成压缩包的文件上，如图 3-5-1 所示。（该实例仅为演示效果，正规网页制作过程中，文件夹的命名需要十分规范，一般常用字母和数字表示。

图 3-5-1

（3）链接完毕后，在"链接"下拉列表框中就有了被选择文件的名称。然后按下"F12"键预览链接的效果，单击添加了下载链接的内容，就会出现下载提示对话框，如图 3-5-2 所示。

（4）单击"打开"按钮会直接将这个压缩包里的内容打开，而单击"保存"按钮会出现"另存为"对话框，如图 3-5-3 所示。

（5）保存完毕后就只剩下从网页上下载了，下载的速度取决于网络的连接速度和文件的大小。

（6）如果用户想要链接一个可执行文件，需要在为文字进行链接时选择 .exe 格式的文件。链接上 .exe 格式的文件后，在预览时单击"运行"按钮可以直接运行这个文件。现在将它链接为一个文件格式为 .exe 的 Flash 动画可执行文件，如图 3-5-4 所示。

（7）预览时，单击链接了这个 Flash 动画的文本，在弹出的"文件下载"对话框中单击"运行"按钮直接将那个 Flash 动画打开并播放，如图 3-5-5 所示。

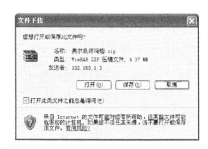

图 3-5-2

图 3-5-3

图 3-5-4

图 3-5-5

3.6 添加锚链接

3.6.1 在同一页面中添加锚链接

通常用户在打开一个网页时，浏览器都是从页面顶部开始显示。要看当前屏幕下方的内容必须拖动页面右边的滚动条，或使用鼠标中间的滚轮使页面向下滚动。对于这种比较长的网页，Dreamweaver 有专门的处理方法。

通过设定，可以在不考虑显示器窗口内容的情况下链接到页面任意位置的特定点上。这就使用到了锚链接。锚链接的主要作用是当作链接的目标，使链接可以指向页面的任意位置。制作锚链接大致需要以下步骤。

（1）首先在 Dreamweaver 中准备一页较长的网页，这样才能清晰地看到它的作用。这一部分在整个锚链接的制作过程中起到了铺垫的作用，为后面的工作做好了准备。

（2）然后在页面中添加锚记，如果没有锚记就无法添加锚链接。选用的这段文字共包含了 5 段文字记录，现在分别对它们进行锚记的添加。

（3）选择文章中第一段文字的标题，将光标定位到文字后面。然后从"常用"插入栏中单击"命名锚记"按钮，如图 3-6-1 所示。

（4）在弹出的"命名锚记"对话框中的"锚记名称"文本框中输入一个锚记的名称，在这里将其命名为"part1"，如图 3-6-2 所示。

图 3-6-1

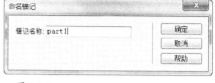

图 3-6-2

然后单击"确定"按钮，这样就为文章的第一部分添加了锚记。有锚记的地方会有一个类似小盾牌的标志，选中该锚记，会在属性检查器中查找到其名称，如图 3-6-3 所示。

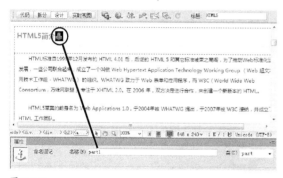

图 3-6-3

（5）接着将光标定位到第二段起始处，单击插入栏中的"命名锚记"按钮。在弹出的"命名锚记"对话框中的"锚记名称"文本框中输入锚记名称为"part2"。

（6）使用同样的方法继续为剩下的两个段落添加锚记。需要注意的是，锚记的名称可以是数字、英文字母，但不能是中文。所以用户在对锚记命名的时候要特别注意。修改锚记名称时，只需将要修改的锚记选中，然后在属性检查器中会有锚记的"名称"文本，在这里可以对它进行修改。

（7）所有的准备工作完成后，最后添加链接。先将目录中的"HTML5 简介"文字选中，然后单击属性检查器中"链接"下拉列表框后面的"指向文件"按钮，拖曳至第一个锚记的位置，如图 3-6-4 所示。

（8）在拖曳的过程中要注意属性检查器中"链接"下拉列表框的变化，在没有找到锚记的时候，"链接"下拉列表框中是"拖动到一个文件以创建链接"字样。如果给"HTML5 简介"添加锚记名为"part1"的锚记，那么"当链接"下拉列表框中显示"#part1"时就表示已经链接上了。这时可以松开鼠标，第一个锚链接创建成功。而同时在标题部分的文字也会变成链接文字样式。

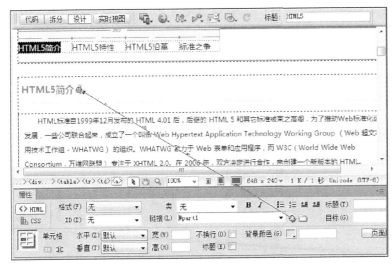

图 3-6-4

（9）继续为后面的各个锚记添加相应的链接，有些锚记可能会比较靠后，在添加锚链接的时候非常不方便，可以直接在"链接"下拉列表框中输入相应的锚记名称来添加链接。在这个页面中，"HTML5 沿革"部分是最靠后的，添加链接时可以先将标题中的"HTML5 沿革"文字选中，然后在属性检查器中找到"链接"下拉列表框。先在键盘上按下"Shift+3"组合，打出一个"#"号，这个"#"号就是锚的意思。然后在"#"号后面输入"part3"，接着按下回车键就可以了。可以使用这种直接输入的方法，是因为之前在使用拖曳文件进行链接时，"链接"下拉列表框中出现的内容和手动输入的是相同的。如图 3-6-5 所示。

图 3-6-5

添加完毕后可以在浏览器中预览设置的效果。只需单击前面添加了锚链接的文字标题，就可以直接转到相应的段落。当单击"回归大自然"链接时，页面就会直接跳转到"回归大自然"部分，如图 3-6-6 和图 3-6-7 所示。

在浏览的过程中发现一个问题，即当看到页面的最底端时，若想返回前面也同样需要用滚动条来完成。如果在页面的后面也添加一个锚链接，直接连到页面的前端，那么想要回到页面前端时，只需在末尾的链接处单击即可。

回到 Dreamweaver 中，将光标定位于页面内容的最前端，添加一个锚记，并将其命名为"top"。

然后将页面拖到最底端，输入"回到顶端"文本。选中"回到顶端"文本，在属性检查器的"链接"下拉列表框中输入"#top"，将其链接到在页面最前端添加的那个锚记上。按下"F12"键在浏览器中进行预览，这时将页面拖到最底端，然后单击"返回顶端"链接，页面就直接转到了最顶端的部分。如

图 3-6-8 和图 3-6-9 所示。

图 3-6-6

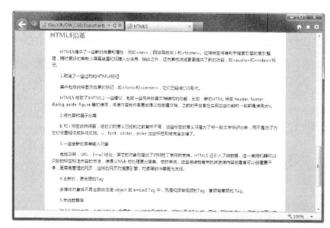

图 3-6-7

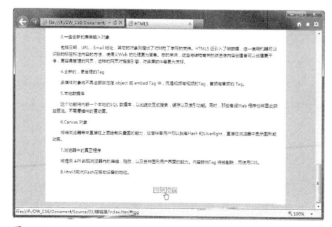

图 3-6-8

图 3-6-9

3.6.2　在不同的页面上使用锚链接

前面讲的是在同一页面中添加锚链接，在 Dreamweaver 中还可以在不同的页面上使用锚链接。它的基本制作方法和前面的步骤差不多，区别就在于链接的设置。

（1）将一个使用了多个锚链接的页面命名为"anchor"。

（2）选中"标准竞争"4 个文字，将其链接到"anchor"页面中对应的那段文字。在属性检查器中单击"链接"下拉列表框后面的"指向文件"按钮，将其拖到"文件"面板中名为"anchor"的 HTML 文件上。由于它是本地文件，所以在"链接"下拉列表框中只是出现了"anchor.html"，用户在对这种链接进行设置时，可以直接在"链接"下拉列表框中输入要链接的本地文件名和文件格式的名称，如图 3-6-10 所示。

（3）这只是链接到了"anchor"页面，并没有链接到相应的文字部分，所以还需要继续添加链接的内容。包含相应文字部分的锚记是网页最后一部分"标准竞争"标题后面名为"part4"的锚记，要将两者链接在一起，只需在"anchor.html"的后面输入"#part4"即可。

图 3-6-10

（4）按下"F12"键在浏览器中进行预览，并确定"anchor.html"页面没有被打开。在当前打开的页面中直接单击"标准竞争"链接就可以转到"anchor.html"页面中第4段中的文字部分，如图3-6-11和图3-6-12所示。

在不同的页面中创建锚链接时，通常情况下会先载入被引用的页面，然后再直接跳转到锚记的位置。使用锚链接不仅能够非常轻松地实现页面内的跳转，还可以在不同的页面之间实现跳转，这是一个很实用的链接方法。

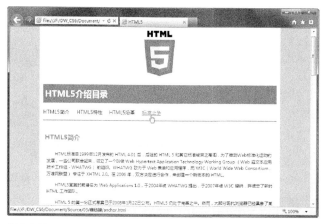

图 3-6-11

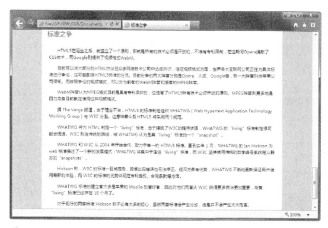

图 3-6-12

在网页中使用图像 4

学习要点：

· 网络上通用的图像格式
· 在 Dreamweaver 中插入图片
· 在 Dreamweaver 中处理图片
· 制作图像热区
· 制作鼠标指针经过图像和导航条
· 图像占位符和背景图片的添加
· 使用其他软件插入图片

图片是一种最直观的表达方式，必要的图片设置即可以提高网站的美观度和实用性，又能提高用户的体验度，吸引用户单击浏览。因此，网站建设的成功与否，图片是不可或缺的一个重要因素。

4.1 网络图形格式

大多数精美的图片都是通过各种图形处理软件加工而来的，不同软件所专属的图像文件格式各有不同。网络依赖图像传递信息、表达内涵。网络想要迅速发展，就需要使用跨平台图形。使得不同软件处理、制作的图片都能够具有通用性，保证网页浏览者在所有平台上顺利地进行浏览。目前，获得各种浏览器全面支持，可以通用的格式还是 GIF 和 JPEG，另外，现在除了逐步退出市场的 IE6 只支持 8 位 PNG 外，其他浏览器的最新版本大部分都支持 PNG 格式的图片。

4.1.1 GIF 图像

GIF(Graphics Interchange Format) 的原义是"图像互换格式"，是 CompuServe 公司在 1987 年开发的图像文件格式。GIF 图像是一种位图图像，每个像素都被赋予或映射到一种特定的颜色。一个 GIF 图形最多可以有 256 种颜色。这些图像通常被用于文本、徽标或卡通图像，也就是所有不必为了平滑颜色过渡而要求有数千种颜色的图像。用这种方法可以将图像文件压缩，GIF 图像格式有三个重要的属性。

第一个属性是 GIF 图像支持透明度，用户可以将它其中的一种或多种颜色设定为自动与图像所在页面的背景颜色相匹配。如果在网页上使用圆形或不规则形状的徽标或插图，在图像的载入过程中会显示出一个矩形框，告诉用户这个图形的实际大小和形状。而非矩形图像。则可以在 Adobe Fireworks 或 Adobe Photoshop 中将其背景设置为透明的效果图。图 4-1-1 所示为使用了透明度是和没使用透明度图片的两个图片，左边的是使用了透明度的图片，右边的是没有使用透明度的图片。

图 4-1-1

第二个属性是"隔行显示"，网页被浏览时，如果图片的下载让浏览者等待很长时间，那么这个网页将会失去很多的浏览者。GIF 图像的隔行显示功能并不是让图片的下载速度加快，而是通过隔行显示的方式让浏览者在图像的下载过程中能够看到一些内容，而不是一直在一个空白页面中等待，使浏览者在等待下载时不会很枯燥。

最后一个属性是 GIF 动画。通过 GIF 格式可以制作一些简单的小动画，在使用这些动画时不必另外地使用插件或辅助程序，只需很简单地插入图片就可以了。不过使用这种小动画会增加网页的大小，所以不要过多使用。

4.1.2　JPEG 图像

JPEG（联合图像专家组）图像格式的扩展名可以是 .jpg、.jpeg 或 .jpe，比较常见的是 .jpg，JPEG 格式是专门为处理照片而开发的。和 GIF 格式相比，JPEG 格式提供了数百种颜色，每个像素可以有 24 位的颜色信息，而 GIF 格式只有 256 色，而每个像素只有 8 位颜色信息。很显然，JPEG 格式的图片在显示方面比 GIF 强大，但 JPEG 格式没有透明度和动画功能。

为了提高 JPEG 图像的可用性，必须要压缩大量的颜色信息。一般来说，图片压缩的程度越高，图像的质量就会越差。在保存图片时会有图片压缩的一些设置，如图 4-1-2 所示。

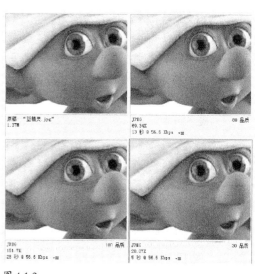

图 4-1-2

这是在 Photoshop 中进行的压缩设置。第一张是未经压缩的图片。第二张的压缩程度很低，它在显示方面也较好一些。第三张是中等压缩品质，图像在显示方面可能不是特别完美，但是它的下载速度快一些。而最后一张就是压缩程度最高的效果，图像在显示方面相对差一些，但是它的下载速度却是最快的，而且当将图片还原为 100% 比例显示时与原图没有太大区别。

由于每个图形对压缩都会有不同的反应，在使用 JPEG 图像时要对多个图片进行比较，并选择最合适的一张。用户浏览网页中的 JPEG 图像，图像必须要先下载到浏览器中，当浏览时，还需解压缩。这个步骤会增加网页浏览的时间，不过为了使浏览者能看到质量较好的图片，这个过程是不可或缺的。

4.1.3　PNG 图像

PNG（Portable Network Graphic Format）的中文名是便携式网络图像。PNG 图像的优点是，能够像 GIF 图像一样在压缩方面没有像素上的损失，并能像 JPEG 图像那样呈现更多的颜色。而且 PNG 格式也提供了一种隔行显示方案，在显示速度上比 GIF 和 JPEG 更快一些。同时 PNG 图像又具有 JPEG 图像没有的透明度支持能力。

PNG 格式图片因其保真性高、透明性支持及文件体积较小等特性，被广泛应用于网页设计、平面设计中。因受带宽制约，在保证图片清晰、逼真的前提下，网页中不可能大范围地使用文件较大的 BMP、JPG 格式文件，GIF 格式文件虽然文件较小，但其颜色失色严重，不尽人意，所以 PNG 格式文件自诞生之日起就大行其道。特别是这几年浏览器的快速发展，PNG 这种图像格式已经得到了很好的普及，现在互联网上所流行的各大浏览器几乎都支持 PNG 图片，可见，PNG 已经深受设计师和用户的欢迎，乃至不可或缺。

4.2　在 Dreamweaver 中插入图片

4.2.1　在设计视图中插入图片

在设计视图中直接插入图片是一种比较快捷的方法。首先，在文档窗口中找到需要插入图片的位置，然后在"常用"插入栏中单击"图像"按钮 ，弹出"查找图像源文件"对话框，选择本地计算机上的图片，选择完毕后单击"确定"按钮即可，如图 4-2-1 所示。

图 4-2-1

当选择一张图片后，此对话框的右边会显示图片的预览效果以及这张图片的尺寸、图片格式和这个图片在计算机中所占的空间等。

此时，图片并不能马上在 Dreamweaver 中显示出来，而是弹出"图像标签辅助功能属性"对话框。这里会要求用户输入替换文本，替换文本就是当用户把鼠标指针放在图片上时会显示的文字，或当这个图片无法在浏览器中显示时所出现的文字。接着的"详细说明"文本框要求用户输入一个链接地址，这个地址就是对替换文本的详细说明，如图 4-2-2 所示。

单击"确定"按钮就可以将图片插入到 Dreamweaver 中了。在菜单栏上执行"插入→图像"命令（或者按下"Ctrl+Alt+I"组合键），在弹出的对话框中可以进行图片的插入设置。

如果插入的图片不是位于站点中的图片文件夹中，那么在插入的时候会弹出一个对话框，它会提示用户是否将图片复制到本地站点根目录文件夹内，如图 4-2-3 所示。

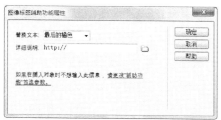

图 4-2-2

图 4-2-3

如果单击"是"按钮，则会根据对话框中的提示将其复制到站点文件夹内。如果单击"否"按钮，则图片不会被插入 Dreamweaver 中。

4.2.2 从"资源"面板中插入图片

另外一个快捷地插入图片的方法需要使用到"资源"面板，在"资源"面板中会列出该站点内包含的所有 GIF、JPEG 和 PNG 文件。任意选择一个图片就会在"资源"面板的上面显示出它的缩略图，并且每个图片的尺寸、大小、文件类型以及文件的完整目录都会列出来。这样在选择图片文件时，就可以避免因为不能直观地看到内容而发生错误的选择，如图 4-2-4 所示。

插入图片时只需将图片选中，然后向文档窗口拖动，就会出现如图 4-2-2 所示的对话框。单击"确定"按钮就可以把图片插入网页中。另外一种方法是在网页中选择图片所在的位置，然后在"资源"面板中找到需要插入的图片，再单击"插入"按钮就可以出现如图 4-2-2 所示的对话框。接下来的设置和其他的插入图片方法一样。

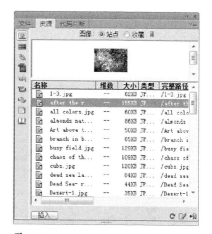

图 4-2-4

在使用"资源"面板之前必须先对站点的内容进行整理，在资源面板中单击"刷新站点列表"按钮，Dreamweaver 会检查当前站点并创建所有图像的列表，包括尺寸、文件类型和完整的路径。

用户还可以使用收藏夹单独显示最常用的图片，这样就会非常容易地找到经常需要使用的图片。将图片添加到收藏夹时，需要先将添加的图片选中，然后单击"资源"面板右下角的"添加到收藏夹"按钮 **＋**。需要使用收藏夹中的内容时，只需在"资源"面板的上面选中"收藏"单选按钮，就会直接切换到收藏夹视图。

4.2.3　在代码视图中插入图片

在设计视图中进行的任何设置都会在代码视图中以代码的形式显示出来，对代码视图中进行的任何设置也都会在设计视图中显示出来。

将视图切换到代码视图，通常情况下会另起一行开始图片代码的编写，首先输入"<"，然后在后面输入"img"，在输入图片的代码标签时，Dreamweaver 会提供常用的标签选项，如图 4-2-5 所示。

下面是一些常用的 <img> 标签属性。

src：图像的源文件。

alt：图像无法显示时的替代文本。

name：图像的名称。

width/height：宽度 / 高度。

border：边框（HTML5 不支持该属性）。

vspace：垂直间距（HTML5 不支持该属性）。

hspace：水平间距（HTML5 不支持该属性）。

align：排列（HTML5 不支持该属性）。

将"img"输入完毕后按下空格键就会出现另一个列表框。这个列表框中有很多属性，使用较多的是"src"属性，它的使用方法和输入"img"时的列表框一样。可以直接在这个列表框中选择"src"属性，也可以手动输入"src"属性。在这里选择手动输入，如图 4-2-6 所示。

选择 src 属性并按下回车键后，会出现"浏览"设置，如图 4-2-7 所示。

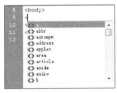
图 4-2-5

图 4-2-6

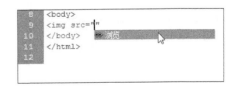
图 4-2-7

此时，选择"浏览"选项，在打开的对话框中可以查找需要的图片。单击"确定"按钮后就直接将选中图片的 URL 添加到了 <img> 标签中。然后在键盘上按下后括号键可以自动附带上"/"符号。完整的图片插入代码如下。

```
<img src="images/after_the_rain_color.jpg" />
```

切换到设计视图中可以看到插入的图片。如果需要为这个图片添加替代文本，可以在代码后面的"/"符号前面按下空格键，在弹出的列表框中找到"alt"属性并按下回车键将其添加到 <img> 标签中。最后在后面的引号中输入这张图片的替代文本。例如，代码如下。

```
<img src="images/after_the_rain_color.jpg" alt=" 雨后的颜色 " />
```

在设计视图中，单击"在浏览器中预览"按钮，可以查看显示效果，如图 4-2-8 所示。为了演示替代文本的效果，此处故意把图片名称书写错误，如图 4-2-9 所示。

图 4-2-8

图 4-2-9

用户可以为图片添加边框。回到代码视图中，继续在替代文本代码后面按下回车键，选择"name"属性，如图 4-2-10 所示。

接着在这个属性后面的引号中输入边框的大小。回到设计视图中就会看到已经添加的边框。这些设置还可以在标签检查器中进行修改，在代码视图中进行的设置都可以在这里显示出来，如图 4-2-11 所示。

图 4-2-10

图 4-2-11

从图 4-2-11 中可以看到，"常规"栏中的"alt"选项是图像的替代文本设置，"name"选项是图像名称的设置，如果需要插入图片，可以在"src"选项中进行图片的选择。

4.3 在 Dreamweaver 中处理图片

4.3.1 图片的基本设置

并不是所有的图片插入 Dreamweaver 中后就可以了，一些图片通常需要通过处理才能够使用。这些处理工作都是在属性检查器中完成的，如图 4-3-1 所示。

　　属性检查器最左边显示当前选择的图片的缩略图以及这个图片的大小。还可以为这个图片设置 ID 号，也就是这个图片的名称。当前的"宽"文本框和高处于锁定状态，对"宽"文本框和"高"文本框输入的值会按比例进行缩放。取消锁定状态的方法是单击"宽"文本框和"高"文本框后面的图标。

　　备注：选中图片后，在 Dreamweaver 的属性检查器中找到这个图片的缩略图，按下"Ctrl"键的同时，双击这个缩略图，这时缩略图会变成一些软件开发人员的照片，这是 Dreamweaver 中的一个彩蛋，如图 4-3-2 所示。

图 4-3-1

图 4-3-2

　　"源文件"文本框的设置和插入图片的方法是相同的，所以在这里对图片进行更换或插入，也是一种图片的插入方法。单击文件夹按钮就可以更换或插入图片。

　　"链接"文本框用于给图片添加链接；"替换"下拉列表框用于添加替换文字，直接在这里进行文字的输入就可以为当前的图片设置文字说明；使用"编辑"栏中的一些图形处理工具可以对插入的图片进行简单的处理，后面将会对这些功能进行详细的讲解。

4.3.2　编辑图片

　　上面所讲到的设置只是对图片的简单处理，在这一部分中会讲到如何更进一步地对图片进行编辑和调整。

　　属性检查器中间部分的"编辑"栏为用户准备了一些图像处理的工具。虽然 Dreamweaver 不是专业的图像处理软件，但是通过编辑栏也可以对插入的图片进行简单的处理。如图 4-3-3 所示。

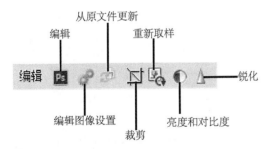

图 4-3-3

　　下面，我们按次序详细讨论一下这些选项的用法及功能。

1. 编辑

　　由于当前使用的图像处理工具是 Photoshop，所以在"编辑"栏中就会默认显示此软件。如果使用了其他的图像处理软件，例如 Fireworks，那么此处就会更改成 Fireworks 的图标。

当然用户也可以设定特定的图像处理工具选项。在菜单栏中执行"编辑→首选参数"命令,在弹出的"首选参数"对话框中,选择左边"分类"列表框中的"文件类型 / 编辑器"选项。此时,此对话框的右半部分会显示文件类型和编辑器的设置项,如图 4-3-4 所示。

图 4-3-4

"扩展名"列表框中列出了很多的文件格式。对这些格式进行选择后,可以在右边的"编辑器"列表框中指定对它们执行编辑的编辑器,甚至一个格式还可以指定多种编辑器。可以对添加的多个编辑器进行主要编辑器的指定设置,选择一种编辑器后单击"设为主要"按钮即可。

2. 编辑图像设置

在需要对图片进行更精细的操作时可以单击"编辑图像设置"按钮,弹出如图 4-3-5 左图所示的对话框。

图 4-3-5

此对话框相比 Dreamweaver CS5 还是做了较大的改进与整合,原先的 4 个预览窗口已经删除,在 Dreamweaver CS6 中改为在文档窗口直接预览图片优化后的效果,更直观便捷。同时,为了让设计人员在处理图片的时候能够更高效地优化出体积小不失真的图片,Adobe 还在 Dreamweaver CS6 中预置了 6 种颇具针对性的图像优化的方式,如图 4-3-5 中图所示。关于这 6 种预置,在本章后面将会详细介绍。

当然,在 Dreamweaver CS6 图像优化设置中,我们依旧可以将图片的 GIF、JPEG、PNG 等格式进行转换。如果使图片转换为 GIF 格式,那么直接在 Dreamweaver 中就可以将图片处理为透明的图片,如图 4-3-5 右图所示。还可以对图片的压缩质量进行设置,即使图片在其他的图片处理软件中没有压缩好,在 Dreamweaver 中也可以再次对它进行压缩。

3. 从源文件更新

在 Dreamweaver CS6 中,该按钮主要是为了支持与 Photoshop 智能对象之间的联系。对于智能对象来说,对其源文件更改后,Dreamweaver 视图窗口会有相应的反应,此时单击该按钮,实现文件的更新效果。在本章 4-8-3 有讲解具体操作步骤。

4. 裁剪

对图片进行裁剪可以让观众的注意力集中到某个特定区域上,并减小文件的大小。

Dreamweaver 的裁剪工具非常方便。当用户需要对图片进行裁剪时,图片的内部会出现一条带有阴影的边框。可以通过拖动边框的边缘确定修剪图像的位置,如图 4-3-6 所示。

从图 4-3-6 中可以看到,没有被选中的部分颜色会变暗,而选中的部分则是正常的颜色。按下回车键可以将未选中的部分裁剪掉,如果要取消选择,只需在图片外的任意地方单击或按下 Esc 键即可。若要对选中的部分进行移动,改变正常显示的区域,只需将鼠标指针放在选中的区域,当鼠标指针变成四向箭头时可以拖动选择区域到新的位置。

图 4-3-6

裁剪完毕后如果对最终的效果不满意,可以在键盘上按下"Ctrl+Z"组合键,撤销刚才的剪裁操作,这样可以重新对此图片进行剪裁。不过需要注意的是,如果裁剪后将网页保存或发送到外部图像编辑程序,再进行撤销操作就不起作用了。

5. 重新取样

这个功能在处理图片时非常好用。在调整图片大小时,通常需要反复试验才能找到合适的大小,图片的大小要和整个网页的版面相协调才能达到最佳的效果。用户在调整图片大小时,只要将图片选中,图片的右边和下边就会出现控制手柄。对这些手柄进行拖动可以任意改变图片的大小,将鼠标指针放到图片的右下角,鼠标指针变成现斜向的符号时,按下"Shift"键进行拖动可以实现按比例缩放。

在 Dreamweaver 中调整图像大小与在其他图形处理软件中缩放图像不同。Dreamweaver 只是把图像拖动到用户想要的尺寸,并不重建图像。

如果要使调整过大小的图像有更清晰的外观,必须对缩放过的图片进行重新取样。重新取样是指图像大小变化时添加或减少像素的过程。如果图像的尺寸增加了,像素就会按照一定公式增加,这样浏览者浏览的图像就可以保持清晰。同样,图像变小也会根据类似算法去除像素。重新取样功能需要在改变了图像大小之后才能使用。

通常情况下改变图像大小后，属性检查器的"重新取样"按钮就会被激活，只需对它进行单击就可以了。单击该按钮后会出现如图 4-3-7 中的提示对话框，提示用户图像文件将要发生改变。

图 4-3-7

若选中"不要再显示该消息"复选框，那么下一次再单击"重新取样"按钮时就不会弹出这个对话框。重新取样后的图像显示效果主要取决于图像原始尺寸和修改后尺寸的区别。一般情况下，较小的尺寸区别要比较大的尺寸区别效果好一些。如图 4-3-8 所示，左图是重新取样之前的效果，右图是重新取样之后的效果。

图 4-3-8

6. 亮度和对比度

随着数码照片的流行，网络图片的数量急速增长，对于图像的调整也越来越受欢迎。对于图像的亮度和对比度的调整是比较常用的照片修改方式，Dreamweaver 也具备了调整亮度和对比度的功能。

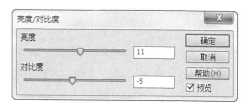

图 4-3-9

用户在属性检查器中单击"亮度和对比度"按钮后，会出现如图 4-3-9 所示的对话框。

下面讲解亮度、对比度的概念。

亮度：图片的明亮程度，增加图片的亮度会使整个图片更加明亮，图片中最亮的部分、最暗的部分、灰度部分都会在颜色上亮很多。如果图片过亮，就会使整张图片看起来很灰，该突出的地方不够突出。而过暗的话，图片中所有的颜色都会向黑色接近，越接近黑色，图片中过渡的部分就会越少，以至于无法很清晰地看到图片中的内容。一般情况下在亮度的调整部分，可以通过滑杆来增加或减少图片的亮度。图 4-3-10 所示为亮度太少（左图）和亮度过多（右图）的图片。

对比度：在图片中选择亮的部分和暗的部分，亮和暗就产生了对比。当它们的对比度较大的时候，会产生亮部更亮、暗部更暗的效果，调整后图片的颜色对比会比之前更强烈一些，但是会损失掉很多中间过渡的部分。对比度比较小的情况下就会变成亮部向暗部过渡、暗部向亮部过渡的情况。由于这两个部分的相互靠近，很容易都接近灰色，这样就会导致无法看清楚亮部和暗部，整个图片没有视觉冲击力。图 4-3-11 所示为高对比度（左图）和低对比度（右图）的图片。

图 4-3-10

在处理图片这部分将亮度和对比度的调整放在一起，是为了让它们能够结合起来控制图片的显示。现在就以前面 4 个图片为例，讲解如何处理类似的图片。

图 4-3-10 左图中的图片亮度过低，要先将它的亮度增加一些，然后适当地增加对比度，这样就可以增强整个图片的视觉效果。

图 4-3-10 右图的图片亮度过强，这时增加一些对比度，让亮部和暗部之间的对比强烈一些就会使图片的效果增强许多。

图 4-3-11

图 4-3-11 左图中的图片很具有视觉冲击力，更像是一种重彩的油画。如果这张图片用来做一些写实的内容，就必须要将它的对比度减少一些，也可以适当减少亮度，这样会有平和、稳重的效果。

图 4-3-11 右图中的图片就像是蒙了一层灰色，首先增强对比度，先将亮部、灰部、暗部区别开，然后增加或减少一些亮度。这样，整个图片看起来清晰多了。

每一次调整完毕后，可以按下"Ctrl+Z"（撤销）和"Ctrl+Y"（重做）组合键，切换调整前和调整后的图片显示，从而对比出较好的效果。

7. 锐化

锐化主要用于画面轮廓模糊不清的图片，一般情况下，锐化可增强图像中边缘的定义。实际上用户使用的很多图片都需要一些锐化处理，这主要取决于当前图片的模糊程度，但锐化无法校正严重模糊的图片。图 4-3-12 所示为锐化前（左图）和锐化后（右图）的图片。

除了这一系列的图像编辑功能外，Dreamweaver 还有与 Photoshop 结合的更强大的功能——智能对象。

图 4-3-12

4.4 使用热区

用户浏览网页时，将鼠标指针放在一个图片上，鼠标指针会出现像是放在按钮上的状态。这时，如果单击这一区域或图片就会出现一个链接，链接到另外一个页面中，这就是热区设置效果。

热区的设置位于属性检查器的左下角，Dreamweaver 把它称为"地图"，在其他的一些软件中被称为热区或热点。热区实际上就是为图片绘制一个特殊区域，例如矩形热点工具、圆形热点工具和多边形热点工具，绘制好选区以后，可以对这个区域添加链接，如图 4-4-1 所示。

图 4-4-1

备注：热区相当于在图片上增加了一个图形层，像调整图片一样，可以通过选择工具调整热区的大小和位置。如果用户在同一个网页中制作了多个热区时，要注意地图的不同名字。

4.4.1 绘制热区

热区的绘制有 3 种样式：矩形热区、圆形热区、多边形热区。在绘制矩形热区时，首先要准备一个素材图片。单击属性检查器中的"矩形热点工具"按钮，然后直接在图片上找到合适的位置绘制就可以了，如图 4-4-2 所示。

在图 4-4-2 中，显示为浅蓝色的区域就是绘制的矩形热区。这个矩形热区的 4 个角上有控制点，对这些控制点进行拖动可以改变矩形的大小。在拖动之前要在属性检查器中先单击"指针热点工具"按钮，这个工具和通常使用的选择工具一样。选择指针热点工具后，对矩形热区进行选择，这样可以直接在键盘上按下 4 个方

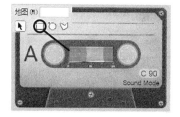

图 4-4-2

向键来改变热区的位置。

使用椭圆形热点工具进行热区的绘制时，无论怎样拖动，绘制出的热区都是一个圆。对圆形热区的任意一个控制点进行拖动，可以改变它的大小，如图 4-4-3 所示。

如果使用多边形热点绘制工具进行热区的绘制，会更加自由。要被添加热区的图片中出现不规则图形时，可以使用这个工具任意地绘制出自己需要的热区形状，如图 4-4-4 所示。

图 4-4-3

图 4-4-4

对于多边形热区的控制点，可以使用指针热点工具对它进行任意的调整，直到满意为止。有了这些工具，在制作网页时就会非常方便。为热区添加链接也很方便，每绘制一个热区，在属性检查器中就都会有这个热区的相关设置，如图 4-4-5 所示。

从图 4-4-5 中可以看到，如果要对这个热区添加链接，可以在"链接"文本框中直接输入链接的地址。当然，也可以在它后面的文件夹按钮上进行单击，从弹出的对话框中选择合适的链接地址。另外，还可以对"指向文件"按钮进行单击，这样可以链接到"文件"面板中的一个文件上。

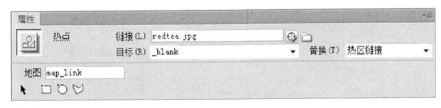

图 4-4-5

而"链接"文本框下面的"目标"下拉列表框用于设置链接内容的打开方式，有 5 种打开方式。

_blank：选择该选项后，可以将链接内容在新窗口中打开，保持当前窗口不变。

_new：选择该选项后，可以将链接内容总在新窗口中打开。

_parent：选择该选项后，可以将链接内容在其父窗口中打开，替换整个框架集。

_self：选择该选项后，链接内容就会替换掉当前的窗口。

_top：选择该选项后，链接内容将在顶层窗口中打开，并覆盖原窗口的内容。

在这里选择"_blank"选项，让链接内容在一个新窗口中打开。后面的就是"替换"下拉列表框，这和添加图片时设置的替换内容一样，当在浏览器中预览时，只要鼠标指针放到热区的范围内就会出现这个热区的说明。另外，不要忘记在左下角的"地图"文本框中为这个热区命名。图 4-4-6 所示为浏览时看到的效果。

图 4-4-6

4.4.2　在标签检查器中设置热区

用户除了能够在属性检查器中通过按钮和选项来设置热区，也可以在标签检查器中对热区进行设置。在设置时要先选择已经绘制的热区，这样在标签检查器中才能变成热区标签的设置，如图 4-4-7 所示。

这是之前设置的热区，用户对热区所进行的设置都在这里显示出来。其中"alt"属性是"替换"下拉列表框的设置，如果要修改热区的说明文字也可以在这里进行修改。

图 4-4-7

"href"选项是为热区设置链接的属性，对它进行单击可以改变这个热区的链接内容。而"shape"选项就是热区的样式设置项，其中"poly"参数表示当前使用多边形热区，"circle"参数表示圆形热区，"rect"参数表示矩形热区。"target"选项是设置链接目标的打开方式，它的参数设置和属性检查器中的一样。

"coords"属性中显示的是数字，这些数字是当前热区的坐标位置。这些数字两个为一组，每一组数字表示热区图形上的一个控制点，前一个数字是控制点的 x 轴坐标值，后一个数字是控制点的 y 轴的坐标值。如果用户需要制作几个大小相同的热区，就需要通过"coords"属性设置它们的标准位置。

同时，如果对热区进行设置，那么在代码视图中也会显示出所有的设置。其实在设置热区时，可以选择拆分视图，通过代码视图更精确地对设计视图中的内容进行设置。以下就是前面的多边形热区在代码视图中的代码。

<area shape="poly" coords="119,281,136,227,367,227,382,282" href="redtea.jpg" target="_blank" alt=" 热区链接 " />

4.5 制作鼠标指针经过图像

在一个静态的网页中适当地插入一些有变化的图片，会让整个网页看起来更有趣味性。在浏览网页时经常会遇到这样的情况，当鼠标指针经过某个图像时，会转换成另外一个图像，而当鼠标指针移开时就又会恢复到原来的图像。这就是利用 Dreamweaver 的插入交换图像的功能来实现的。下面通过一个简单的鼠标指针经过图像的制作实例，来讲解如何制作交换图像。

首先在已经建立好的站点中新建一个空白的 HTML 文档，在菜单栏中执行"插入记录→图像对象→鼠标经过图像"命令，弹出"插入鼠标经过图像"对话框。

用户可以在"图像名称"文本框中为鼠标指针经过图像设置名称。然后对"原始图像"文本框进行设置，单击后面的"浏览"按钮，在打开的对话框中可以选择一张图片作为原始图像，也就是鼠标指针没有经过时的图像。鼠标指针经过时的图像可以直接在下面的"鼠标经过图像"文本框中进行设置。接着在"替换文本"文本框中设置这个图像的说明文字。最后可以在"按下时，前往的 URL"文本框中制作单击后链接到的地址，如图 4-5-1 所示。

图 4-5-1

设置完毕后单击"确定"按钮就为这个网页添加了鼠标指针经过图像，插入完毕后用户还可以对这个图像添加简单的文字说明。然后按下"F12"键或单击"在浏览器中预览调试"按钮进行预览。

通常情况下，在浏览器中会出现黄色警示信息，告诉用户一部分内容已经被阻止了。这时候只要选择"允许阻止的内容"命令就可以正常浏览页面了，如图 4-5-2 所示。

图 4-5-2

现在来看一下设置的效果，在鼠标指针没有移到图片上时，它是一张香浓咖啡的图片。而当鼠标指针移到该图片上时，变成了一张建筑模型图。如图 4-5-3 所示，左图是鼠标指针经过之前的图片，右图是鼠标指针经过之后的图片。

图 4-5-3

4.6　插入图像占位符

当不能使用最终图像时，图像占位符就是开发网页的一个有力工具。在网页中，占位符为图片撑开它所占的位置，无论有没有在这个位置中添加图片都不会影响到页面布局的整体效果。在 Dreamweaver 中，图像占位符是一个带有目标图像的标题和尺寸的普通矩形。图像占位符是专为设计而量身打造的。在浏览器中预览页面时，虽然有些浏览器可以把缺失的图像显示出来，但是却无法把图像占位符显示出来。在插入图像占位符时，可以使用以下的步骤来实现。

（1）将光标放在需要添加图像占位符的位置。

（2）在"常用"插入栏中找到插入图像的选项，在列表框中选择"图像占位符"选项。或者在菜单栏中执行"插入 -> 图像对象 -> 图像占位符"命令。

（3）打开"图像占位符"对话框，可以在"名称"文本框中输入这个占位符的名称。用户在这里对其名称的设置会和占位符的尺寸一起显示出来。

（4）占位符的尺寸设置用于对占位符进行精确的高、宽设置。在设计视图中插入占位符以后可以随时对其大小进行设置，如图 4-6-1 所示。

（5）占位符的默认颜色是灰色，也可以在拾色器中选择其他颜色。

（6）在"替换文本"文本框中输入文字，作为这个占位符的说明。全部设置完毕后单击"确定"按钮就可以成功插入占位符了，如图 4-6-2 所示。

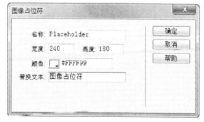

图 4-6-1

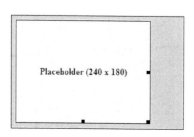

图 4-6-2

用图像替换占位符图像时，可以双击占位符图像，然后从弹出的"选择图像源文件"对话框中选择网页中需要的图像。"名称"和"替换文本"文本框中的属性值可以从图像占位符转换到新插入的图像中。

4.7　添加背景图像

前面所介绍的都是在网页中单独插入图像，插入图像后会发现，在 Dreamweaver 中无法非常方便地直接在图像上添加文字。如果将图片作为背景插入网页中，就可以直接在上面编辑文本了。

通过"页面属性"对话框对背景添加图像时，可以在菜单栏中执行"修改→页面属性"命令，也可以在属性检查器中单击"页面属性"按钮，打开"页面属性"对话框，如图 4-7-1 所示。

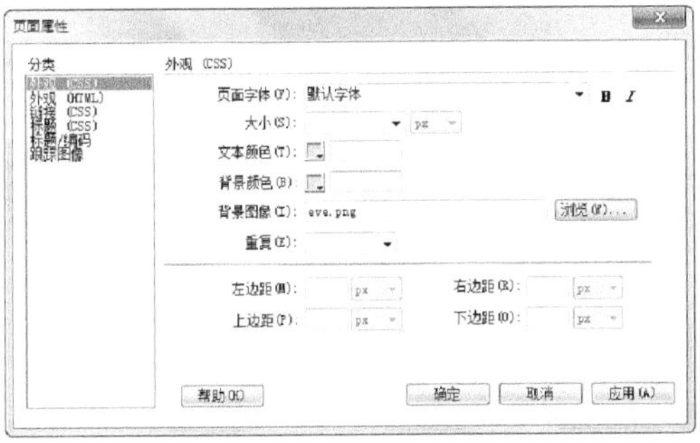

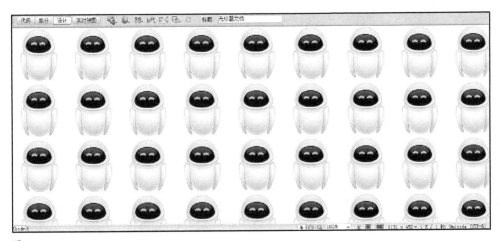

图 4-7-1

在 Adobe Dreamweaver CS6 版本中，CSS 样式和 HTML 代码独立的划分为大多数 CSS 爱好者使用时提供了方便。通过观察可以发现，在"外观（CSS）"或者"外观（HTML）"类别中都包含"背景图像"文本框。本例中，我们从左边的"分类"列表框中选择"外观（CSS）"选项，然后在右边的"背景图像"文本框后面单击"浏览"按钮，在弹出的对话框中找到一个用作背景的图片，单击"确定"按钮可以将选中的图片设置为背景。图 4-7-2 所示为已经添加上背景图像的文档窗口。

图 4-7-2

从图 4-7-2 中可以看到，当前的背景图像并不是只有一个，而是被重复平铺了。使用"页面属性"对话框添加的背景图像，在浏览器中进行查看时，图像会充满浏览器的窗口或在 Dreamweaver 中的文档窗口中完全充满。就像当前使用的图片，在浏览器的窗口中查看时，图片的尺寸比浏览器窗口或网页显示所需的区域小，浏览器和 Dreamweaver 就会平铺图像。如果用户专门制作的背景图像比浏览器窗口大，那么浏览者浏览网页时，必须将浏览器的窗口调成和背景图片一样大，才能全部看到内容。

对于这个问题，可以在"页面属性"对话框中设置背景图片时，对"重复"下拉列表框进行设置来实现想要的背景，如图 4-7-3 所示。

图 4-7-3

从图 4-7-3 中可以看到，"重复"下拉列表框有 4 种重复选项。

no-repeat：背景图像将仅显示一次。

repeat：背景图像将在垂直方向和水平方向重复。

repeat-x：背景图像将在水平方向重复。

repeat-y：背景图像将在垂直方向重复。

由于 Dreamweaver 的平铺图像特征，用户可以利用它使用最小的文件来为整个网页铺出纹理背景。如果使用一张和整个网页一样大的图片作为背景，那么它的下载速度会变慢。而使用小图像平铺的方法，既可以制作填充整个网页的背景，又可以提高下载速度。图 4-7-4 所示是一张简单的小图片。

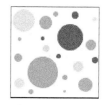

图 4-7-4

当在"重复"下拉列表框中选择"repeat"选项时，图像平铺效果如图 4-7-5 所示。

不过这种情况仅限于没有具体图案且无明显边界，或有规律可无缝结合的图片，就像在室内铺地砖一样，每个地砖的花纹、样式和颜色都有一定的规律与可结合处。例如，图 4-7-2 中的背景图像就比较适合用来做背景平铺的添加方式。

在背景中添加图像，可以使用 CSS 样式（层叠样式表），也可以在"页面属性"对话框中进行修改。使用 CSS 样式来添加背景图像会比较灵活一些，它可以使用户更好地控制背景图像。但是，一些版本较低的浏览器可能不支持 CSS 样式。而使用"页面属性"对话框添加背景图像，则可以不必顾虑那么多。使用 CSS 样式添加背景图像将在第 8 章中详细讲解。

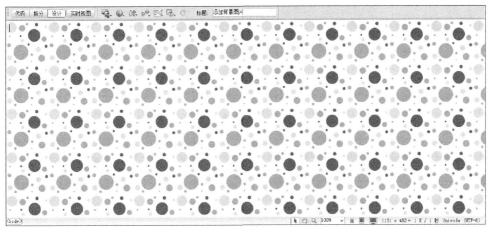

图 4-7-5

4.8 使用 Photoshop 文件

4.8.1 插入 PSD 文件

作为 Adobe 家族的成员，Dreamweaver CS6 可以无缝地与其他程序进行组合，其中包括 Photoshop。将图像从一个程序移到另一个程序的方法有很多，最直接的方法之一就是在 Dreamweaver 中打开一个原始的 Photoshop PSD 文件。作为源文件，Photoshop PSD 文件不能用于 Web。但是，当选择 PSD 文件时，Dreamweaver 会自动呈现"图像优化"对话框，用以创建一个准备用于 Web 的图像。

插入 PSD 文件的方法很简单，和普通图像的插入方法一样。在"常用"插入栏中单击"图片"按钮，打开"选择图像源文件"对话框，在对话框中找到一个 PSD 文件，单击"确定"按钮后可以将其在 Dreamweaver 中打开。在打开之前会出现一个"图像优化"对话框，PSD 文件的设置方法和普通图片的设置方法相同，只需按照需要的类型进行设置即可，如图 4-8-1 所示。

从整体来看，"图像优化"对话框主要有 6 种预置优化图像方式，每种方式下还有各自不同的选项。

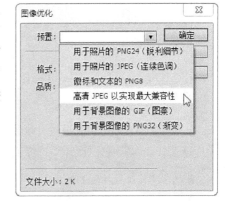

图 4-8-1

1. 用于照片的 PNG24（锐利细节）

格式：默认为"PNG24"。

此预置用于获取较高品质的图像，当然，也可以按照需求改为不同格式，这时预置内容也会自动改变。

2. 用于照片的 JPEG（连续色调）

格式：默认为"JPEG"。

品质：对该文本框进行设置可提高或降低图像品质，品质越高文件越大。

3. 徽标和文本的 PNG8

格式：默认为"PNG8"。

调色板：有"最合适"与"灰度"两个选项，默认为"最合适"。

颜色：最小值为"2"，最大值为"256"，默认为"256"。

透明度：允许设置图像背景是否透明。只有勾选与未勾选两种状态，默认为"勾选"。

色版：允许设置图像的背景。可以通过将色版颜色与目标背景匹配，使用"色版"消除直接展现在画布上的边缘模糊对象的失真效果。

4. 高清 JPEG 以实现最大兼容性

格式：默认为"JPEG"。

品质：对该文本框进行设置可提高或降低图像品质，品质越高文件越大。

5. 用于背景图像的 GIF（图案）

失真：默认设置为"0"。其他选项与 PNG8 一样，这里不再赘述。

6. 用于背景图像的 PNG32（渐变）

此预置的选项分别是格式、透明度、色版。

使用的 PSD 文件与其他的普通图片相比有特殊之处，这一点可以在属性检查器中发现，如图 4-8-2 所示。

图 4-8-2

首先这个图片的类型会直接告诉用户它是"PS 图像"，并且"源文件"文本框显示出用户使用的是哪里的 PSD 文件，如果需要对这个文件进行重新设置也可以在这里进行。

备注：要修改插入到 Dreamweaver 中的 Photoshop 图像，可单击"编辑"栏中的"ps"按钮。当 Photoshop 中打开图像时，做任何必要的改动，然后选择全部。执行"编辑→合并拷贝"命令，返回 Dreamweaver。执行"编辑→粘贴"命令，用修改过的文件替换当前页面中的准备文件。

4.8.2　从 Photoshop 复制和粘贴

很多时候使用 Photoshop 进行网页设计，最初都是为了对站点布局进行整合。要创建真正的 Dreamweaver 布局，只有一部分的 Photoshop 图像有用，其他页面元素要么是文本，要么是其后的背景过大或者是基于

CSS 样式的。使用 Photoshop CS6 和 Dreamweaver CS6 可以从 Photoshop 中的复合图像中复制所需的部分，然后再其粘贴到 Dreamweaver 的布局中。"图像优化"对话框再次作为媒介，将文件转换成了要求的格式。

（1）将 Photoshop CS6 打开，可以直接在设计好的文件中使用选区工具选择需要的一块图片，如图 4-8-3 所示。

（2）执行"编辑→拷贝"或"编辑→合并拷贝"命令。在不保存图像的情况下关闭 Photoshop，返回 Dream eaver 中。在 Dreamweaver 中，再执行"编辑→粘贴"命令，或直接按下"Ctrl+V"组合键将复制的部分粘贴过来。执行"粘贴"命令时，会自动打开"图像优化"对话框，为其设置属性，然后单击"确定"按钮。

（3）在"保存 Web 图像"对话框中选择当前的站点图片位置，使网页中使用的所有图片都位于事先设置好的站点文件中。

（4）保存完毕后，粘贴过来的图片就会直接位于网页中。不过由于用户是直接从打开的 Photoshop 中将图片粘贴过来的，所以在属性检查器中显示的是 PSD 文件的设置方式。如图 4-8-4 所示。

图 4-8-3

图 4-8-4

4.8.3　Adobe Photoshop 智能对象

除了用前面章节讲到的，先在 Photoshop 中对图像进行编辑，然后执行合并拷贝，再粘贴到 Dreamweaver 中以完成对图像的编辑。本小节中，我们将学习 Dreamweaver CS6 的另一个强大功能，直接在 Photoshop 中编辑源文件，然后在 Dreamweaver 中进行相应的更新。

Dreamweaver CS6 与 Photoshop 有强大的集成功能。如果希望在文档中插入的图像，只需要选择属性检查器中的 Photoshop 编辑选项，就可以直接进入包含源图像的 Photoshop 界面进行编辑。除此以外，还有"智能对象"工作流程，将两个软件更紧密、快捷的联系到了一起。向 Dreamweaver 中直接插入 Photoshop 源文件，它将这些图像文件优化为可用于 Web 的图像（GIF、JPEG 和 PNG 格式）。执行此操作时，Dreamweaver 将图像作为智能对象插入，并保持与原始 PSD 文件的实时连接。此外，还可以在 Dreamweaver 中将包含多层或多切片的 Photoshop 图像整体或部分粘贴到网页上。但是，此时的复制和粘贴，Dreamweaver 不再保持与其原始文件的实时连接。若要更新图像，需要在 Photoshop 中进行所需的更改，然后重新复制和粘贴。

新建一 HTML 文档，执行"插入→图像"命令或者单击"常用"工具栏中的"图像"按钮，在打开的"选择图像源文件"对话框中选择需要插入的 Photoshop 源文件，如图 4-8-5 所示。

　　单击"确定"按钮，打开"图像优化"对话框，如图 4-8-6 所示。我们可以根据情况选择不同的文件存储格式以及设置"品质"和"色版"等属性。

图 4-8-5　　　　　　　　　　　　　　　　　　　　　　　　　　图 4-8-6

　　单击"确定"按钮，打开"保存 Web 图像"对话框，选择合适的保存路径后，单击"保存"按钮，便可以在文档窗口看到插入的图像。与以往插入的图像不同，它的左上角有一个循环样式的图标，如图 4-8-7 所示。

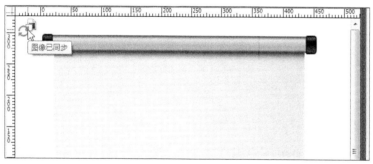

图 4-8-7

　　当我们修改了 Photoshop 中的图像（为该图像输入了文字，添加了背景）再次保存后，该 Web 图像（即 Dreamweaver 页面上的图像）将与原始 Photoshop 文件不同步，在 Dreamweaver 中会以红色显示智能对象图标的一个箭头，如图 4-8-8 所示。

图 4-8-8

在设计视图中选择该 Web 图像，并在属性检查器中单击" ⬚ （从源文件更新）"按钮时，该图像将自动更新，以反映对原始 Photoshop 文件所做的任何更改。图 4-8-9 所示为更新过的图像，此时会发现，红色箭头又变回了原来的颜色。

使用智能对象时，不需要必须打开 Photoshop 才可以更新 Web 图像。此外，在 Dreamweaver 中对智能对象所做的任何更新都不具有破坏性。也就是说，我们可以随意更改页面上的 Web 图像，但是原始的 Photoshop 图像将保持不变。

图 4-8-9

4.8.4　在 Bridge 中使用素材

将 Adobe Bridge CS6 与 Dreamweaver 一起使用可以轻松、一致地管理图像和资源。通过 Adobe Bridge 能够集中访问项目文件、应用程序、设置以及 XMP 元数据标记和搜索功能。Adobe Bridge 凭借其文件组织和文件共享功能以及对 Adobe Stock Photos 图片库的访问功能，提供了一种更有效的创新工作流程，使用户可以驾驭印刷、网页、视频和移动等诸多项目。

Adobe Bridge CS6 是一个非常好用的工具，在使用其他的 CS6 系列软件时，它的作用就是一个共用库。使用 Bridge 时，不仅可以对图像目录、其他支持的资源、含有关键字的标签文件进行快速浏览，而且可以方便地访问专业的库存图像站点，比如 Adobe Stock Photos。Bridge 可以与 Dreamweaver 充分地融合：用户可以从 Dreamweaver 中打开 Bridge，把来自 Bridge 的图像放到制作的网页上，或者无需打开 Bridge，直接把图像放在 Dreamweaver 中。

（1）在 Dreamweaver 中将光标放置在要插入图片的位置，然后在菜单栏上执行"文件"→"在 Bridge 中浏览"命令，这样就可以直接将 Bridge 打开，如图 4-8-10 所示。

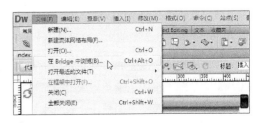

图 4-8-10

（2）在打开的 Bridge 软件中，在左边的"文件夹"选项卡中可以查找到本地计算机中的所有文件，如果要找一个图片文件，可以直接在"内容"选项卡中查看到这些图片的显示内容。如果在"内容"选项卡中选择了一张图片，那么在 Bridge 的右边会显示这个图片的各个属性和信息，如图 4-8-11 所示。

图 4-8-11

（3）需要将某张图片添加到 Dreamweaver 中时，只需将其选中，然后在 Bridge 中的菜单栏中执行"文件→置入→在 Dreamweaver 中"命令，如图 4-8-12 所示。

图 4-8-12

（4）执行这些命令后，选中的图片就可以直接插入 Dreamweaver 中，这也是一种插入图片的方法。也可以将 Dreamweaver 放在前面，直接从 Bridge 中将选中的图片拖过来。

在直接拖动的过程中可能会不太方便，那么针对这一点，Bridge 中又提供了一种紧凑模式。使用时可以在 Bridge 中的"视图"菜单中选择"紧凑模式"命令，或直接在界面的右上角单击"切换到紧凑模式"按钮，这样整个 Bridge 界面缩小，并自动缩到显示器的左下角。这种模式更为好用的一点就是，当使用紧凑模式时，无论当前开启的是哪个软件或窗口，Bridge 会一直显示在最前面，让用户很方便地使用它的素材。

5

在网页中使用多媒体

学习要点：

- 在页面中插入 Flash 动画
- 插入 Flash 视频（FLV）和 Flash Paper 文件
- 插入 Shockwave 影片
- 插入 Java Applet、参数和 ActiveX 控件
- 使用插件添加网页元素

通过前面章节的讲解，大家学习了在网页中插入文字、图片和链接的方法。网页不仅仅只显示文字、图片和链接，它还能展示更为丰富的多媒体内容，如在线播放视频、声音或在线游戏等。使用 Dreamweaver 可以非常方便、快捷地在网页中添加动画、声音等媒体文件。媒体对象是一个用户添加到页面上的对象，需要插入插件才能在浏览器中进行正常播放，例如 Adobe Flash 影片、QuickTime 或者 Adobe Shockwave 影片、Java applets、ActiveX Controls 或者其他音频或视频对象。插件是安装在访问者浏览器里的特殊扩展程序，可以方便用户查看不同格式的多媒体内容。接下来我们学习在 Dreamweaver CS6 中如何使用多媒体对象。

5.1　在网页中使用 Flash

5.1.1　关于 Flash

Flash 是一款专业的二维动画制作软件，Flash 采用矢量动画的概念，极大地缩小了文件的体积，采用流式播放的技术，可以边下载边播放，使得丰富的动画在网络上能流畅地运行，这满足了众多互联网浏览者的需要，使得 Flash 被广泛应用于网页中。图 5-1-1 所示为 Flash 的运行界面。

Dreamweaver 提供了插入 Flash 的相关命令，在 Dreamweaver 中插入 Flash 很方便。用户可以把利用 Flash 软件制作的小动画、多媒体界面等漂亮的网络元素插入到 Dreamweaver 网页中。

Flash 技术是实现和传递矢量图像和动画的首要解决方案。它的播放需要 Flash Player 播放器的支持，在平常使用的计算机上，它作为插件安装在浏览器上，所以一些 Flash 动画可以直接在浏览器中播放。在开始

使用之前，要先了解一下 Flash 的几种文件格式。

图 5-1-1

Flash 源文件格式（.fla 格式）：它不能直接在 Dreamweaver 中打开，需要在 Flash 软件中打开后输出为 SWF 文件才能被 Dreamweaver 使用。

Flash 影片文件格式（.swf 格式）：这就是由 Flash 源文件（.fla 格式）输出的影片文件，该格式已经经过了优化，能够在浏览器或 Dreamweaver 中打开或使用。已经输出的 SWF 是不能在 Flash 中编辑的。

Flash 元素文件格式(.swc 格式)：它含有可以自定义的参数，通过修改这些参数可以执行不同的应用程序。

Flash 视频文件格式（.flv 格式）：这是 Flash 的一种视频文件，它包含经过编码的音频和视频数据，用于通过 Flash Player 传送。例如，用户希望将一个 QuickTime 或 Windows Media 的视频文件转换为 flv 文件，可以先将它们导入 Flash 中，通过编码器就可以把它们转换为 flv 格式的文件。

5.1.2　插入 Flash 影片文件（SWF）

Dreamweaver 是专业的网页设计软件，它不擅长制作一些特别漂亮和精彩的动画特效，而 Flash 刚好是动画制作方面的"专家"。虽然使用 Flash 制作出的影片可以直接在浏览器中观看，但它用于制作网页，需要懂得 ActionScript 脚本语言的编程开发，有较高的门槛，不适合学习网页制作的初学者。

而将 Flash 与 Dreamweaver 结合起来就不会那么麻烦，刚好起到了取长补短的效果。另外，用户也无需担心使用的动画影响页面的下载速度。Flash 是主要由矢量图像构成的动画，它的体积非常小，且矢量的动画在播放时无论被放大多少倍都不会出现图像模糊不清的现象。

（1）在 Dreamweaver 中插入 Flash 影片文件（SWF）之前要先确定插入的位置。

（2）单击"常用"插入栏中的"媒体"按钮，弹出一个下拉列表框。这个下拉列表框中列出了所有可以在 Dreamweaver 中插入的媒体类型，如图 5-1-2 所示。

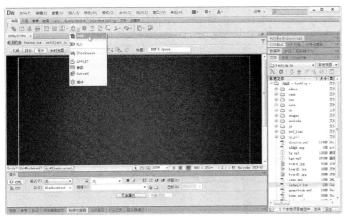

图 5-1-2

（3）选择下拉列表框中的"SWF"选项，弹出"选择文件"对话框。在本地计算机中选择一个 SWF 文件，单击"确定"按钮就可以执行添加 Flash 影片的命令了。但是一般情况下，最初常会弹出一个提示需要重新部署 Flash 文件的对话框，如图 5-1-3 所示。

（4）这是因为当前选择的 Flash 影片没有位于站点的目录下，在这种情况下仍然可以将其插入 Flash 中。单击"是"按钮，会弹出"复制文件为"的对话框，选择 SWF 文件在站点的存放路径，并设置文件名，Dreamweaver 会自动把 SWF 文件复到指定的目录中，单击"确定"按钮弹出"对象标签辅助功能属性"对话框，如图 5-1-4 所示。

备注：如果没有对这些项目进行设置，而是直接单击"取消"按钮，那么在 Dreamweaver 中就会显示出一个媒体占位符。不过 Dreamweaver 不会将它与辅助功能标签或属性选项关联。

图 5-1-3

图 5-1-4

（5）在"标题"文本框中为插入的 Flash 影片添加标题。然后在"访问键"文本框中为影片输入一个单字符的访问键。在浏览器中可以通过按下"Alt+ 访问键"组合键来选择这个影片。

（6）对"Tab 键索引"文本框的设置是需要使用数字的。任意输入一个数字就可以通过这个数字来指定网页中对象和链接的跳转顺序。如果用户希望设置的数字生效，最好为其他的网页内容也进行"Tab"键的设置。

（7）单击"确定"按钮后就完成了 Flash 影片的导入，Dreamweaver 的文档窗口中会有一个灰色区域的 SWF 文件占位符，如图 5-1-5 所示。此占位符有一个选项卡式蓝色外框。此选项卡指示资源的类型（SWF 文件）和 SWF 文件的 ID。该选项卡还显示一个眼睛图标。眼睛图标可用于在 SWF 文件和用户没有正确的 Flash Player 时所显示的下载信息之间切换。

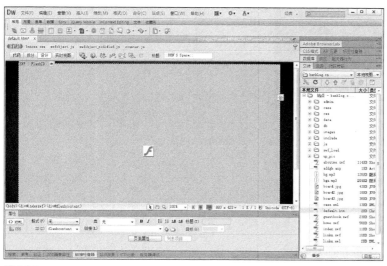

图 5-1-5

（8）执行快捷键 Ctrl+S 保存文件，这时 Dreamweaver 会通知我们正在将两个相关文件（expressInstall.swf 和 swfobject_modified.js）保存到站点中的 Scripts 文件夹，如图 5-1-6 所示。在将 SWF 文件上传到 Web 服务器时，需要上传这些文件。只有上传这些文件，Flash 的内容才能被正常显示出来。

（9）单击"确定"按钮完成文件保存，这时 Flash 影片便成功插入到页面中，相关的文件也存在了 Scripts 目录中。SWF 的占位符灰色区域的尺寸就是导入的 Flash 原始尺寸。如果要修改它的尺寸，可以直接拖动 Flash 影片右边、下边和右下角的控制点。

图 5-1-6

5.1.3 对插入的 Flash 进行编辑

1. 基本设置

对 Flash 内容的修改和编辑可以在属性检查器中完成。选择插入的 Flash 文件，属性检查器如图 5-1-7 所示。

在属性检查器中会显示 Flash 影片的标志，并且可以对这个 Flash 影片命名，以方便为影片进行脚本的编写。如果希望一打开网页，其中的动画就开始播放，就需要选中"自动播放"复选框。

图 5-1-7

"文件"文本框中通常显示页面指向的 Flash 文件的路径。"源文件"文本框用来指向 Flash 影片的源文档的路径，在对影片进行编辑时可以在这里设置影片的源文件路径。

"品质"下拉列表框中为用户列出了多种影片的品质。可以设置运行的品质，在影片播放期间控制抗失真。对于一些需要很好地显示质量的影片要使用高品质的设置，需要更快的处理器来正确渲染画面。将影片设置为低品质可以使显示的速度加快，不过显示的效果就会差很多。

备注：在"品质"下拉列表框中共有 4 种品质设置格式，它们每一种都有自己的显示效果。"高品质"选项表示会更注重影片的画面质量，速度是次要的；"低品质"选项表示影片的下载速度更重要，而画面的质量就是次要的；"自动高品质"选项意味着在开始时强调质量，但是在必要的时候可能会因为速度而牺牲画面质量；"自动低品质"选项表示更加强调开始时的速度，在带宽允许的情况下应尽量提高画面的质量。这些设置可以根据用户的实际情况来设定，画面质量和下载速度有一个必须要牺牲掉。关键在于用户更需要质量还是速度。

对影片显示比例的设置在"比例"下拉列表框中完成。如果希望影片在指定区域里保持它原来的比例并防止失真，可以选择默认值。有时候用户为了使影片适合设定的尺寸，可以将它的比例设置为"无边框"，这样影片在显示时可以是无边框显示并维持原始的长宽比例。但是对无边框进行设置后可能会发生电影部分被裁剪的情况。"严格匹配"的设置会对影片进行缩放以适合指定区域设定的尺寸，但是不会保持长宽比例，而且有可能失真。

如果对重新设定的影片尺寸不满意，可以单击高与宽两行之间的"重设大小"按钮，将当前设置过的影片恢复为原始尺寸大小。

单击"参数"按钮会打开一个对话框，可在其中输入传递给影片的附加参数。影片必须已设计好，可以接收这些附加参数。

2. 在 Flash 中进行编辑

以上是对已经插入的 Flash 影片的基本设置，如果要对 Flash 进行大幅度的修改，甚至是对其内容的重新制作，都可以通过单击"编辑"按钮来完成。单击该按钮后会自动切换并打开 Adobe Flash CS6，这样用户就可以直接在 Flash 软件中对影片进行修改。而在本例中，我们插入的是一个 .SWF 格式的动画，当单击"编辑"按钮时，会出现一个"查找 FLA 文件"对话框，需要先选择生成 .SWF 格式的源文件，然后才可以进入 Flash 软件中编辑。

在 CS6 版本中 Flash 和 Dreamweaver 有了很好的结合。当用户将插入到 Dreamweaver 中的 Flash 影片在 Flash 中进行编辑时，可以在 Flash 软件的界面上找到很好的结合点，如图 5-1-8 所示。

在 Flash 中修改完毕后，单击图 5-1-8 中文档栏下方的"完成"按钮，可以将修改后的 Flash 影片直接保存，在 Dreamweaver 中也更新为修改后的影片，并且会自动切换到 Dreamweaver 的界面中。

另外，还有一种保存方法是，修改完毕后在菜单栏上执行"文件→更新到 Dreamweaver"命令。修改过的影片会在 Dreamweaver 中自动更新，与直接单击"完成"按钮不同的是，它不会直接将视图切换到 Dreamweaver 的界面中，仍然显示为 Flash 的界面，方便用户继续进行下一个 Flash 内容的制作。

图 5-1-8

3. 在 Dreamweaver 中观看 Flash 影片

通常情况下，插入的 Flash 影片在 Dreamweaver 中显示为一个灰色的区域，不能直接看到影片中的内容。有时候网页中可能会插入不只一个 Flash 动画，为了防止导入出错，最好是能够直接在 Dreamweaver 中查看动画的内容。

这个问题 Dreamweaver 已经有了很好的解决办法。用户可以直接在属性检查器中单击"播放"按钮，这样可以直接在 Dreamweaver 中观看插入的 Flash 影片，如图 5-1-9 所示。

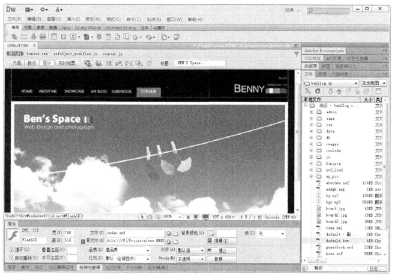

图 5-1-9

4. 编辑 Flash Player 的下载信息

在页面中插入 SWF 文件时，Dreamweaver 会插入检测用户是否拥有正确的 Flash Player 版本的代码。如果没有，则页面会显示默认的替代内容，提示用户下载最新版本。我们可以随时更改此替代内容。

在文档窗口中选择设计视图，单击 SWF 占位符左上角蓝色选项卡中的眼睛图标，SWF 占位符便切换到 SWF 替代内容状态，如图 5-1-10 所示。

我们可以像编辑其他元素的内容一样编辑蓝色边框中的 SWF 替代内容，制作 SWF 的替代内容为无法安装 Flash Player 的用户提供了下载 Flash Player 的方法或 SWF 的内容描述，有助于提高用户体验和页面 SEO 优化。

图 5-1-10

5.1.4　使用其他的 Flash 元素

1. 在 Dreamweaver 中插入 Flash 视频文件（FLV）

Flash 的视频文件也可以在网页中轻松地插入，不需要使用 Flash 创作工具。在开始之前，必须有一个经过编码的 Flash 视频文件，例如，FLV 视频文件。FLV 视频文件格式包含了经过编码的音频和视频数据，用于通过 Flash Player 进行传送。例如，如果有 QuickTime 或 Windows Media 视频文件，也可以使用编码器将视频文件转换为 FLV 文件。

图 5-1-11

（1）Flash 视频文件和其他媒体的插入方法一样，仍然是在"常用"插入栏中单击"媒体"按钮，然后在弹出的下拉列表框中选择"FLV"选项，弹出"插入 FLV"对话框，如图 5-1-11 所示。

（2）在"视频类型"下拉列表框中选择"累进式下载视频"选项，并单击"浏览"按钮，在弹出的对话框中找到一个 FLV 格式的视频文件。接着为这个视频文件选择一个播放器皮肤，也就是在"外观"下拉列表框中进行设置。

备注：所谓"累进式下载视频"就是将 Flash 视频（FLV）文件下载到站点访问者的硬盘上，然后播放。与传统的"下载并播放视频"传送方法不同，累进式下载允许在下载完成之前就开始播放视频文件。

而"流视频"就是对 Flash 视频内容进行流式处理，并在一段时间内确保流畅播放，但必须在缓冲时间后在网页上播放该内容。如果希望在网页上启用"流视频"，就必须具有访问 Adobe Flash Media Server 的权限。

（3）对于视频的宽度和高度，可以另外设置。如果想要视频原来的尺寸，或以它原来的尺寸作为参考，可以单击"检查大小"按钮，这样这个视频的尺寸就显示出来了。

（4）如果希望无需单击任何控制按钮就能够观看视频，可以将"自动播放"复选框选中。若选中"自动重新播放"复选项，则视频会一直循环播放。

（5）单击"确定"按钮将设置好的 FLV 文件插入 Dreamweaver 中。与插入 Flash 内容类似，文档中插入视频的位置会出现一个 FLV 文件占位符，该占位符是一个中间带 FLV 图标，并且有一个蓝色选项卡的边框，如图 5-1-12 所示。

（6）插入的视频文件无法像 Flash 文件一样在 Dreamweaver 中查看，必须要在预览的时候才能看到内容。用户可以在属性检查器中更换视频播放器的皮肤，更改它的尺寸以及播放的选项。按"F12"键可以在浏览器中预览视频的内容，如图 5-1-13 所示。

图 5-1-12

图 5-1-13

(7)与插入 Flash 类似,可以单击蓝色选项卡上的眼睛图标,来设置检测查看 FLV 所需的 Flash Player 版本,提示没有装 Flash Player 的用户下载最新版本的 Flash Player 以便查看 FLV 视频。

2. 插入 Shockwave 影片

Shockwave 用于在网页中播放由 Adobe 司的 Director 软件创建的多媒体电影。Shockwave 小电影可以集动画、位图、视频和声音于一体,将其合成一个交互式界面,目前已经成为一种网上流行的多媒体格式。它是 Web 上用于交互式多媒体的一种标准,并且是一种压缩格式,可使在 Adobe Director 中创建的媒体文件能够被大多数常用浏览器快速下载和播放。

(1)单击"常用"插入栏中的"媒体"按钮,然后在弹出的下拉列表框中选择"Shockwave"选项,或者执行"插入→媒体→ Shockwave"命令,弹出"选择文件"对话框。

(2)选择需要插入的影片,然后单击"确定"按钮完成操作,插入的 Shockwave 影片文件即显示在文档窗口中。

(3)所插入的 Shockwave 影片不会直接在文档窗口的设计视图中显示,而是以如图 5-1-14 所示的 Shockwave 图标显示,用户可以选中该文件后在其属性检查器中设置其相应的属性。

名称文本框用来为脚本程序指定影片的名称,便于在脚本中运用。

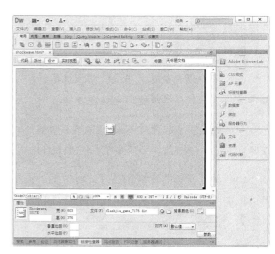

图 5-1-14

"宽"和"高"文本框分别用于指定影片的宽度和高度(单位:像素)。也可以使用下列单位:pc(picas),pt(点),in(英寸),mm(毫米),cm(厘米)或者 %(相对父对象的宽度或高度的百分比)。缩写形式的单位和前面的数值之间不能有空格,例如 3mm。

"文件"文本框主要是为了指定 Shockwave 影片文件的路径。可以直接单击文件夹图标,在打开的对话框中查找文件,或者直接输入路径。

"对齐"下拉列表框中的选项决定了影片在页面上的对齐方式。

"背景颜色"选项用来为影片指定背景颜色。该颜色在影片没有放映时（加载或放映后）也会出现。

Dreamweaver CS6 取消了原有的"播放"按钮。我们只能通过按快捷键"F12"在浏览器中预览，预览 Shockwave 文件需要浏览器安装 Adobe Shockwave Player 插件。

单击"参数"按钮，打开"参数"对话框，可以在其中输入其他属性参数。Dreamweaver CS6 为 Shockwave 提供了"播放控制"、"声音控制"等变量，用于控制 Shockwave 影片的播放。单击参数设置面板中的"+"号按钮可以从下拉菜单中选择相应的参数名并设置参数值。

"垂直边距"和"水平边距"文本框用来指定按钮四周的间隔。

另外，在 Dreamweaver 中，还能插入诸如 Java Applet、参数、ActiveX 控件等媒体对象。插入方法和前面几种媒体对象的插入方法相同，只不过如果想在文档窗口内直接通过单击"播放"按钮查看效果，常常会得到如图 5-1-15 所示的提示，让你安装相应的插件，因此，我们需要事先下载与之相关的插件。

图 5-1-15

3. 插入（Java）Applet 小应用程序

Java 是一种允许开发并可以嵌入 Web 页面的编程语言，Java Applet 是在 Java 的基础上演变而成的应用程序，它可以嵌入到网页中用来执行一定的任务。利用 Java 在 Internet 上建立一种可以在任意平台、任意机器上运行的程序，可以实现多种平台之间的交互操作。

（1）将光标置于文档窗口中要插入 Java Applet 的位置，执行"插入→媒体→ Applet"命令或者单击"常用"选项卡中的"媒体"按钮，在弹出的下拉列表框中选择"Applet"选项，弹出"选择文件"对话框，在对话框中选择合适的文件。

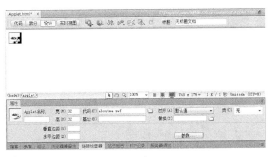

（2）单击"确定"按钮，完成插入操作。此时会发现，插入的 Applet 小程序已经显示在文档窗口中，如图 5-1-16 所示。

图 5-1-16

（3）在文档窗口中，选中该 Applet 图标，然后在如图 5-1-17 所示的属性检查器中对其属性进行相应的设置。

图 5-1-17

通过"Applet 名称"文本框设置该 Java Applet 小程序的名称。

"宽 / 高"文本框用于设置 Java Applet 小程序的宽度值以及高度值，数值主要以像素为单位。

"代码"文本框用于设置该 Java Applet 小程序的路径。

"基址"文本框用于设置包含该 Java Applet 小程序的文件夹。

通过"对齐"下拉列表框设置该 Java Applet 小程序插入后的对齐方式。

"替换"文本框用于设置当 Java Applet 小程序无法显示时将在浏览器上显示的替换对象。

"垂直边框 / 水平边距"文本表框用于设置 Java Applet 小程序在垂直和水平方向上与其他页面元素的距离。

4. 插入参数

使用参数可以为 Shockwave、Flash 文件、ActiveX 控件、Netscape Navigator 插件和 Java Applet 小程序等定义特定的参数。在 Dreamweaver 的文档中插入参数的具体步骤如下。

(1) 在文档中定位光标,执行"插入→媒体→参数"命令或者直接在"常用"选项卡中单击"媒体"按钮,在弹出的下拉列表框中选择"参数"选项。

(2) 此时,文档窗口将自动切换至拆分视图,同时弹出"标签编辑器 -param"对话框,如 图 5-1-18 所示,在该对话框中可以为特定参数输入数值。

图 5-1-18

5. 插入 ActiveX 控件

ActiveX 控件是一种可以重复使用的组件,是指宽松定义的、基于 COM 的技术集合,可以充当浏览器插件的可重复使用的组件。它可以运行在 Windows 系统中的 E 浏览器中,但不能运行在 Macintosh 或 Netscape Navigator 系统中。在 Dreamweaver 的文档中插入参数的具体步骤如下。

(1) 将光标置于文档窗口中要插入 ActiveX 控件的位置,在菜单栏中执行"插入→媒体→ ActiveX"命令或者直接单击"常用"选项卡中的"媒体"按钮,在弹出的下拉列表框中选择"ActiveX"选项。

(2) 在弹出的"对象标签辅助功能属性"对话框中设置"标题"、"访问键"等属性,然后单击"确定"按钮。插入后的 ActiveX 控件并不会在文档窗口的代码视图中显示内容,而是以其特有的图标样式显示,如图 5-1-19 所示。

图 5-1-19

（3）在文档窗口中选中该 ActiveX 控件，然后在属性检查器中对其属性进行相应的设置，如图 5-1-20 所示。

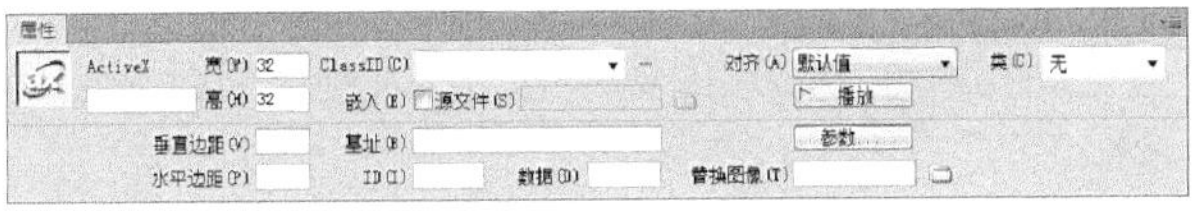

图 5-1-20

"ClassID"下拉列表框用于浏览器标识 ActiveX 控件，可以在该下拉列表框中输入一个值，也可以从下拉列表框中选择一个选项。然后，在加载页面时，浏览器使用该类 ID 来确定 ActiveX 控件的位置。

当选中"嵌入"选项后的复选框时，则将 ActiveX 控件同时设置为插件，可以被 Netscape Communicator 浏览器所支持，并且其后的"源文件"文本框可用，单击"浏览文件"按钮，在弹出的对话框中选择文件。

"ID"文本框用于设置 ActiveX 控件的编号。

"数据"文本框用于为 ActiveX 控件指定数据文件，一般情况下，许多种类的 ActiveX 控件都不需要设置数据文件。

单击"参数"按钮，弹出"参数"对话框，从中可以输入传递给 ActiveX 对象的附加参数，这些参数将会影响 ActiveX 控件。

5.2   在网页中添加其他插件

使用插件可以在页面中添加不同的视频文件和音频文件，用户可以把平常使用的 avi 文件或 mp3 文件插入网页中，以增强它在视觉和听觉方面的效果。

5.2.1   插入其他视频文件

除了能够在网页中插入 Flash 的影片和视频文件外，用户还可以插入其他格式的视频文件。比如 QuickTime 的 MOV 格式文件、Windows Media 的 AVI 格式文件等。它们的插入方法差不多，下面以插入 MOV 格式的视频文件为例进行讲解。

（1）单击"常用"插入栏中的"媒体"按钮，在弹出的下拉列表框中选择"插件"选项，如图 5-2-1 所示。在弹出的对话框中从本地计算机中选择一个已经准备好的 MOV 格式的文件。

（2）单击"确定"按钮就可以直接将这个视频文件插入页面中。通过插件添加到页面中的文件都会显示为一个插件的标识，而且无论用户插入的文件尺寸有多大，它们最初都是以 Dreamweaver 中的默认大小显示，如图 5-2-2 所示。

图 5-2-1　　　　　　　　　　　图 5-2-2

（3）在浏览器中对插入的内容进行预览，查看它的播放效果。它的显示仍为插入到页面时的尺寸，如图 5-2-3 所示。

（4）要想让插入的内容能够全部显示出来，方法很简单。回到 Dreamweaver 中，选择那个显示为插件的视频文件，只要选中它就会出现用来改变大小的控制点。对这些控制点进行拖动，放大插件图标的区域，然后再次对页面进行预览。之前非常小的显示区域变成了放大后的显示区域，如图 5-2-4 所示。

图 5-2-3　　　　　　　　　　　图 5-2-4

从通过"常用"插入栏中的"媒体"按钮插入的 MOV 文件自身带有播放器，放在网页中可以直接单击播放。不过一般情况下，在网页中查看视频时，要先单击这个视频文件，以激活它的插件，这样才能通过播放器上的按钮对视频进行控制。

5.2.2　为网页添加声音文件

有些网页打开时美妙的音乐就会随着页面的打开开始播放，或者可以直接在页面上试听各种不同的音乐。这其实是在页面中插入了声音文件。

（1）插入声音文件也是通过"常用"插入栏的"媒体"按钮完成的。单击"常用"插入栏中的"媒体"按钮，在弹出的下拉列表框中选择"插件"选项，打开"选择文件"对话框，在本地计算机中选择一个声音文件，

在这里选择一个 .mp3 格式的声音文件。单击"确定"按钮将其添加到页面中。

（2）在文档窗口中仍然只是显示了一个很小的插件图标，为了使它的播放器能在预览时全部显示出来，需要在 Dreamweaver 中将其长和宽都拖拉成合适的大小，如图 5-2-5 所示。

（3）在浏览器中预览插入的声音文件。由于之前在 Dreamweaver 中修改好了它的大小尺寸，所以预览时播放器显示正常。如图 5-2-6 所示。

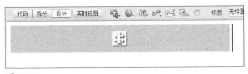

图 5-2-5

图 5-2-6

（4）单击播放器上的"播放"按钮，插入的音乐就开始播放了。有些情况下播放器是不会在网页中显示出来的，这时用户需要使用标签检查器对声音进行控制。

（5）选择之前添加的声音文件，执行"窗口→标签检查器"命令将标签检查器打开。这里有很多当前选择文件的参数设置，在"GlobaAttributes"栏中找到"hidden"属性，在右侧的输入框中输入"false"，此时播放器不再隐藏，如图 5-2-7 所示。

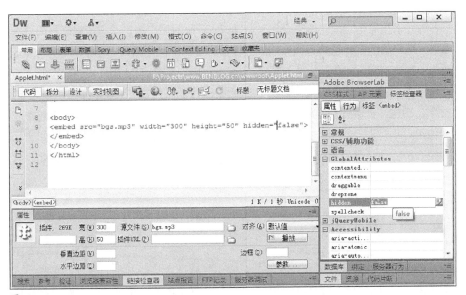

图 5-2-7

使用表格布局页面

6

学习要点：

- · 认识表格
- · 设置表格
- · 在页面中使用表格
- · 导入、导出表格
- · 扩展表格模式和标准模式

　　网页的设计需要将各种元素按照一定的结构组合起来。Dreaweaver 为用户提供了一个很好用的页面布局工具——表格。多年以来，表格成为创建网络页面布局实际性的方法。尽管目前的 XHTML 和 HTML5 大行其道，但是表格仍然做为一种控制网页布局的方式存在于众多网站中，例如 EDM 邮件内容的控制。表格由交叉创建单元格的行和列组成，最初用于设计，以便能提供给网页设计者一种方法来显示和组织图表和数据。用户可以以将收集好的文字、图像、视频、超级链接等素材，通过表格进行整理和规划，使它们能够有规律地被组织在一起。这就像用户平时看的报纸和杂志一样，一些具体的内容需要使用适当的方式组合，再展现于每个页面上。这些组合的方法是非常有用的。信息有机地组合才能吸引浏览者的眼球，因此，对于页面的布局，用户需要非常认真仔细地设计研究。

6.1　页面的布局

　　用户在浏览网页的时候总是容易被那些美观大方的网页吸引住眼球，这些网页之所以能够吸引人，并能够让访问者继续浏览下去，很重要的一点就是它们的版面布局。这个因素几乎成为一个网页制作成败的关键，所以用户在进行网页制作时一定要将这一部分重视起来。

　　用户需要先对网页的轮廓进行一些规划。网页的版面布局就像结构化编程一样，应该从繁到简，一步步地分析，把网页由复杂转变为简单，逐步地进行细化。一般来说，用户可以将网页复杂的区域分成几个小的区域来制作。如果被划分出来的区域依然比较复杂，那么还可以继续细分，直到变得简单明了为止。

　　通常网页是以从上到卜的顺序进行布局的。用户大致可以将它分为三大块：栏目导航区、主内容区和版权区。栏目导航区又可以分为栏目区和导航区，主内容区可以细分为左边区域、中间区域和右边区域。这些区域也不是必须要按照固定的排列来划分的，有时候违反常规的一些设计往往会因为它的与众不同而更能吸引浏览者。

在 Dreamweaver 中，对版面的设计有几种常见又好用的方法。插入表格是一种使用率最高的方法，它通过表格对网页的版面进行分割，把不同的区域分开用以填充不同的内容。

6.2　认识表格

表格实际上就是一组栅格，当输入内容时可以自动扩展。它包括行、列、单元格三种元素。行是从左向右扩展的，也就是水平方向的单元格；列是从上到下扩展的，也就是垂直方向的单元格；而单元格是行与列的重叠部分，也就是输入信息的地方，它的大小根据内容的大小而自动扩展并适应内容。如果要显示表格的边框，那么整个表格和每个单元格的边框也会显示出来，如图 6-2-1 所示。

尺码	M	L	XL	XXL
胸围	100	102	104	106
肩宽	41	42	44	44.5
衣长	70	72	73	74
袖长	19.5	20.5	21	21

图 6-2-1

6.2.1　<table> 和 </table> 标记

表格的结构和所有数据存在于一对表格标签 <table> 和 </table> 之间。<table> 标签可存储许多属性，这些属性决定表格的宽度（以像素值或屏幕百分比表示）和边框，在页面上的布局以及背景颜色，还可以控制单元格间距和单元格边距。<table> 标记有很多属性，下面是一些常用的属性。

1. Align 属性
设置表格在文档中的对齐方式，通常取值为"左对齐 (left)"、"居中对齐 (center)"或"右对齐 (right)"等。

2. Width 属性
设置表格在浏览器中的宽度。以像素为单位，设置表格的绝对宽度;或者以浏览器窗口百分比为单位，设置表格的相对宽度。如果不设置该属性，表格宽度就会由浏览者的浏览器根据表格中的各项设置自动确定。

3. Bgcolor 属性
用来设置表格的背景颜色，一般采用颜色选择器选择合适的颜色，也可以直接输入颜色值。

4. Background 属性
用来设置表格的背景图像，它的取值为指向背景图像的 URL 地址。

5. Border 属性
设置表格边框的宽度，以像素为单位。

6. Cellspacing 属性

用来设置单元格的间距,用户不仅能够以像素为单位设置绝对间距,还可以以百分比为单位设置相对间距。

7. Cellpadding 属性

设置单元格中插入对象和单元格内部边框之间的距离。同样,它可以以像素为单位设置绝对间距,还可以使用百分比为单位设置相对边距。

8. Summary 属性

设置规定表格内容的摘要,此属性不会对普通浏览器中产生任何视觉变化。屏幕阅读器可以利用该属性。对网站的 SEO 有一定的影响。

6.2.2 <tr> 和 </tr> 标记

这两个标记用于定义表格中的一行,在它们之间包括表格一行中的所有内容。在 <tr> 和 </tr> 之间用户可以使用 <th> 和 </th> 标记来设置表格头,也可以使用 <td> 和 </td> 标记来定义单元格的实际数据。下面介绍该标记常用的属性。

1. Align 属性

设置单元格中内容的水平对齐方式,它的取值方法与 <table> 和 </table> 的取值方法一样,也是"左对齐(left)"、"居中对齐(center)"或"右对齐(right)"等。

2. Valign 属性

设置单元格中内容的垂直对齐方式,它的取值为"顶端对齐(top)"、"居中对齐(middle)"、"底端对齐(bottom)"和"基线对齐(baseline)"等。

6.2.3 在代码视图中设置表格

用户可以使用这些标记制作一个简单的表格,首先看一下设计视图中的效果,如图 6-2-2 所示。

用户还可以在代码视图中看到简单表格是如何设置的,主要是观察表格代码的基本架框,如图 6-2-3 所示。

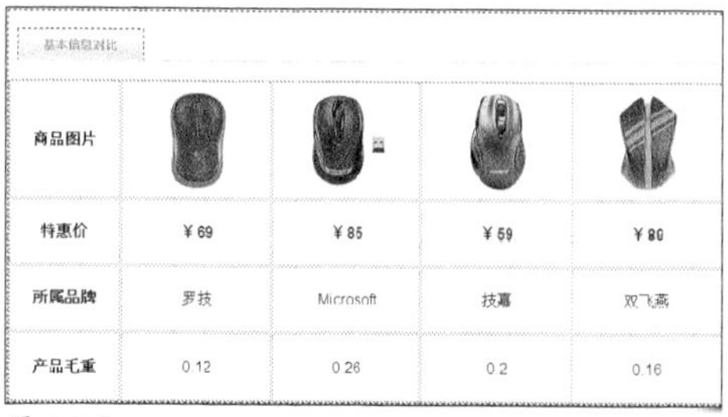

图 6-2-2

图 6-2-3

在图 6-2-3 中可以看到，<table> 标记中的 "width" 用于设置表格的宽；"height" 用于设置表格整体的高；"border" 则用来设置表格边框的宽度，在这里表格边框的宽度设置为 0 像素；单元格中的内容和边框之间的距离为 1，需要在 "cellpadding" 中进行设置；而单元格之间的距离也是 1，需要在 "cellspacing" 中将它的值设置为 1 即可；将表格的位置放置在文档的中间位置，需要将 "align" 的值设置为 "center"。如果需要继续添加属性，可以在 <table> 标记里面继续添加。例如，输入 "bgcolor" 设置表格的背景颜色，输入 "bordercolor" 设置边框的颜色。

然后是对表格的行的设置，由于这个表格有四行内容，所以用户需要在四个 <tr> 和 </tr> 间进行编辑。最后一段代码如下。

```
<tr>

        <th> 产品毛重 </th>

        <td align=" center" >0.12</td>

        <td align=" center" >0.26</td>

        <td align=" center" >0.2</td>

        <td align=" center" >0.16</td>

    </tr>
```

其中 <tr> 和 </tr> 表示行，<th> 和 </th> 表示表格内的表头单元格，<td> 和 </td> 表示每个单元格中的实际数据。而在 <td> 标记中还可以再进行居中对齐的设置 "align=" center""，显示在单元格中的内容需要书写在 <td> 和 </td> 之间。

由于每一行除了单元格内容不同，其余的设置基本上相同，所以用户在创建新一行的时候可以直接将上面的一段代码复制，然后粘贴在最后一段代码的后面，这样可以再增加一行。如图 6-2-4 所示，用户将倒数第二段的代码复制了一下，然后粘贴在最后一段代码的后面。

返回设计视图，可以看到之前的表格又增加了一行，如图 6-2-5 所示。 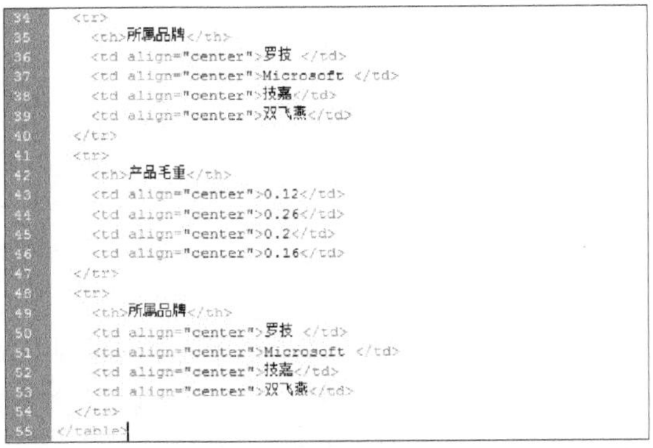

图 6-2-4 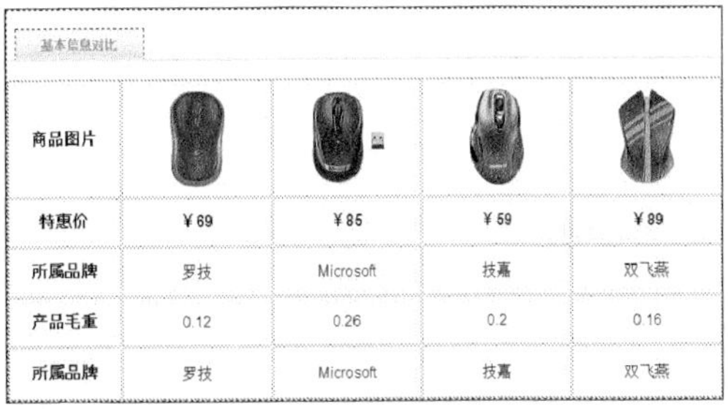

图 6-2-5

6.3 使用表格

6.3.1 在文档中插入表格

通常用户在插入表格时,可以在菜单栏上执行"插入→表格"命令,也可以按下"Ctrl+Alt+T"组合键打开"表格"对话框。除了使用菜单栏和快捷键外,用户还可以直接在"常用"插入栏中单击"表格"按钮,如图6-3-1所示。

图 6-3-1

使用这三种方法中的任意一种,用户都可以打开"表格"对话框,如图6-3-2所示,并在该对话框中进行表格的设置。

"表格"对话框分为了三个部分,它们被三条灰色的线区分开。

1. 表格大小

在这一部分中可以对表格的基本数据进行设置。"行数"项和"列数"文本框用来设置表格的行数和列数;"表格宽度"文本框的设置有两种,一种是"像素",另一种是"百分比"。以像素为单位进行宽度设置时,可以精确地设置表格的宽度。以百分比为单位设置宽度时,会按比例来显示表格的宽度。

图 6-3-2

"边框粗细"文本框用于以像素为单位来设置表格的边框,如果不希望表格的边框在浏览器中显示出来,可以将它的值设置为"0"。另外就是表格间距的设置,边距和间距的设置比较容易被用户混淆,它们是两种不同的表格设置属性,设置前要先搞清楚边距和间距这个两个概念:边距是指在单元格中插入的对象与单元格边框之间的距离(在属性检查器里叫"填充");间距是指单元格与单元格之间的距离,如图6-3-3所示。在对表格进行设置时,有的设置也许能使整个网页变得很精致,如果设置不好就会起到负面作用。

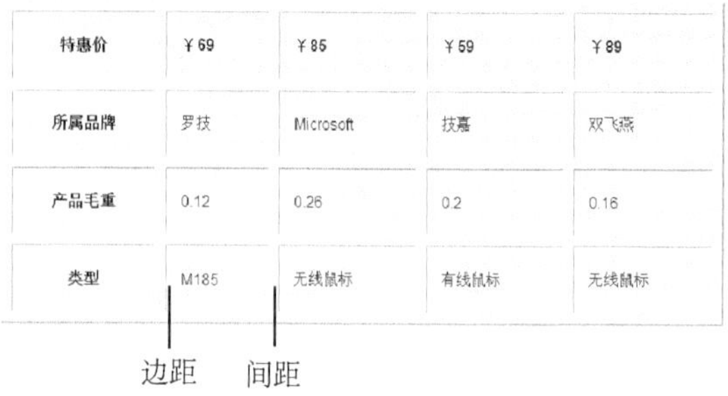

特惠价	￥69	￥85	￥59	￥89
所属品牌	罗技	Microsoft	技嘉	双飞燕
产品毛重	0.12	0.26	0.2	0.16
类型	M185	无线鼠标	有线鼠标	无线鼠标

边距　间距

图 6-3-3

2. 标题

用于对表格进行页眉的设置,有4种标题设置方式,选择"无"选项可以将其设置为没有标题的表格,选择"左"、"顶部"、"两者"选项可以将标题设置在相应的位置。凡是被设置为页眉栏的表格,其内部的文字会自动加粗处理。图6-3-4所示为使用"两者"页眉模式制作的一个简单的浏览器市场份额表。

市场份额	IE	Chrome	Firefox	Safari	奇虎360
2012/1	62.41%	4.50%	1.47%	1.59%	20.22%
2012/2	61.32%	4.60%	1.51%	1.76%	20.92%
2012/3	61.04%	4.79%	--	1.99%	20.76%
2012/4	60.38%	5.24%	--	2.16%	20.76%
2012/5	58.28%	5.75%	--	2.36%	21.88%
2012/6	58.79%	6.13%	--	2.51%	21.23%

图 6-3-4

在制作这个表格时,设置好"两者"页眉后,就可以直接在第一行中输入"市场份额"和浏览器品牌的文字,在第一列中输入"2012/1"至"2012/2"的文字。由于页眉的设置,这些字样全部都会与其他单元格中的不一样。从图 6-3-4 中可看到,被设置为页眉栏的单元格中的文字都被加粗居中处理了,而没有被设置为页眉栏的单元格则依然保持原来的状态。

3. 辅助功能

用户在这里可以设置表格的标题,并能够通过"对齐标题"对表格的标题和显示位置进行设置。"摘要"部分是对这个表格的一些说明,使屏幕阅读器可以读取摘要,不过,这个摘要不会显示在用户的浏览器中。设置完毕后单击"确定"按钮就可以将表格插入文档中。

6.3.2 选择表格

在对插入好的表格进行进一步的编辑时,要先选择表格。除了能够选择整个表格外,还需要能够选择表格的行、列以及单元格。

1. 选择整个表格

如果用户选择整个表格,那么它的周围就会出现一个黑边框,这个边框的右边和下面附带有黑色的控制点。

把鼠标指针移到表格的左上角、上边框或下边框之外的附近区域,在鼠标指针的右下角出现一个表格的缩略图时,单击鼠标左键就可以将这个表格选中,如图 6-3-5 所示。

 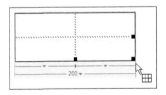

图 6-3-5

这是使用鼠标进行的选择。这种选择有时候用起来不太方便,所以还可以使用命令或选项来准确地选择。在表格中任意单击一个位置,然后单击该表格对应的 <table> 标记,就可以将这个表格全部选中,如图 6-3-6 所示。

另外,还可以使用快捷键来选择表格,仍然是先在这个表格中任意一个位置处单击。然后按下"Ctrl+A"组合键两次就可以将它全部选中。

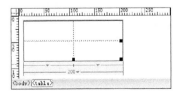

图 6-3-6

2. 选择表格的行

为了使选中的部分能够和没有选中的部分区分开，当用户选择了某行时，它们的周围都带有黑色的边框。鼠标指针所指向当前行中所有单元格的四周附带有红色边框。

在表格中任意单击，然后在选择器上单击相对应行的 <tr> 标记，就可以选择相应的一行表格，如图 6-3-7 所示。

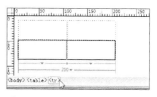

图 6-3-7

这是一个比较快捷的选择方法。用户还可以在表格中任意选择一处，然后按住鼠标左键随意地拖动，进行随意的选择。如果需要选择不相邻的部分，可以按住"Ctrl"键的同时进行任意的选择。

3. 选择表格的列

当用户选择了列以后，它的显示和行的状态一样。不同的是它们的选择方式。把鼠标指针放在需要选择的表格列上方边框附近的位置，鼠标指针变为一个指向下方的黑色箭头形状时单击。这样可以选择需要的一列表格，按住鼠标左键进行拖动也可以随意进行选择。同样，如果按住"Ctrl"键进行单击可以将不相邻的部分选中，如图 6-3-8 所示。

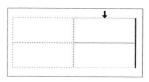

图 6-3-8

4. 选择单元格

对表格的行和列的选择已经非常熟悉时，单元格的选择就已经不再困难了。用户可以在表格中的某个单元格内单击，然后向相邻的单元格部分拖动鼠标可以选中这个单元格。使用快捷键进行选择时，要先在某个单元格内单击一下，接着按下"Ctrl+A"组合键即可将其选中。同样的方法，按住"Ctrl"键可以任意选择不相邻的单元格。

6.3.3　设置表格属性

表格的属性主要通过属性检查器来设置，在表格的任意一个单元格内单击，属性检查器中都会显示出这个表格的设置，如图 6-3-9 所示。

图 6-3-9

在属性检查器中可以对表格进行一些设置和修改，比如字体的大小、颜色、样式，表格的背景颜色以及背景图片，边框的颜色等。在 Dreamweaver CS6 版本中，当设置这些属性时，软件会自动打开"新建 CSS 规则"对话框，提示你需要新建一个 CSS 样式。当前这个浏览器市场份额的表格所有百分比使用的都是同一个背景色，现在将其中一个百分比背景改变一下颜色，以便显示出这个份额的特殊性。对背景颜色进行单击，选择一种颜色替换当前的颜色，如图 6-3-10 所示。

市场份额	IE	Chrome	Firefox	Safari	奇虎360
2012/1	62.41%	4.50%	1.47%	1.59%	20.22%
2012/2	61.32%	4.60%	1.51%	1.76%	20.92%
2012/3	61.04%	4.79%	--	1.99%	20.76%
2012/4	60.38%	5.24%	--	2.16%	20.76%
2012/5	58.28%	5.75%	--	2.36%	21.88%
2012/6	58.79%	6.13%	--	2.51%	21.23%

图 6-3-10

在这里对表格进行选择时会出现两种情况，如果选择的是一个单元格，那么属性检查器中的设置会和扩展表格模式中的属性检查器中的设置一样。而如果选择整个表格就不一样了，如图 6-3-11 所示。

图 6-3-11

在这个属性检查器中用户可以对表格的行数和列数进行设置，当然通过这些设置可以增加行或列，也可以减少行或列。这些增加和减少都是在表格的右方或下方实现的。另外就是表格的背景颜色、填充、间距、对齐以及边框等的一些设置，如果在插入表格时没有设置好，还可以在这里进行设置。

另外，一个更快捷的方法就是直接在文档窗口中对表格进行设置。每次选择一个表格，在表格的下方就会显示出表格的宽度，如图 6-3-12 所示。

单击尺寸处的小三角符号会出现一个下拉列表框，在下拉列表框中可以直接对表格进行设置。其中包括选择表格、清除高度和宽度、使所有宽度一致和隐藏表格宽度的选项。通过设置选项可以更快捷地对表格进行设置，如图 6-3-13 所示。

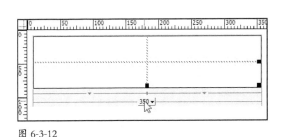

图 6-3-12   图 6-3-13

6.3.4 编辑表格

1. 在表格内移动

如果希望在表格中输入内容时能够快速一些，在选择一个单元格后，按下"Tab"键可以移动至同一行的下一个单元格。移至一行的最后一个单元格后，按"Tab"键将移至下一行的第一个单元格。返回上一个单元格只需按下"Shift+Tab"组合键即可。如果按下"Home"键和"End"键又会将光标移动到当前行的开始或结尾处。选择表格的最后一个单元格后，按"Tab"键将会在表格最末新建一行。

有时候在单元格内容的开始或结尾处，使用方向键也可以在单元格之间移动。按向左和向右键在同一行内移动，而按向上和向下键则是在同一列内移动。

2. 剪切、复制和粘贴表格

在制作一些比较复杂的项目时需要大量地使用表格，如果在最初设置表格时没有非常适合当前的内容，那么这些操作将会为用户解决一些问题。

在漏掉一个单元格的情况下，如果逐个地剪切和复制单元格的内容可能会比重新再做更麻烦。在Dreamweaver中用户可以把一个表格的多个单元格复制到另一个表格内，并能够保留所有的属性，除了内容不变以外，颜色、排列方式等属性也都会被保留下来。如果只需要内容，也可以只复制内容而忽略属性。

不过在使用这些的时候也需要注意，Dreamweaver对表格的剪切和粘贴的操作有一个基本的限制。用户当前选择的单元格必须能形成一个矩形，也就是说，在进行单元格选择时，所选的单元格可以是多个，但是这多个单元格所在的区域范围一定要是一个矩形。如果选择的这些单元格不是在一个矩形范围中，那么用户只能对它们进行一些属性的修改，不能进行剪切或复制。若强行对它们执行剪切或复制，Dreamweaver中会弹出一个提示对话框，在提示对话框中将会显示无法剪切或复制非矩形单元格。图 6-3-14 所示为选择区域不是矩形的情况。

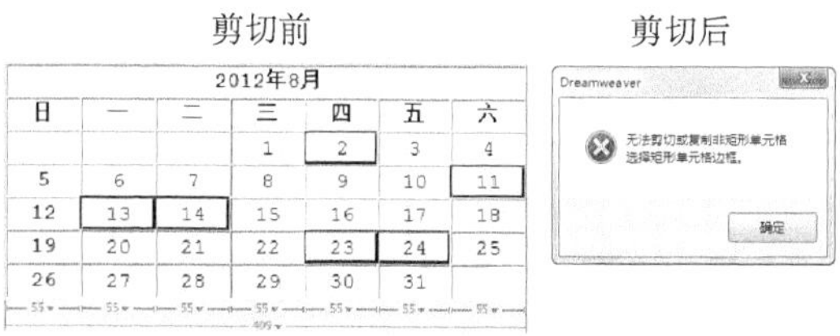

图 6-3-14

图 6-3-15 所示为选择的区域为矩形的情况。

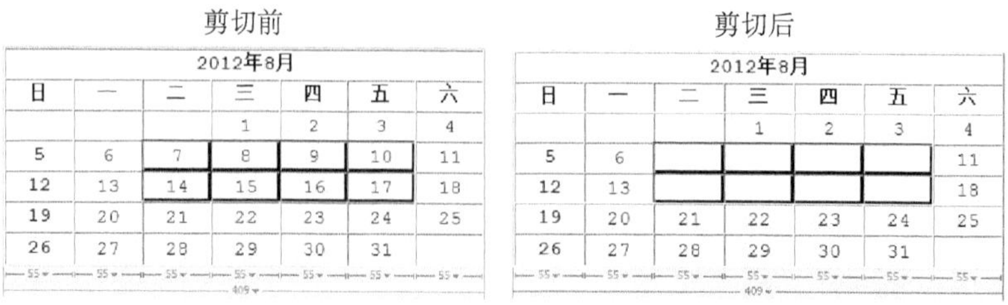

图 6-3-15

3. 合并和拆分单元格

在使用表格进行网页的布局时，表格并不是单个地放在网页里面，而是有层次地在表格里面再嵌套表格，或将一个单元格拆分为几个单元格，也可以将多个单元格合并在一起。在 Dreamweaver 中，一个单元格可以扩展到多行或多列的大小。比如对一个单元格进行扩展，可以使多个主题共有一个大标题。而合并单元格可以将多个单元格合并为一个较大的单元格。

在 Dreamweaver 中，可以使用属性检查器中的一些命令和设置来实现单元格的合并和拆分，也可以通过主菜单和快捷菜单中的命令进行操作。

合并单元格时，首先要将需要合并在一起的几个单元格选中。然后在属性检查器中单击合并单元格按钮，或直接按下"M"键，同样也可以直接单击鼠标右键，在弹出的快捷菜单中选择"合并单元格"命令。而这个合并单元格按钮必须要在选中多个单元格的情况下才能使用。首先选择需要合并为一个单元格的几个单元格，单击鼠标右键，在弹出的快捷菜单中选择"合并单元格"命令，如图 6-3-16 所示。这样被选中的两个单元格就被合并为一个单元格，而且这两个单元格中的内容也会被合并在一起，如图 6-3-17 所示。

图 6-3-16

图 6-3-17

单击合并单元格按钮可以将所选的几个单元格合并为一个单元格。不过在这个操作过程中需要用户注意的是，选择的几个单元格必须都相邻，并且要在一个矩形的范围内才能被合并。如果选择的单元格不相邻或没有形成一个矩形的范围，就无法将它们合并为一个单元格。

拆分单元格就比较简单了，不过它要求只能选择一个单元格进行拆分。选择一个单元格后，单击鼠标右键，在弹出的快捷菜单中选择"拆分单元格"命令，如图 6-3-18 所示。同样，也可以单击属性检查器中的拆分单元格按钮，该按钮就在合并单元格按钮的旁边。

单击拆分单元格按钮后会弹出"拆分单元格"对话框，在该对话框中对拆分的单元进行行和列的设置。设置完毕后单击"确定"按钮即可，如图 6-3-19 所示。

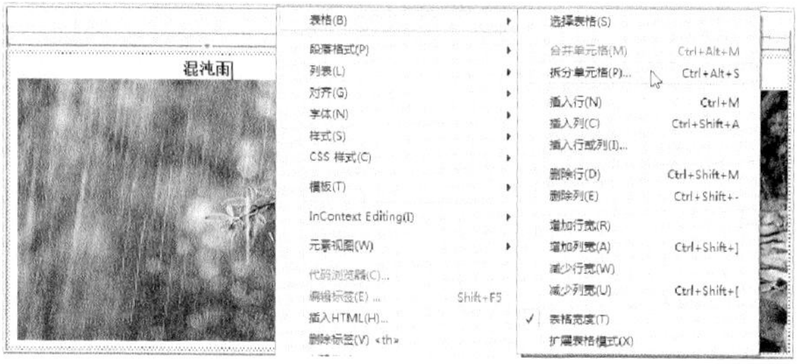

图 6-3-18

图 6-3-19

6.4 格式化表格

表格格式化操作是指对各种表格元素进行格式化，包括整个表格的格式化、表格行和表格列的格式化以及表格单元格的格式化等。

6.4.1 表格格式的设置

表格的格式设置方面主要有行、列和单元格的设置。这些设置一般都使用属性检查器来实现。选择一个表格的行，属性检查器中行的设置如图 6-4-1 所示。

图 6-4-1

从图 6-4-1 中可以看到，属性检查器中大致分为两个部分。一部分是常见的输入对象的一些设置，它们会根据不同的对象而改变为不同的设置。另一部分是对行、列和单元格的设置，这些设置不会随着输入对象的变化而变化。下面讲解列、行和单元格的设置。

1. 水平

"水平"下拉列表框中共有 4 个选项，这 4 个选项用来设置单元格内容在水平方向上的对齐方式。在默认的情况下，表格中的内容为左对齐，"右对齐"选项是将表格中的内容向右边对齐，而居中对齐则将表格中的内容居中。图 6-4-2 所示为"水平"下拉列表框中的几个选项设置。

2. 垂直

垂直的设置与水平的设置有些不同之处，它的选项共有 5 个。这 5 个选项可以对单元格中的内容进行垂直方向的对齐设置。它的默认设置为居中对齐，由于没有对垂直方向的对齐方式进行设置，所以单元格中的内容都是居中对齐。图 6-4-3 所示为"垂直"下拉列表框中的几种对齐方式。

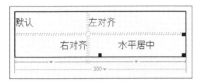

图 6-4-2   图 6-4-3

3. 宽和高

宽和高的设置表示单元格的宽度和高度。在它们的文本框中可以输入以像素为单位的具体数字，也可以输入带有百分号的数字，设置单元格的高和宽相对于整个表格的百分比。这些设置实际上相当于代码视图中 <tr> 标签和 <td> 标签中的 width、height 属性。

4. 不换行

如果用户将属性检查器中的"不换行"复选框选中，那么当单元格中的文本超过它的宽度时，该单元格的宽度将会自动发生改变以适应过长的文本。如果没有选中该复选框，单元格中输入的文本长度超过它的宽度时，文本将会自动换行，如图 6-4-4 所示。

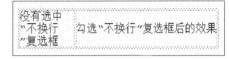

图 6-4-4

5. 标题

在"不换行"复选框的下面就是"标题"复选框。通常在使用表格时是把表格的第一行或第一列单元格设置为标题单元格，也称为表头。如果选中"标题"复选框，那么被选择的单元格都将被设置为标题单元格。而被设置为标题的单元格中的内容将被加粗居中显示出来，以表明该单元格中的内容已经被设置为标题，如图 6-4-5 所示。

图 6-4-5

6.4.2   表格的排序

Dreamweaver 中有一个排列表格内容的功能，这个功能对于一些数据表格来说非常有用。用户能够通过该功能轻松地实现按姓名排列或按数字排列表格中的内容。

表格排序命令可以重新排列任何大小的表格，并能够保持表格的格式不发生变化，这是 HTML 的一个优势。该功能能够保持行颜色的间隔变化，同时重新排列数据，这是许多功能最强的文字处理软件都做不到的。不需要使用数据库，表格排序命令就可以将同样的数据以不同的形式显示出来。这里使用一个简单的例子来说明表格排序，首先准备一个简单的个人信息表，如图 6-4-6 所示。

需要对表格进行排序可以先将光标放在表格中，然后在菜单栏中执行"命令→排序表格"命令，将"排序表格"对话框打开，如图 6-4-7 所示。

姓名	年龄	身高	体重
Lance	29	170	65kg
Tony	28	174	87kg
Benny	31	180	80kg
Benny	30	168	68kg
Summer	30	176	60kg

图 6-4-6

图 6-4-7

在使用该对话框对表格进行排序时，首先在"排序按"下拉列表框中选择基础排序列。Dreamweaver 会在该下拉列表框中自动列出所选表格中的所有列。在第一个"顺序"下拉列表框中选择按字母顺序或按数字顺序进行基础排列。接着在第二个"顺序"下拉列表框中，将排序的方向设置为"升序"或"降序"，这就设置好了表格的排列顺序。这里将"排序按"下拉列表框下面的"顺序"下拉列表框设置为"按字母顺序"，然后单击"确定"按钮，可以将信息表中的顺序按名字的首字母来排列，如图 6-4-8 所示。

姓名	年龄	身高	体重
Benny	31	180	80kg
Benny	30	168	68kg
Lance	29	170	65kg
Summer	30	176	60kg
Tony	28	174	87kg

图 6-4-8

如果需要还可以增加第二级排序，在"再按"下拉列表框继续对表格的排序进行设置。它们的设置方法和"排序按"下拉列表框一样。将"排序按"下拉列表框下面的"顺序"下拉列表框设置为"按数字顺序"，接着单击"应用"按钮就可以在没有关闭对话框的同时查看表格的排列情况，如图 6-4-9 所示。

姓名	年龄	身高	体重
Benny	30	168	68kg
Benny	31	180	80kg
Lance	29	170	65kg
Summer	30	176	60kg
Tony	28	174	87kg

图 6-4-9

若选择的表格不包含标题行，需要选中“排序包含第一行”复选框。有时制作的表格是由两种或多种不同的颜色交替来显示行的内容，在进行排序时要将“完成排序后所有行颜色保持不变”复选框选中。这样，就算表格里的内容重新排列了也不会将颜色搞混乱，如图 6-4-10 所示。

姓名	年龄	身高	体重
Tony	28	174	87kg
Summer	30	176	60kg
Lance	29	170	65kg
Benny	31	180	80kg
Benny	30	168	68kg

姓名	年龄	身高	体重
Benny	30	168	68kg
Lance	29	170	65kg
Tony	28	174	87kg
Summer	30	176	60kg
Benny	31	180	80kg

图 6-4-10

6.5 导入表格式数据

传统数据经常基于 Word、Excel 或文本等，可能内容会比较多，也比较杂，如果将它们手工输入到 Dreamweaver 中再对它们使用表格重新编制，是一件比较麻烦的事。那么有什么好的方法来解决呢?

可以使用 Dreamweaver 中的“表格式数据”命令来完成数据转变，该命令大大减轻了处理表格式信息的工作量。图 6-5-1 所示为将要导入 Dreamweaver 中的表格式数据文件。

文本导入DW.txt - 记事本

文件(F) 编辑(E) 格式(O) 查看(V) 帮助(H)

品牌	车型名称	指导价	商家报价	经销商
中华H530	2011款中华H530 1.6L手动豪华型	9.38万	9.18万	三明天健
比亚迪S6	2011款比亚迪S6 2.0L手动尊贵型	10.38万	10.79万	厦门驰宇
MINI	2011款MINI COOPER FUN 1.6L自动	26.90万	26.50万	泉州福宝MINI
艾力绅	2012款艾力绅2.4 VTi舒适版	28.38万	28.4万	盛田东本
迈锐宝	2012款迈锐宝2.0L自动豪华版	17.99万	16万	泰成雪佛兰

图 6-5-1

在菜单栏上执行“文件→导入→表格式数据”命令，弹出“导入表格式数据”对话框，如图 6-5-2 所示。

通过“数据文件”文本框后面的“浏览”按钮可以对需要导入的文件进行选择。然后从“定界符”下拉列表框中选择分隔符，这些分隔符有 Tab、逗点、分号、引号。当然这是比较常见的分隔符，对于一些比较特殊的分隔符，可以在“定界符”下拉列表框中选择“其他”选项，并设置自己的分隔符。这里将定界符项设置为“Tab”。

另外，还能够对表格的宽度进行设置。将“表格宽度”栏中的“设置为”单选按钮选中，就可以在其后面的文本框中输入自己定义的宽度，并对宽度像素类型或百分比类型进行选择。

然后就是单元格的边距、间距以及边框宽度的设置。设置完毕后单击“确定”按钮即可将需要导入的文件按照用户的设置导入。图 6-5-3 所示为导入后的表格式数据。

图 6-5-2　　　　　　　　　　　图 6-5-3

6.6　导出表格式数据

用户可以导入表格式数据，也就可以导出表格式数据供其他软件使用。在 Dreamweaver 中可以将设置好的表格内容进行导出。只需选择需要导出的表格，然后在菜单栏中执行"文件→导出→表格"命令，就可以调出"导出表格"对话框，如图 6-6-1 所示。

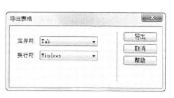

图 6-6-1

从图 6-6-1 中可以看到，导出表格的设置相对于导入表格的设置要简便一些。将"定界符"和"换行符"设置完毕，就可以单击"导出"按钮。在弹出的"表格导出为"对话框中选择好文件的保存位置，并对其进行命名，如图 6-6-2 所示。

保存完毕后，返回刚才保存的目录下，找到之前已经命名过的文件。此时的文件是一个后缀名为".csv"的文件，用户可以使用记事本的方式将其打开来查看，也可以使用 Excel 将这个文件打开。如图 6-6-3 所示，导出的是纯文本的表格数据。

图 6-6-2

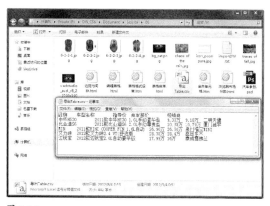

图 6-6-3

6.7　扩展表格模式和标准模式

在前面已经讲述过，一些网页在设计时多使用表格进行布局的设计。这是因为除了 CSS、AP Div 以外，表格是唯一能让用户严格地按照自己的期望部署页面内容的方法。不过使用表格对网页进行布局需要有很大的耐心，因为这种方法尽管效果好，但是工作量相对来说比较大。

6.7.1　关于扩展表格和标准模式

在 Dreamweaver CS3 之前的版本中，可以单击"布局"选项卡中的"布局"按钮进入布局模式状态。布局模式是一种特殊的表格模式，它使用可视化的方法在页面上描绘复杂的表格。从 Dreamweaver CS3 一直到现在我们使用的 Dreamweaver CS6 版本，删减了"布局"功能。

在插入栏的"布局"选项卡中含有多个用于版面布局的工具按钮。其中使用"插入 Div 标签"、"插入流体网格布局 Div 标签"、"绘制 AP Div"、"Spry 菜单栏"、"Spry 选项卡式面板"、"Spry 折叠式"、"Spry 可折叠面板"以及"表格"等按钮可以分别在标准模式和扩展表格模式状态下插入 Div 标签、流体网格布局 Div、AP Div、Spry 菜单栏、普通表格以及单元格等。

在扩展表格模式下，系统会临时向文档中的所有表格添加单元格边距和间距，并且增加表格的边框以使编辑操作更加容易。利用这种模式，可以准确选择表格中的项目或者精确地放置插入点。

标准模式用于在扩展表格模式和标准设计视图之间切换。可以通过在菜单栏中执行"查看→表格模式→标准模式"命令或者直接单击"布局"选项卡中的"标准模式"按钮切换到标准模式。

单击"布局"选项卡中单击"扩展表格模式"按钮，会弹出一个"扩展表格模式入门"对话框，对话框中简单介绍了扩展表格模式的用途，以及它与标准模式之间的关系，如图 6-7-1 所示。

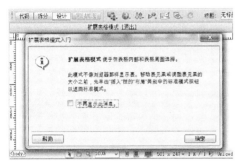

图 6-7-1

单击"确定"按钮，进入文档窗口的扩展表格模式，文档窗口的顶部会出现标有"扩展表格模式"的浅蓝色提示栏。Dreamweaver 会向页面上的所有表格添加单元格边距与间距，并增加表格边框。完成操作后，如果想切换到扩展表格模式，可以通过执行下列操作之一。

（1）在文档窗口顶部标有"扩展表格模式"的提示栏中，单击"退出"链接。

（2）单击"布局"选项卡中的"标准模式"按钮。

例如，我们在扩展表格模式增加表格和内容之间的空隙，以方便将插入点定位在表格和内容之间，从而避免因为表格和内容贴近而产生的误选，图 6-7-2 所示为标准设计视图下的效果，注意表格中的图片位置。

图 6-7-3 所示为扩展表格模式下的效果，表格边距和图片边缘之间的距离增大，更便于选择。

一旦定位好需要选择或放置的插入点之后，接着你需要回到设计视图的标准模式下进行编辑。诸如调整大小之类的一些可视化操作在扩展表格模式中不会产生预期结果。

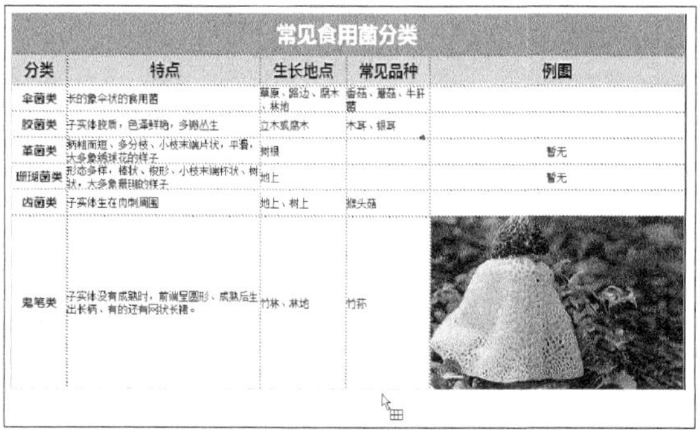

图 6-7-2

图 6-7-3

6.7.2 在扩展表格模式下插入元素

在文档的扩展表格模式下，插入文本、图像或者 Flash 动画等元素的方法同标准模式下的插入方法相同。只不过诸如调整图片大小之类的一些可视化操作在扩展表格模式下效果不能十分精确，不会产生预期的效果。下面主要介绍在单元格中插入一幅图片。

（1）单击"布局"选项卡中的"表格"按钮，在文档中插入一个 4 行 4 列的表格。设置边框粗细为 2 像素，标题为"两者"如图 6-7-4 所示。

（2）在需要插入图像的单元格中定位光标，在菜单栏中执行"插入→图像"命令。当要添加的内容大于布局单元格的宽度时，该布局单元格将自动扩展。在单元格扩展的同时，周围的单元格也会受到影响，单元格所在的列也会随之扩展。该列的宽变为显示代码中出现的宽度，后面的括号中是该列的可视宽度，如图 6-7-5 所示。

图 6-7-4

图 6-7-5

（3）通过在属性检查器中输入图像需要显示的宽度值、高度值或者选中该图片，拖曳图片边缘出现的实心小方块，同样可以为图片设置链接或者替换文本等属性。

<div align="right">**7**</div>

使用 AP Div 布局页面

学习要点:

· AP Div 的创建
· AP Div 的操作
· AP Div 属性的设置
· AP Div 面板的应用
· AP Div 的使用技巧

在网页的制作过程中,标准的 XHTML 不包含任何能让人轻松定位元素的标签。我们已经学习了怎样使用表格水平和垂直定位元素在带表格设置的网络页面上,但是创建一个基本表格仍然无法让人得到传统印刷布局程序的精确度。这个问题在网络页面设计者之间产生了很大的麻烦。

随着 Internet 技术的发展,HTML 标准的进一步改进,"AP Div"技术出现了。在最新的 HTML 语法规范中,软件开发者通过将 <div>、<span> 标记和 CSS 样式技术结合起来,实现了对文档内容的快速精确定位。Dreamweaver CS6 中的 AP Div 相当于以前一些版本中所讲述的"层"。但是又与之有一定的区别,可以说是 CSS 样式的另一种表现形式,也可以说是对层的一个升级。如果没有定义 AP Div(或者是定位层)的度量单位,Dreamweaver 的默认单位是像素。如果在编辑中删除度量单位,Web 浏览器默认使用像素。

7.1 创建 AP Div

首先来讲解如何创建一个 AP Div。在此之前,我们需要先了解一下 AP 元素的概念和在 Dreamweaver 中 AP 元素的用途。

AP Div 是指绝对定位(Absolute Position)<div> 标签。设计者可以将它们放置到页面上的任何位置,并且相互之间是完全独立的。它们不被其他元素影响,而且不影响页面上其他元素的位置。AP 元素是一种精确定位(以像素为单位)的 HTML 页面元素。具体地说,就是 <div> 标签或其他任何标签。它包含了文本、图像等任何在 HTML 文档正文中放入的内容。AP 元素不仅可以设置这些内容的大小,而且可以将其定位在页面上的任意位置。通过对它的调整可以使页面布局更加美观、和谐。对于 <div> 标签的定义和应用将会在以后的部分进行讲解。

在 Dreamweaver CS6 中，可以把一个 AP 元素叠放在另一个 AP 元素的上方，隐藏一些 AP 元素并显示其他 AP 元素，或通过与时间轴的结合使其移动和变换。当在 AP 元素中放置了一些图片或文本时，还可以实现动画效果。

用户可以通过 AP 元素与表格之间的相互转换，确保每个用户在不同的浏览器上都可以看到网页设计者制作的网页。由于 AP 元素对页面的布局相对表格布局更具有灵活性和自由性，使得人们对 AP 元素的需求更为突出。

7.1.1 创建基本的 AP Div

Dreamweaver 对绘制 AP Div 提供许多方便、快捷的方法。用户既可以在标准视图状态下绘制 AP Div，也可以在扩展视图状态下绘制 AP Div。

绘制一个随意大小的 AP Div 可以在插入栏中切换到"布局"选项卡，单击"绘制 AP Div"按钮即可，如图 7-1-1 所示。这样就可以在文档窗口中拖曳出一个 AP Div 了。

图 7-1-1

备注：这时，在文档窗口中一次只可以绘制一个 AP Div。在单击"绘制 AP Div"按钮后、按住"Ctrl"键的同时，在文档窗口中连续拖曳，可以绘制出多个 AP Div。

除此之外，还可以通过在菜单栏中执行"插入→布局对象→ AP Div"命令绘制 AP Div，如图 7-1-2 左图所示。或者在插入栏中切换到"布局"选项卡，单击"绘制 AP Div"按钮后不松开，将鼠标指标拖入文档窗口中，可以绘制出一个预设了大小的 AP Div，如图 7-1-2 右图所示。

图 7-1-2

7.1.2 创建嵌套 AP Div

嵌套 AP Div 就是在一个 AP Div 中建立另一个 AP Div，且新建的这个 AP Div 被原有 AP Div 所包含。人们在利用 AP Div 对网页进行布局时，常常会通过嵌套将 AP 元素组织起来。

首先，新建一个普通 AP Div，再次单击"绘制 AP Div"按钮，按住鼠标左键不放，将其直接拖曳到刚刚新建的 AP Div 中即可创建一个预设大小的嵌套 AP Div，如图 7-1-3 所示。

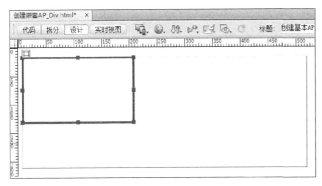

图 7-1-3

　　备注：同样可以通过在菜单栏中执行"插入→布局对象→AP Div"命令，在文档窗口中的现有 AP Div 中创建一个预设大小的嵌套 AP Div。Dreamweaver 默认为左对齐。

　　但是，如果直接单击"布局"选项卡中的"绘制 AP Div"按钮，然后在现有层中拖曳出一个 AP Div，通过查看代码会发现，这两个 AP Div 并没有嵌套关系。所以，并不是一个 AP Div 完全处于另一个 AP Div 的区域内就是一个嵌套层。嵌套层的本质是一层 HTML 代码嵌入在另一层 HTML 代码内，如果两个层只是位置和形状上的嵌套，而不是 HTML 代码上的嵌套，那么他们之间就没有嵌套关系。

　　如果想避免上述的情况，可以按下"Ctrl+U"组合键，调出"首选参数"对话框，或者在菜单栏中执行"编辑→首选参数"命令，调出"首选参数"对话框，如图 7-1-4 所示。

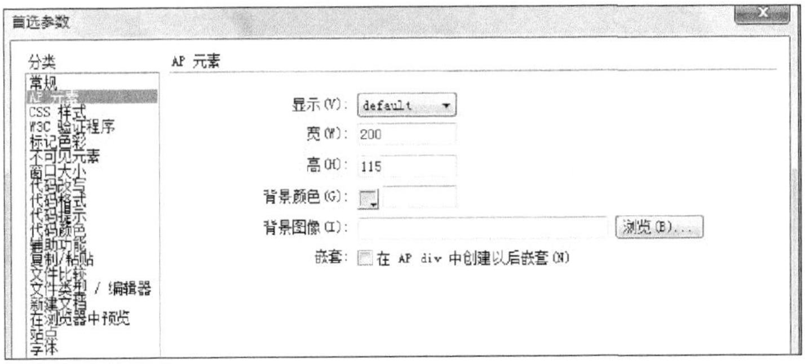

图 7-1-4

　　在"分类列表框中选择""AP 元素"选项，窗口右侧会自动切换到与 AP 元素相关的参数选项，各参数的含义如下。

　　"显示"下拉列表框用于设置默认状态下所创建层的可见性，分别有以下 4 个选项。

　　default：为默认值，即不指定该 AP Div 是否可见。这时，AP Div 默认可见，但也可以被上一层的 AP Div 遮盖。

　　inherit：表示继承，多用于嵌套 AP Div。在嵌套 AP Div 中，选择此选项，该 AP Div 即可继承其父 AP

Div 的可见性。

visible：表示可见，即无条件地显示。在嵌套 AP Div 中，无论其父 AP Div 是否可见，此 AP Div 中的内容都将显示。

hidden：表示隐藏，即无论其父 AP Div 是否可见，此 AP Div 的内容都将隐藏。

在"宽/高"文本框中，显示了所创建的 AP Div 的默认宽度、高度值。

"背景颜色"选项用于设置所绘制的 AP Div 的背景颜色，设置时常常通过单击"颜色选择器"选择要应用的背景颜色。也可以直接在右侧文本框中输入颜色值。

"背景图像"文本框用于指定所绘制的 AP Div 的背景图像。可以在文本框中直接输入图像文件路径，也可以单击其右侧的"浏览"按钮，在弹出的对话框中选择图像文件。

当选中"在 AP div 中创建以后嵌套"复选框时，用户可以直接在原有 AP Div 里绘制出一个嵌套 AP Div。

选中此复选框后，在文档窗口中绘制 AP Div 时，需注意的是，软件会自动地将绘制时相交的两个 AP Div，按先后顺序创建为嵌套 AP Div。

另外，如果选中此复选框后，仍创建不了嵌套 AP Div。解决的办法就是，在"AP 元素"面板中取消"防止重叠"复选框的选中状态。"防止重叠"格式会在以后的章节里进行讲解。

7.1.3　定位的度量

AP Div 或层的定位由 x 轴和 y 轴的对齐元素确定。在 CSS 中，x 轴（在 CSS 语法中定义为 Left（左））起始于页面的左边，而 y 轴（在 CSS 语法中定义为 Top（顶部））用于度量从页面顶部到底部的距离。和其他 CSS 功能特性一样，可以自行选择 Left 和 Top 定位的度量系统。在 Dreamweaver 中，所有的度量都采用在数字后面加上度量单位的缩写（不包含任何中间的空格）的形式来表示。可选用的度量系统如下。

单位	缩写	度量单位
像素	px	相对于屏幕
点数（磅）	pt	1 pt=1/72 in
英寸	in	1 in=2.54 cm
厘米	cm	1 cm=0.3937 in
毫米	mm	1 mm=0.03937 in
皮卡	pc	1 pc=12 pt
字体高	em	元素字体的高度
百分比	%	相对于浏览器窗口

7.2 AP Div 的操作

为了让 AP Div 在布局时达到更加完美的效果。用户需要对 AP Div 进行一些编辑、位置和大小等方面的操作。例如，为了让两个 AP Div 在页面中为平行对称的状态，就需要调整其大小，并对两个 AP Div 执行对齐操作。若要防止对 AP Div 执行位置移动和调整大小等操作时使 AP Div 相互重叠，可以使用"AP 元素"面板中的"防止重叠"复选框，如图 7-2-1 所示。

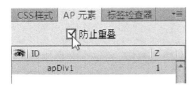

图 7-2-1

7.2.1 选择 AP Div

要对一个 AP Div 执行其他的操作，首先必须选中此 AP Div。在 Dreamweaver 中，用户可以利用可视化的方式完成选中操作。

1. 选择单个 AP Div

每新建一个 AP Div 后，在 AP Div 的左上边都会显示出一个 AP 元素锚点，单击此锚点可以选择 AP Div，如图 7-2-2 所示。

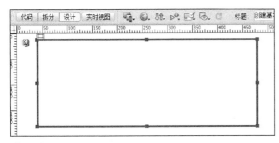

图 7-2-2

注意：默认状态下，当用户创建新 AP Div 后，AP Div 的左上边是不会显示 AP 元素锚点的。这时需要在菜单栏中执行"编辑→首选参数"命令。在弹出的"首选参数"对话框左边的"分类"列表框中选择"不可见元素"选项，并在右边的"不可见元素"类别中选中"AP 元素的锚点"复选框。此时，AP 元素锚点就加载到不可见元素里。

然后，在菜单栏中执行"查看→可视化助理→不可见元素"命令，使"不可见元素"命令为选中状态。这时，文档窗口中就会显示出 AP 元素的锚点，如图 7-2-3 和图 7-2-4 所示。

用户也可以通过单击要执行操作的 AP Div 的边框，或者单击 AP Div 左上角的选择手柄将 AP Div 选中。只有当 AP Div 的边框呈现 8 个调整手柄控制点时，才表示该 AP Div 被选中，并且可以对其进行编辑。当 AP Div 的边框没有调整手柄控制点时，只表示该 AP Div 被选中，可以对其执行移动操作。

图 7-2-3

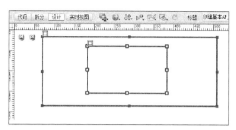

图 7-2-4

2. 选择多个 AP Div

为了对页面中局部的多个 AP Div 执行其他操作，需要对多个 AP Div 进行选择。那么，就要用到"Shift"键。按住"Shift"键之后，逐个单击想要操作的 AP Div 的边框，则可以选中多个 AP Div。

也可以在按住"Shift"键或按住"Ctrl+Shift"组合键的状态下，在"AP 元素"面板中将需要操作的 AP Div 选中，如图 7-2-5 所示。

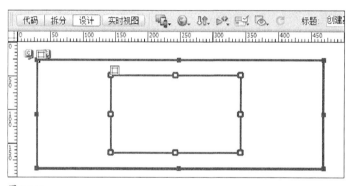

图 7-2-5

注意：这两种方法有一个共同点，最后选中的 AP Div 边框的调整手柄控制点是实心小方块，其他 AP Div 边框的调整手柄控制点皆为空心小方块。

如果希望对文档窗口中所有 AP Div 进行选择，还可以用 AP 元素的锚点，在按住"Shift"键后，单击 AP Div 的锚点列中的首个锚点，即可选中页面中所有的 AP Div，如图 7-2-6 所示。

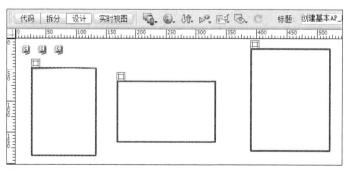

图 7-2-6

7.2.2 调整 AP Div 的大小

用户通过对 AP Div 大小的调整，可以在布局时呈现想要突出表达的部分，让整个页面的主题更加鲜明与规范。

首先，选中将要进行操作的 AP Div，将鼠标指针移到 AP Div 的边框上，当鼠标指针为双向箭头时，按住鼠标拖曳就可以调整此 AP Div 的大小，如图 7-2-7 所示。

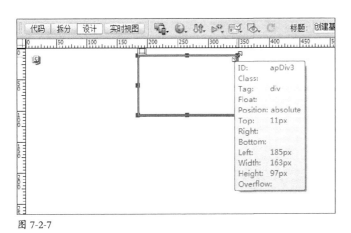

图 7-2-7

用户在选中 AP Div 后，按住"Ctrl"键，按下相应方向的方向键即可改变 AP Div 的大小。每按一次方向键，AP Div 就会调整一个像素的大小。按住"Ctrl+Shift"组合键，然后按下相应方向的方向键，则每按一次方向键，AP Div 就会调整 10 像素的大小。

当同时调整多个 AP Div 时，则需要在菜单栏中执行"修改→排列顺序"命令，如图 7-2-8 左图所示。在"排列顺序"子菜单中，可以选择调整 AP Div 大小的方式。需要注意的是，在选择"设成宽度相同"或"设成高度相同"命令时，被选中的多个 AP Div 将被设为最后一个被选中的 AP Div 的宽度或高度。图 7-2-8 右图所示为原 AP Div 和选择的位置。

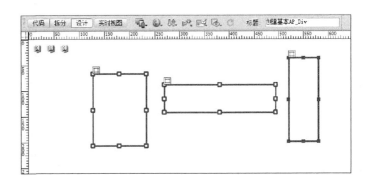

图 7-2-8

如图 7-2-9 所示，分别选择"设成宽度相同"和"设成高度相同"命令后，这些 AP Div 的大小都发生了不同的变化。

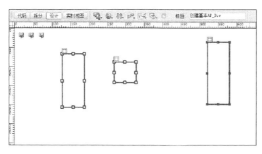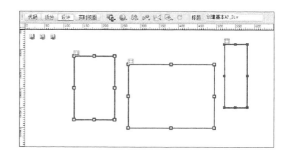

图 7-2-9

7.2.3 移动 AP Div

AP Div 在 Dreamweaver 中相当于一个游离于文档窗口之上的又一文档窗口，我们可以对 AP Div 在下方的文档窗口中任意移动。但是如果选中"防止重叠"复选框，那么当一个 AP Div 与其他 AP Div 已经重叠时，则无法再对其进行移动。

首先，选中一个 AP Div，可以按住 AP Div 左上角的移动手柄对其进行移动，如图 7-2-10 所示。也可以将鼠标指针移到 AP Div 的边框上，当出现十字箭头时，按住鼠标就可以对其进行移动。

备注：当需要对多个 AP Div 进行移动时，用户只需移动最后一个被连续选中的 AP Div，就可以对所有选中的 AP Div 进行移动。

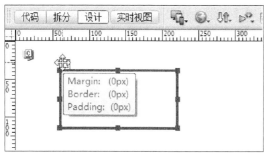

图 7-2-10

7.2.4 排列 AP Div

如果页面中存在多个 AP Div，可能会使页面感觉杂乱无序，影响页面的布局和文档的设置。这时，需要使用对齐命令来对齐 AP Div。

首先选中将要对齐的 AP Div，然后在菜单栏中执行"修改 > 排列顺序"命令，在弹出的子菜单中对其执行"左对齐"、"右对齐"、"上对齐"和"对齐下缘"等操作。使用这些对齐方式，可以得到一个相对和谐的页面布局。图 7-2-11 所示分别列出了不同对齐方式的效果。

备注：在对 AP Div 进行对齐时，即使没有被选择的子 AP Div 也会随着其父 AP Div 移动，为了避免这种现象，尽量不要使用嵌套 AP Div。

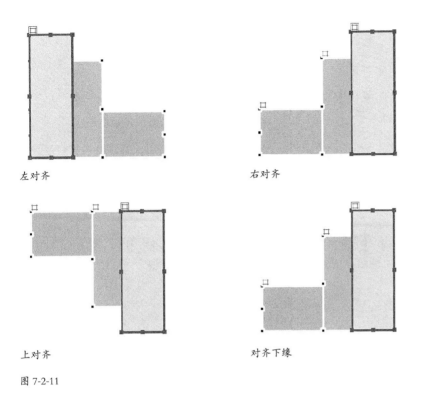

左对齐　　　　　　　　　　　　右对齐

上对齐　　　　　　　　　　　　对齐下缘

图 7-2-11

7.3　设置 AP Div 的属性

当创建了 AP Div 之后，用户就要对其属性进行设置。灵活运用 AP Div 的属性检查器，可以让用户在以后的操作里更加方便和精确。比如更改 CSS-P 元素，方便我们在以后对页面的修改或查看时，能够清晰地找到所需修改或查看的 AP Div 等。

在文档窗口中，新建一个 AP Div 并将其选中。这时，在文档窗口下方的属性检查器中，就会显示出 AP Div 的属性。双击属性检查器中的空白处或单击属性检查器右上方的 "▼▤" 按钮，可以显示或关闭属性检查器。图 7-3-1 所示为一个完整的属性检查器。

图 7-3-1

1. CSS-P 元素

指定 AP Div 的名称，并标示 "AP 元素" 面板和 JavaScript 代码中的 AP Div。用户可以在该下拉列表框中输入 AP Div 的名称。此名称具有唯一性，当页面中 AP Div 比较多的时候，可以在下拉列表框中对 AP Div 进行选择。

需要注意的是，AP Div 的名称只能由英文字母和数字组成，不能使用特殊字符，如空格、百分比符号、斜杠等，而且只能以英文字母开头。

2. 左、上、宽和高

用户可以通过对"左"和"上"文本框的设置，对 AP Div 进行横坐标和纵坐标的调整。"左"文本框是指定 AP Div 相对于页面或父 AP Div 左上角的位置，"上"文本框用来调整距离顶边的值。

还可以通过对"宽"和"高"文本框的设置来调整 AP Div 的大小。调整后，AP Div 会向右下或左上进行扩展或收缩。"左"、"上"、"宽"和"高"文本框的默认单位是像素（px）。这样相比使用拖曳方法来改变 AP Div 的大小更加精确。

3. Z 轴

"Z 轴"文本框用来显示 AP Div 的堆叠顺序号。其值可以为正数，也可以为负数。数值大的 AP Div 将会出现在数值小的 AP Div 的上方。通过在"AP 元素"面板中对 AP Div 的调整，可以改变 z 轴的大小，也会因此改变 AP Div 的堆叠顺序。

4. 可见性

"可见性"下拉列表框用来确定 AP Div 的最初显示状态。在该下拉列表框中有 4 个选项可以选择和应用。

default：为默认值，即不指定该 AP Div 的可见性。这时，AP Div 默认可见，但也可以被上一层的 AP Div 遮盖。

inherit：表示继承，多用于嵌套 AP Div。在嵌套 AP Div 中，选择此选项，该 AP Div 即可继承其父 AP Div 的可见性。

visible：表示可见，即无条件的显示。在嵌套 AP Div 中，无论其父 AP Div 是否可见，此 AP Div 中的内容都将显示。

hidden：表示隐藏，即无论其父 AP Div 是否可见，此 AP Div 的内容都将隐藏。

AP Div 的可见性属性一般应用于某些行为来为网页增添变换效果，比如设置当按钮按下时页面中某 AP Div 不可见，就可以在按钮按下时，将 AP Div 的属性设置为"hidden"。

5. 背景图像

"背景图像"文本框用来设置 AP Div 的背景图像，可以在该文本框中直接输入图像的路径，也可以单击文件夹按钮，在弹出的"选择图像源文件"对话框中，即可选择所需图像文件，如图 7-3-2 所示。

单击"确定"按钮后就可以将选中的图片添加为当前层的背景图片，如图 7-3-3 所示。

6. 背景颜色

"背景颜色"选项用来设定 AP Div 的背景颜色。默认的背景颜色为透明色。用户可以单击"颜色选择器"按钮，在颜色选择器中选择需要的背景颜色。

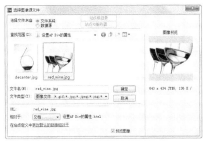

图 7-3-2

图 7-3-3

7. 溢出

使用此下拉列表框可以调整 AP Div 中内容的显示方式。解决 AP Div 中的内容（包括文本、图片等）超过 AP Div 的范围的问题。其中包括以下 4 个选项。

Visible：表示显示 AP Div 中的内容，即通过对 AP Div 向下和向右的延伸来显示超出 AP Div 范围的内容。在使用时注意，通过此选项对 AP Div 范围的扩展，要防止页面的改变而掩盖其下方的内容。

Hidden：表示对超出 AP Div 范围外的内容进行隐藏处理，也可以说是对 AP Div 不做任何改变，裁剪掉超出此 AP Div 的内容。

Scroll：表示添加滚动条，即无论 AP Div 中的内容是否超出其范围都将添加滚动条。

Auto：表示智能地添加滚动条，当 AP Div 中的内容未超出其范围时不添加滚动条，超出其范围时就会自动添加滚动条。

8. 剪辑

设置 AP Div 的可见区域，分别从"左"（左边距）、"右"（右边距）、"上"（上边距）和"下"（下边距）文本框中输入数值。剪辑并不是将 AP Div 中的内容裁剪掉，而是对其进行隐藏，如图 7-3-4 左图所示的是为 AP Div 添加背景图像后的效果，图 7-3-4 右图所示的是剪辑过后的效果。

图 7-3-4

为了布局格式的统一性或对多个 AP Div 在页面中的位置进行统一调整时，可以选择需要执行操作的多个 AP Div，Dreamweaver 对于多个 AP Div 也可以在属性检查器中进行设置。

7.4 使用"AP元素"面板

在对AP Div进行各种操作和管理时，用户经常会用到"AP元素"面板。可以在菜单栏中执行"窗口->AP元素"命令或按"F2"键打开"AP元素"面板。"AP元素"面板分为三列。使用"AP元素"面板可以设置AP Div嵌套或层叠、更改AP Div的可见性以及对单个或多个AP Div的选择等，如图7-4-1所示。

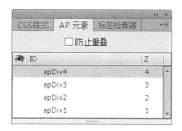

图 7-4-1

7.4.1 "AP元素"面板的主体部分

第一列：显示与隐藏栏。在小眼睛图标的下方，通过单击来决定AP Div显示和隐藏。可以将文档窗口中的AP Div全部隐藏，也可以选择显示某一个AP Div。在默认状态下，面板中AP Div为显示或继承状态。

第二列：名称栏。它和AP Div属性检查器中的CSS-P元素是相同的。在想要更改名称的AP Div名称上双击，就可以改变其名称。

第三列：z轴栏。此栏和AP Div属性检查器中的"z轴"文本框是相同的，显示文档窗口中AP Div的堆叠顺序。单击要操作的AP Div名称，按住鼠标左键进行拖动，改变它们的堆叠顺序，此时，z轴的堆叠顺序号也相应改变。也可以直接输入来改变AP Div的堆叠顺序。

在"AP元素"面板中，选择单个AP Div只需在其名称上单击即可。按住"Shfit"键，在多个AP Div上单击，就可以选择多个想要进行操作的AP Div。另外，在选中一个AP Div后，按住"Ctrl"键，将它拖至想要嵌套的AP Div的上面，就可以将它嵌套到此AP Div中，成为此AP Div的子AP Div。图7-4-2所示为将"apDiv1"嵌套入"apDiv2"中。

图 7-4-2

7.4.2 防止重叠

当用户将 AP Div 转换为普通的表格时，由于表格中的单元格是不可以重叠的，所以在转换之前，必须重新调整 AP Div 的位置，使其不重叠。选中"AP 元素"面板中的"防止重叠"复选框。在文档窗口中调整 AP Div 的位置时，就可以禁止 AP Div 的相互重叠。

7.5 AP Div 的使用技巧

在 Dreamweaver CS6 中，利用 AP Div 进行布局比利用表格布局更灵活和精确，但是为了满足不同浏览器的要求，常常通过 AP Div 与表格的转换，使整个网页看起来更美观、更专业。还可以通过 AP Div 的可视化操作来合理地调整网页布局。

7.5.1 将 AP Div 转换成表格

表格中的单元格是不允许重叠的，因此要将 AP Div 转换为表格，需要选择"防止重叠"命令，并对页面中使用嵌套的 AP Div 进行调整。

对于 AP Div 与表格之间的转换（转换为表格前的 AP Div 如图 7-5-1 左图所示），可以在菜单栏中执行"修改→转换→将 AP Div 转换为表格"命令，弹出"将 AP Div 转换为表格"对话框，如图 7-5-1 右图所示。

图 7-5-1

用户可以通过对"将 AP Div 转换为表格"对话框里的各个选项进行设置，来决定 AP Div 转换为表格的显示方式。"将 AP Div 转换为表格"对话框分为"表格布局"和"布局工具"两部分。转换为表格后的 AP Div 如图 7-5-2 所示。

图 7-5-2

1. 表格布局

"最精确"单选按钮：此单选按钮可为每个 AP Div 创建一个单元格。并且保留 AP Div 之间的间隔所必需的附加单元格。

"最小：合并空白单元"单选按钮：如果需要执行转换的 AP Div 被定位在指定的像素值内，那么 AP Div 的边缘应处在对齐状态。但是选中此单选按钮，生成的表格中将包含较少的空行和空列，可能不能与布局精确匹配。

"使用透明 GIFs"复选框：选中此复选框，用户可以强制地使用透明的 GIF 图像填充表格的最后一行。

需要注意的是，当选中此复选框时，用户将不能通过拖动表格列来编辑生成的表格。若没有选中此复选框，生成的表格中将不包含透明的 GIF，但在不同的浏览器中可能具有不同的列宽。

"置于页面中央"复选框：当选中此复选框后，生成的表格将在文档窗口中居中显示。如果没有选中此复选框，表格的默认的对齐方式为左对齐。

2. 布局工具

"防止重叠"复选框：选中此复选框，可以防止出现 AP Div 重叠的现象。

"显示 AP 元素面板"复选框：选中此复选框，可以在 AP Div 向表格转换完成后显示"AP 元素"面板。

"显示网格"和"靠齐到网格"复选框：在将 AP Div 转换为表格时，通过对它们的选择可以使用网格来协助 AP Div 进行定位。

7.5.2 将表格转化为 AP Div

通常在设计网页时，往往需要不断地对网页的布局进行调整，将其完善。如果网页是用表格进行布局的，那么修改起来比较麻烦，此时可以将表格转换为 AP Div 对布局进行调整。利用 AP Div 可随意移动的特性，既方便又准确。

选择文档窗口中的表格，在菜单栏中执行"修改→转换→将表格转化为 AP Div"命令，弹出"将表格转换 AP Div"对话框，如图 7-5-3 所示。

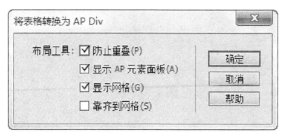

图 7-5-3

用户可以对这个对话框中的各个选项进行设置。

"防止重叠"复选框：选中此复选框，可以在创建、移动 AP Div 和调整 AP Div 大小时约束 AP Div 的位置，使 AP Div 不会重叠。

"显示 AP 元素面板"复选框：选中此复选框，可以在完成表格向 AP Div 的转换后显示"AP 元素"面板。

"显示网格"和"靠齐到网格"复选框：通过对它们的选择可以在完成表格转换为 AP Div 后，利用网格协助其定位。

7.5.3 可视化剪辑 AP Div

在 Dreamweaver 中并没有提供可视化剪辑 AP Div 的方式，即不能利用所见即所得的方式来剪辑 AP Div。用户可以通过一些技巧来可视化地剪辑 AP Div。

（1）创建一个新 AP Div 并导入一张图片，如图 7-5-4 所示。

（2）单击"绘制 AP Div"按钮，并按住"Ctrl"键，在原 AP Div 中拖曳出一个新的 AP Div。这样，在此 AP Div 基础上就绘制出一个嵌套 AP Div 了，如图 7-5-5 所示。

图 7-5-4

图 7-5-5

（3）选中图 7-5-5 中图片素材的一半。选择嵌套 AP Div，在属性检查器中，将其"左"、"上"、"高"和"宽"文本框中的数值记录下来，如图 7-5-6 所示。

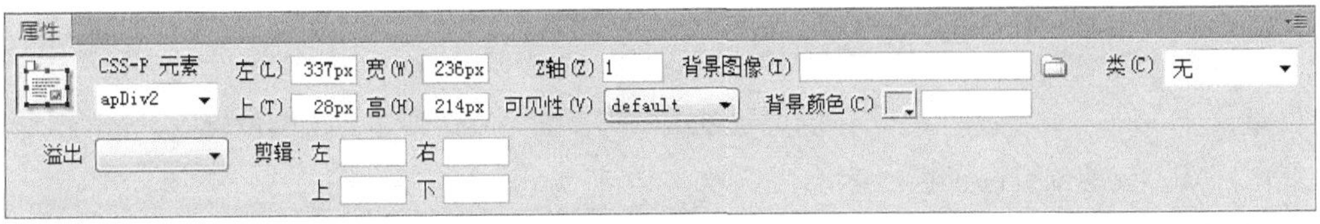

图 7-5-6

（4）将所选择的嵌套 AP Div 删除。根据刚才得到的数据，再次选中原 AP Div，在其属性检查器中的"剪辑"栏输入刚才得到的数据。需要注意的是，输入的"右"文本框中的数值为得到的"左"文本框中的数值加上"宽"文本框中的数值，而"下"文本框中的数值为得到的"上"文本框中的数值加上"高"文本框中的数值，对于其他两个数值，等同于刚才记录的数值，设置完毕后的效果如图 7-5-7 所示。

这时，根据 AP Div 属性检查器中的"剪辑"栏，可以对文档窗口中的 AP Div 进行可视化剪裁。

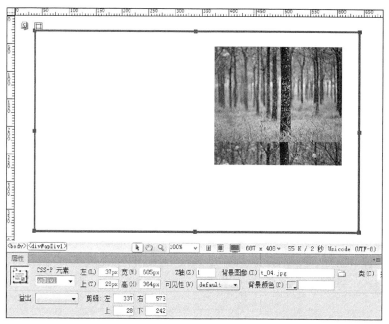

图 7-5-7

7.5.4 构建相对定位的 AP Div

虽然利用 AP Div 对页面布局相对于表格给网页设计者带来了很大的方便，但是同时也存在着一定的麻烦。比如，为了让网页能够适应不同计算机设置的分辨率，通常在制作网页时，网页设计者可以运用百分比的设置方式，有时候可能还要对网页中的所有元素进行重新调整，并且保证其格式不变。

但是如果在页面中使用了 AP Div，当浏览器大小改变时，AP Div 的位置并不会随之改变，这样就会导致 AP Div 与其他元素间的配合发生了严重的错位，页面也会变得杂乱无序。网页设计者不能对不同计算机的分辨率进行统一的规定，但还是可以通过对 AP Div 的相对定位和绝对定位功能的合理利用，让 AP Div 也能像表格一样根据浏览器大小的改变而重新定位。

绝对定位即 position:absolute。这是 AP Div 的默认定位方式。从浏览器左上角边缘开始计算定位的数值。

相对定位即 position:relative。说明 AP Div 的位置是相对于页面中某个特定元素的位置而设定的。该元素的位置发生变化，AP Div 的位置也会随之变化。

通过这样的对比，可以发现运用相对定位的方法能够更好地体现设计风格。那么怎样才能运用相对定位来帮助解决问题呢？

其实，可以在文档窗口选中一个 AP Div 后，将所在的设计视图切换至代码视图，并将该 AP Div 的 HTML 代码"position:absolute"属性更改成"position:relative"即可，如图 7-5-8 所示。

或者在文档窗口中创建一个表格，然后在该表格中插入一个 AP Div，这样，这个 AP Div 就相对于表格定位了。

```
12      width: 605px;
13      height: 364px;
14      z-index: 1;
15      background-image: url(t_04.jpg);
16      clip: rect(28,573,242,337);
17   }
18   #apDiv2 {
19      position:relative;
20      left: 337px;
21      top: 28px;
22      width: 236px;
23      height: 214px;
24      z-index: 1;
25   }
26   </style>
27   </head>
28
29   <body>
30   <div id="apDiv1"></div>
31   </body>
32   </html>
```

图 7-5-8

到此，绘制 AP Div 的用法基本上已经讲完。但是，它的巨大作用估计在一时半会还是没法全部展现。现在，让我们再次回忆一下 AP Div 的前身——层。当看到层在网页制作中的巨大功能时，你就会明白，作为 CSS 样式的另一种表现形式，层的升级 AP Div 的巨大作用了。

（1）之前网页中的元素是无法重叠出现的，除非将要重叠的元素制作成背景图像。但是，将要重叠的元素分别置于不同的层中，由于层可以重叠，也就可以产生许多重叠的效果，以解决这个问题。

（2）由于层可以游离在文档之上，所以可以利用层来精确地定位网页元素。特别是 CSS 样式和 AP Div 的完美结合，现在已经成为网页制作者的流行做法。并且，在网页制作过程中，它可以被随意地拖动。

（3）利用层的显示和隐藏功能，可以使网页达到快速下载的效果。

（4）在层中可以随意地插入文本、图像、插件以及其他的层。层可以转换为表格，这个为不支持层的浏览器提供了解决的方法。另外，表格也可以转换为层。

8

使用层叠样式表

学习要点：

- 创建 CSS 样式表
- 设置 CSS 样式
- 套用 CSS 样式
- 使用外部样式
- 使用范例样式表
- 使用 Div 标签

相比 XHTML 来说，CSS 对页面上的类型和其他元素可以提供更多的控制力。CSS 技术在网页制作中是必不可少的部分。采用 CSS 技术可以有效地对页面的布局、字体、颜色、背景以及一些特殊效果的实现进行更加精确的控制。使用 CSS 技术不仅可以使网页在外观上更精美，还能够为网页添加许多特效。

在 Dreamweaver CS4 中，定义 CSS 规则的面板已经发生了全面的改观。面板中的属性全部用英文表示，更方便用户在该规则面板与 CSS 标签检查器之间查找属性。另外，在文档内部，如果想改变一段文本的字体样式、大小等属性，单击 "Font-size" 选项后的下拉列表框进行选择时，系统会自动弹出 "新建 CSS 规则" 对话框，提示你新建好 CSS 规则后再使用。Dreamweaver CS5 在其基础上稍有提升，主要有增加 CSS 检查模式，允许用户以可视化方式详细了解 CSS 框模型属性；"CSS 样式" 面板上增加 "禁用 / 启用 CSS 属性"，可随个人需要开启和关闭 CSS 样式；同时更新和简化了 CSS 起始布局，将简化和易于理解的类替代原有布局中复杂的自带选择器。

在 Dreamweaver CS6 中，增加了 "应用多个类" 于单个元素，可以在可视化的情况下对单个元素增加应用多个 CSS 类。另外，Dreamweaver CS6 新增的 "CSS 过渡效果" 面板可将平滑属性变化更改应用于基于 CSS 的页面元素，以响应触发器事件。

8.1 层叠样式表基础

8.1.1 CSS 样式简介

在制作网页时，有一个需要关注的问题——设计的网页上传到网络之后要面临不同的客户端、不同的浏览器，在众多的浏览器中有一些是不兼容的。那么就很容易造成设计好的网页在不同的浏览器中出现不同的显示效果，可能会破坏设计师精心设计好的页面。为了使网页在各种平台上都能够正常地显示，需要一种新的规范来约束。在这种需求下，层叠样式表 CSS 就出现了。样式是用来控制一个文档中某一文本区域外观的一组格式属性。而层叠样式表则用来一次对多个文档中所有的样式进行控制。层叠样式表的英文全称是 Cascading Style Sheets，英文缩写是 CSS。

CSS 有很多用途，它最主要的功能是把页面内容与表现形式分离开。页面内容（即 HTML 代码）存放在 HTML 文件中，而用于定义代码表示形式的 CSS 规则存放在另一个文件（外部样式表）或 HTML 文档的另一部分（通常为文件头部分）中。将内容与表示形式分离可以很容易对站点中各页面的外观进行维护，进行更改时无需对每个页面上的每个属性都进行更新。将内容与表示形式分离还可以得到更加简练的HTML 代码，这样将缩短浏览器加载时间。

层叠样式表 CSS 在使用方面比较容易。它能使任何的浏览器都听从指令，知道该如何显示元素及内容。样式是通过其名字或者 HTML 标签来识别的，它能够在改变样式属性后即时看到这种改变对应用该样式的内容所产生的影响。在页面中用户可以用 CSS 样式控制大多数传统文本格式属性，如字体、字体大小、对齐属性等，还可以用 CSS 样式来指定一些独特的 HTML 属性，如定位、特效、鼠标指针经过等效果。

除设置文本格式外，还可以使用 CSS 控制 Web 页面中块别元素的格式和定位。块级元素是一段独立的内容，在 HTML 中通常由一个新行分隔，并在视觉上设置为块的格式。例如，<h1> 标签、<p> 标签和<div> 标签等。可以为它们设置边距和边框、将它们放置在特定位置、向它们添加背景颜色、在它们周围设置浮动文本等。对块级元素进行操作的方法实际上就是使用 CSS 布局页面。

8.1.2 CSS 样式的规则及分类

使用 CSS 样式可以设置一些特殊的属性，如果只使用 HTML 这些属性是不容易被实现的。它的另外一个优点在于，CSS 样式可以提供方便的更新功能，更新 CSS 样式时，套用该样式的所有页面文件都将自动更新为新的样式。

CSS 样式设置规则由用 HTML 编辑的语句或者被称为"选择器"的自定义样式以及它定义的属性和值组成（大多数情况下为包含多个声明的代码块）。"选择器"是标识已设置格式元素的术语（如 p、h1、类名称或 ID）。

在 Dreamweaver CS6 中可以应用 4 种样式表类型。

（1）类（可应用于任何 HTML 元素）：这种样式也被称为自定义 CSS 规则，它与文本处理程序中应用的样式类似，不同之处在于字符和段落样式没有区别。使用这种样式，可以将样式属性设置为任何文本范围或文本块。

（2）标签（重新定义 HTML 元素）：使用该样式可以重新定义特定标签的格式。在创建或更改一个 HTML 标签的 CSS 样式时，所有使用该标签的文本都将得到更新。例如，用户对 <h2> 标签的 CSS 样式进行修改时，所有使用 <h2> 标签进行格式化的文本都将被立即更新。

（3）ID（仅用于一个 HTML 元素）：也称为 CSS 选择器样式。之所以称它为高级样式，是因为它可以重新定义特定标签组合的格式或重新定义包含特定 ID 属性的所有标签的格式。

（4）复合内容（基于选择的内容）：它是一种可以同时影响两个或多个标签、类或 ID 的复合规则。

用户设定的 CSS 规则可以是外部样式表、嵌入式样式表、内联样式表。

（1）外部 CSS 样式表：一系列存储在一个单独的外部 CSS（.css）文件（并非 HTML 文件）中的 CSS 规则。利用文档文件头部分中的链接，该文件被链接到 Web 站点中的一个或多个页面。

（2）内部（或嵌入式）CSS 样式表：通常写在网页最上面，在 <style>...</style> 两个标签之间的 CSS 规则。

（3）内联样式表：通常使用 style 属性将样式表插入到 HTML 标签中。这个方法是所有方法中最受限制的；它离受影响的标签位置最近，对受影响的标签具有最终的控制权。

手动设置的 HTML 格式设置会覆盖应用 CSS 的格式设置。要使 CSS 规则能够控制段落格式，必须删除所有手动设置的 HTML 格式。Dreamweaver 会呈现用户在文档窗口中直接应用的大多数样式属性。也可以在浏览器窗口中预览文档，以查看样式的应用情况。另外应该注意的是，部分 CSS 样式属性在各种浏览器中的表现有所不同，有个别样式目前甚至还不受任何浏览器支持。

8.2　在 Dreamweaver 中创建层叠样式表

在使用 CSS 样式之前要先创建好 CSS 的样式，这样才能对网页中的内容进行 CSS 样式的应用。除了能够手写 CSS 样式表外，更快捷的方法是使用 Dreamweaver 提供的"CSS 样式"面板来设置。

8.2.1　"CSS 样式"面板

"CSS 样式"面板是 Dreamweaver 中用来建立、修改和学习层叠样式表的中心点。它是 Dreamweaver 所有面板中最复杂和完善的，在这里需要更多的介绍来帮助用户理解该如何更好地使用它。在菜单栏中执行"窗口→ CSS 样式"命令或者按下"Shift+F11"组合键打开"CSS 样式"面板。默认情况下，"CSS 样式"面板是可用的，并且可以通过单击"折叠为图标"或者"展开面板"按钮来折叠或展开面板。

在"CSS 样式"面板中，存在两种查看模式：全部模式和当前模式（或者叫做正在模式）。选择全部模式时，在所有规则窗格中会显示在当前页面中包含的嵌入和外部样式，但不显示内联样式。选择当前模式时，会显示影响当前页面选择部分的全部样式规则，不管是内联的、嵌入的，还是外部的样式规则。

1. 全部模式

单击"CSS 样式"面板中的"全部"按钮进入该模式。此时会发现，这个面板分成了所有规则窗格和属性窗格两个部分。所有规则窗格显示与当前页面相关的全部嵌入和外部样式规则，选择其中的任意规则，然后可以在属性窗格中查看它的属性和值，如图 8-2-1 所示。

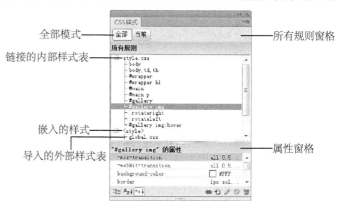

图 8-2-1

在 Dreamweaver 的全部模式下，能够立即判断出自定义样式是来自链接的外部样式表，还是包含在当前文档中。如果样式为嵌入的或者导入的，"CSS 样式"面板会显示包含的 <style> 标签。展开 <style> 选项来查看它是否包含样式或导入的表，或者两者兼有。

在全部模式下，选择任意规则，可以在属性窗格中查看它的属性和值。默认情况下，只显示当前设定的属性。这里有三种方法可以显示属性：显示类别视图、显示列表视图和只显示设置属性，通过单击属性窗格左下角的任一按钮以进行查看。

显示类别视图 :将 CSS 属性和值分成与 CSS 的规则定义对话框相同的 11 个类别，分别是字体、背景、区块、边框、方框、列表、定位、扩展、表、内容和引用。当准备在一个特定类别中增加一个或者多个新属性时，这个视图将会非常有用。

显示列表视图 :显示一个按字母顺序排列的属性清单，其中，首先列出的是应用的属性。当知道属性的名字但懒于输入时，这种视图将会是一个不错的选择。

只显示设置属性 :该视图只显示当前设置的属性以及添加属性的选项。当对 CSS 属性非常熟悉之后，便会发现这个视图的优点，不仅分离出当前选择的属性，还提供了添加新属性的直接通道。

2. 当前模式

顾名思义，当前模式的重心在于当前选择的样式规则。单击"CSS 样式"面板上的"当前"按钮，进入该模式。与全部模式中的窗格相比，当前模式将"CSS 样式"面板分成了三个不同的窗格，可以通过在"CSS 样式"面板里向上或者向下拖曳分割边框来调整各个窗格的大小，如图 8-2-2 所示。

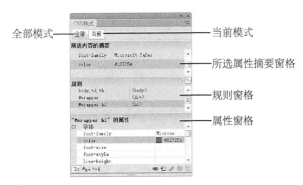

图 8-2-2

在标签选择器中选择任意一个项目或者选择页面中的任何一部分，在"CSS 样式"面板的当前模式下，顶部的所选内容摘要窗格会显示该选择所有可应用的属性；中间的规则窗格用于显示关于在所选内容摘要窗格中当前选中属性的信息，或者所有影响当前选择的规则，在规则窗格标题栏上有两个按钮，可以在不同的视图之间切换；当前模式下的最后一个窗格是位于底部的属性窗格，作用与全部模式下的相类似。

所选内容摘要窗格列出了属性和值，将每个项目按照它们的特殊性顺序列出。此外，如果文件中有两个属性有冲突，就只显示特性最高的那个。

但是，该如何知道显示的属性究竟来自哪个规则呢？ Dreamweaver 为我们提供了许多方法。在所选内容摘要窗格里，当鼠标指针在任何属性上方来回移动时，包括规则和文档内的属性位置就会以工具栏提示的方式显示出来。另外，在规则窗格中，提供了另外一种方法。单击所选内容摘要窗格中的任意属性，如果规则窗格处于"显示所选属性的相关信息"状态下，就可以看到一个介绍该属性位置的简短语句。当处于"显示所选标签的规则层叠"状态下时，规则窗格将所有影响当前选择内容的规则以级联方式显示，如图 8-2-3 所示。

（a）　　　　　　　　　　　（b）

图 8-2-3

无论在全部模式还是当前模式下，底部的属性窗格是一模一样的。此外，默认情况下，选择的是只显示设置属性视图，如有需要，可以通过单击"CSS 样式"面板底部的按钮在显示类别视图和显示列表视图之间进行切换。

8.2.2　新建 CSS 样式

新建一个空白的 HTML 文档，在菜单栏上执行"窗口→ CSS 样式"命令，打开"CSS 样式"面板。由于还没有对 CSS 样式做任何的定义，所以"CSS 样式"面板是空的，如图 8-2-4 所示。

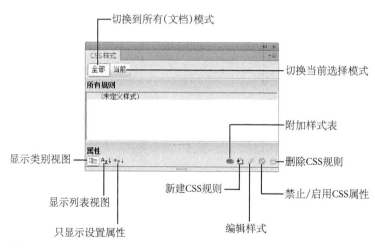

图 8-2-4

（1）在这个目前为全部模式的"CSS 样式"面板上，找到右下角的"新建 CSS 规则"按钮。单击该按钮后会弹出一个"新建 CSS 规则"对话框，那么 CSS 样式的类型就可以在这里设置了，如图 8-2-5 所示。

图 8-2-5

（2）在"选择器类型"栏中选择一种 CSS 样式的类型，为了使创建的样式能够应用到各种标签上，这里选择"类（可应用于任何标 HTML 元素）"选项。

（3）接着在"选择器名称"栏中为新建的 CSS 样式输入一个名称。这里为它命名为".style1"。下面的"规则定义"栏，主要是选择定义规则的位置，在下拉列表框中，"（新建样式表文件）"选项表示用户可以新建一个样式表文件，并可以将它应用于其他的文档中；而"仅限该文档"选项表示新建的这个 CSS 样式只能够适用于该文档内。这里选择"（新建样式表文件）"选项，以便将设置好的样式应用到其他的页面中。

（4）单击"确定"按钮，提示用户保存这个 CSS 样式文件。为了能够方便找到这个文件，使用和前面的样式一样的名称。

（5）保存完毕后，就进入了 CSS 样式的主要定义部分了。这时会弹出一个对话框，在这个对话框中可以对 CSS 样式定义多种不同风格的样式，如图 8-2-6 所示。

（6）设置完毕后（本次保持默认值）单击"确定"按钮，这样一个 CSS 样式就创建完成了，可以通过"CSS 样式"面板来查看，如图 8-2-7 所示。

在"CSS 样式"面板上，除了能够用"新建 CSS 规则"按钮来创建 CSS 样式，还可以使用其他的方法来创建。在"CSS 样式"面板上单击鼠标右键，在弹出的快捷菜单中选择"新建"命令，或者直接执行"格式→CSS 样式→新建"命令，打开"新建 CSS 规则"对话框，接下来的新建步骤和前面的都一样。

图 8-2-6

图 8-2-7

8.2.3 创建 CSS 文档

新建 CSS 样式完毕后，Dreamweaver 中会多出一个文件。这个文件就是用户保存的那个 CSS 样式文件。

这些是在一个空白的页面中进行的 CSS 样式创建。在 Dreamweaver 中也可以不通过空白页面直接创建一个 CSS 样式文件，并且可以对这个外部的 CSS 样式文件进行编辑，也可以选择新建一个预定义的 CSS 样式文件。

在菜单栏中执行"文件→新建"命令，打开"新建文档"对话框。在左边的各种分类中选择"空白页"选项，然后在"页面类型"列表框中选择"CSS"选项，如图 8-2-8 所示。

单击"创建"按钮就可以新建一个 CSS 样式文件。在这个 CSS 样式文件中，可以发现只有代码视图可以用，在页面中可以看到这样的注释。

/* CSS Document */

这个注释用来表示当前创建的文件是一个 CSS 样式文件，它只用于介绍补充文件类型，并不能被浏览器执行。在 CSS 样式文件中，可以直接使用 CSS 语言进行编写，也可以通过图形界面定义 CSS 样式表。

打开"CSS 样式"面板，单击"新建 CSS 规则"按钮，新建一个规则。新建完毕后就直接打开了定义规则的对话框，可以对这个规则进行设置。在这里将这个新建的规则进行如图 8-2-9 所示的设置。

图 8-2-8

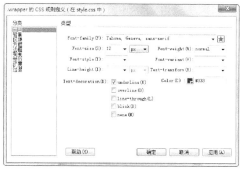
图 8-2-9

只对字体进行了一些简单的设置，单击"确定"按钮后会发现，代码视图中也出现了刚才设置的相应代码，如图 8-2-10 所示。

使用这种方法就免去了手动输入 CSS 语言，并且能够准确地设置想要的样式。设置完毕后，"CSS 样式"面板中属性窗格的一些设置项目也被激活了。这就是说，通过属性窗格可以对新建的 CSS 规则进行设置，在这里进行修改后，左边的代码视图也会根据修改而很快地更正代码。图 8-2-11 所示为在"CSS 样式"面板的属性窗格中设置字体属性。

图 8-2-10

图 8-2-11

8.2.4 多 CSS 类选区

"多类选区"面板是 Dreamweaver CS6 新增的功能，它可以将多个 CSS 类应用于单个元素，并且有 3 个访问点可以打开"多类选区"的对话框。

（1）在菜单栏中执行"格式→ CSS 样式→应用多个类"命令，打开"多类选区"对话框，如图 8-2-12 和图 8-2-13 所示。

图 8-2-12   图 8-2-13

（2）在文档窗口选中目标元素，接着单击属性检查器左上角的 HTML 选项，在"类"下拉列表框中选择"应用多个类"选项即可，如图 8-2-14 所示。

（3）将鼠标移至文档窗口的底部标记选择器上，右键单击执行"设置类→应用多个分类"命令，打开"多类选区"对话框，如图 8-2-15 所示。

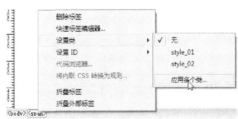

图 8-2-14   图 8-2-15

8.3 使用 CSS 样式

8.3.1 定义 CSS 规则

1. 定义 CSS 类型属性

使用 CSS 规则定义对话框中的"类型"类别可以定义 CSS 样式的基本字体和类型设置，如图 8-3-1 所示。

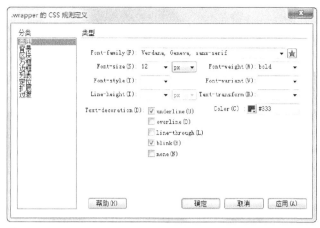

图 8-3-1

定义 CSS 样式的类型设置。

（1）在 CSS 规则定义对话框中的"分类"列表框中选择"类型"选项，然后设置所需的样式属性。设置选项含义如下。

"Font-family"下拉列表框：为样式设置字体。浏览器会使用当前用户系统上安装的字体系列中的第一种字体显示文本。

"Font-size"下拉列表框：定义文本大小，可以通过选择数字和度量单位选择特定的大小，也可以选择相对大小。

"Font-style"下拉列表框：将"normal（正常）"、"italic（斜体）"或"oblique（偏斜体）"指定为字体样式。默认设置是"normal"。

"Line-height"下拉列表框：设置文本所在行的高度。选择"normal（正常）"选项将自动计算字体大小的行高，或者输入一个确切的值并选择一种度量单位。

"Text-decoration"栏中的复选框：向文本中添加 underline（下划线）、overline（上划线）、line-through 或 blink（使文本闪烁）。正常文本的默认设置是"none（无）"，链接的默认设置是"下划线"。

"Font-weight"下拉列表框：对字体应用特定或相对的粗体量。

"Font-transform"下拉列表框：用于设置元素中的字母大小写，而不论源文档中文本的大小写。（当然，这对于某些文字来说不起作用，例如中文）

"Color"颜色面板：用于设置字体颜色。

（2）设置完这些选项后，在面板左侧选择另一个 CSS 类别以设置其他的样式属性，单击"确定"按钮即可完成。通常在网络中普遍采用的设置是，Font-family 为"宋体"，Font-size 为"12px"，Color 为黑色。这是为了方便演示，将 Font-family 设置为"宋体"，大小为"36px"，Font-weight 为"特粗"，Font-style 为"偏斜体"，Color 为黑色，修饰为"overline"、"underline"的样式显示效果如图 8-3-2 所示。

2. 定义 CSS 样式背景属性

使用 CSS 规则定义对话框的"背景"类别可以定义 CSS 样式的背景设置。可以对网页中的任何元素应用背景属性。例如，创建一个样式，将 Background-color（背景颜色）或 Background-image（背景图像）添加到任何页面元素中，比如文本、表格、页面等。还可以设置 Background-image（背景图像）的位置。定义背景设置如图 8-3-3 所示。

图 8-3-2

图 8-3-3

（1）在 CSS 规则定义对话框中的"分类"列表框中选择"背景"选项，然后设置所需的样式属性。在这里可以将背景设置为纯色或图像，如果要将背景设置为图像，就要设置下面的重复项，以更好地控制背景图像的使用。

"Background-repeat"下拉列表框：确定图像是否重复填充文档以及如何填充。

· "no-repeat（不重复）"选项：在元素开始处显示一次图像。

· "repeat（重复）"选项：在元素的后面水平和垂直平铺图像。

· "repeat-x（横向重复）"和"repeat-y（纵向重复）"选项：分别是指图像仅在水平方向上平铺或者仅在垂直方向上平铺。图像被剪辑以适合元素的边界。

"Background-attachment"下拉列表框：用于确定背景图像是固定（fixed）在它的原始位置还是随内容一起滚动（scroll）。

"Background-position(X)"和"Background-position(Y)"下拉列表框：指定背景图像相对于元素的初始位置。可以用于将背景图像与页面中心垂直和水平对齐。如果"Background-attachment"属性设置为"fixed"，则"Background-position"相对于文档窗口而不是元素。

这里用一个小例子来演示各种背景的设置效果。对 Background-color（背景颜色）的设置非常简单，只需在色板中选择颜色即可，而使用图片作为网页背景时则有多种设置方法。如果将背景图片的重复项设置为"no-repeat"，将"Background-position(X) 和 Background-position(Y)"下拉列表框都设置为"center（居中）"，那么在页面中就可以显示为如图 8-3-4 左图所示的效果。如果将重复项修改为"repeat-x"，那么背景图片将居中并在横向上重复平铺，如图 8-3-4 右图所示。

图 8-3-4

将重复项修改为"repeat-y",并把水平位置设置为"left（左对齐）",可以得到另一种不同效果的页面背景，如图 8-3-5 左图所示。

另外，如果当前使用的这个背景是要和页面中的内容进行搭配，还可以通过设置"Background-position(X)"和"Background-position(Y)"为某一准确值来为背景图片定位。如果将"Background-position(X)"设置为"150px"，Background-position(Y) 设置为 "100px"，背景图片的重复项设置为 "no-repeat"，那么背景图片会根据输入的值进行图片定位。如图 8-3-5 右图所示。

图 8-3-5

备注：在前面的章节中讲过，如何通过页面属性在页面中设置背景。使用页面属性对页面的背景进行设置有时可能无法满足用户的需要，如果希望能够对背景图像有更好的控制，可以使用 CSS 样式里面的背景设置项。

（2）设置完这些选项后，在面板左侧选择另一个 CSS 类别以设置其他的样式属性，单击"确定"按钮，即可完成设置。

3. 定义 CSS 样式区块属性

使用 CSS 规则定义对话框的"区块"类别，可以定义标签等属性的间距和对齐设置，如图 8-3-6 所示。

图 8-3-6

（1）在 CSS 规则定义对话框中的"分类"列表框中选择"区块"选项，然后设置所需的样式属性。

"Word-spacing（单词间距）"下拉列表框：用于增加或减少单词间的空白。若要设置特定的值，则在该下拉列表框中输入一个数值，在后面的下拉列表框中选择度量单位（例如，像素、点数等），这样会调整单词之间的间隔。

备注：可以指定负值，但显示取决于浏览器。Dreamweaver 不在文档窗口中显示该属性。

"Letter-spacing（字母间距）"下拉列表框：增加或减少字母或字符的间距。若要减少字符间距，需要指定一个负值（例如 -3）。"Letter-spacing"下拉列表框的设置将覆盖对齐的文本设置。

"Vertical-align（垂直对齐）"下拉列表框：指定它应用于的元素的垂直对齐方式。主要包括"baseline"、"sub"、"super"、"top"、"text-top"、"middle"、"bottom"、"text-bottom"选项，另外，可以自己设置数值。该设置仅当应用于 <img> 标签时，Dreamweaver 才在文档窗口中显示该属性。

"Text-align（文本对齐）"下拉列表框：设置元素中文本的对齐方式"left"、"right"、"center"和"justified（两端对齐）"。多种浏览器都支持"Text-align"属性。

"Text-indent（文本缩进）"文本框：指定第一行文本缩进的程度。可以使用负值创建凸出，但显示取决于浏览器。仅当标签应用于块级元素时，Dreamweaver 才在文档窗口中显示该属性。

"White-space（空格）"下拉列表框：用于控制元素中的空格和制表符的显示。从下面三个选项中选择："normal（正常）"收缩空格；"pre（保留）"的处理方式与文本被括在 <pre> 标签中一样（即保留所有空白，包括空格、制表符和回车键）；"nowrap（不换行）"指定仅当遇到
 标签时文本才换行。Dreamweaver 不在文档窗口中显示该属性。

"Display（显示）"下拉列表框：指定是否显示元素以及如何显示元素。

（2）设置完这些选项后，在面板左侧选择另一个 CSS 类别以设置其他的样式属性，单击"确定"按钮即可完成设置。图 8-3-7 所示为将"Text-indent"下拉列表框设置为"2em"后的效果。

4. 定义 CSS 样式方框属性

使用 CSS 规则定义对话框的"方框"类别，可以设置控制元素在页面上放置方式的标签和属性。

可以在应用 Padding（填充）和 Margin（边距）设置时将设置应用于元素的各个边，也可以使用"全部相同"设置将相同的设置应用于元素的所有边，如图 8-3-8 所示，运用不同的设置到元素的各个边上。

（1）在 CSS 规则定义对话框中的"分类"列表框中选择"方框"选项，然后设置所需的样式属性。

将下列任意属性保留为空（如果它们对于样式并不重要）。

图 8-3-7   图 8-3-8

"Width（宽）"和"Height（高）"下拉列表框：设置元素的宽度和高度。

"Float（浮动）"下拉列表框：设置其他元素（如文本、层、表格等）在哪个边围绕元素浮动。其他元素按通常的方式环绕在浮动元素的周围。

"Clear（清除）"下拉列表框：定义不允许出现层的边。如果清除边上出现层，则带清除设置的元素移到该层的下方。

"Padding（填充）"栏：指定元素内容与元素边框（如果没有边框，则为边距）之间的空格量。取消选中"全部相同"复选框可设置元素各个边的填充。

"全部相同"复选框：应用此属性的元素的"Top（上）"、"Right（右）"、"Bottom（下）"和"Left（左）"设置相同的填充属性。

"Margin（边界）"栏：指定一个元素的边框（如果没有边框，则为填充）与另一个元素之间的空格量。仅当应用于块级元素（段落、标题、列表等）时，Dreamweaver 才在文档窗口中显示该属性。取消选中"全部相同"复选框可设置元素各个边的边距。

（2）设置完这些选项后，在面板左侧选择另一个 CSS 类别以设置其他的样式属性，或单击"确定"按钮，即可完成。图 8-3-9 所示为当前页面中的图片使用方框样式之前的效果。

（3）在对方框属性进行设置时，将图片的宽和高设置好，再将它的"浮动"设置为"左对齐"。然后将填充项中的全部设置为 10 像素，再将边界项中的"Right"都设置为精确的数值。这样就可以让文字和图片之间有一定的距离。在浏览器中看到的效果如图 8-3-10 所示。

备注：在制作网页时经常会遇到这样的情况，对内容的设置无法在 Dreamweaver 中显示出来。对于这种情况，可以先在浏览器中查看效果。如果在浏览器中能够正常显示设置的效果，说明用户设置没有错误，只是有时 Dreamweaver 无法很好地实现所见即所得的效果。

图 8-3-9

图 8-3-10

5. 定义 CSS 样式边框属性

使用 CSS 规则定义对话框的"边框"类别可以定义元素周围的边框的设置（如 Width（宽度）、Color（颜色）和 Style（样式）），如图 8-3-11 所示。

（1）在 CSS 样式定义对话框中的"分类"列表框中选择"边框"选项，然后设置所需的样式属性。

"Style"栏：设置边框的样式外观。样式的显示方式取决于浏览器。Dreamweaver 在文档窗口中将所有样式呈现为实线。取消选中"全部相同"复选框可设置元素各个边的边框样式。

图 8-3-11

"Width"栏：设置元素边框的粗细。取消选中"全部相同"复选框可设置元素各个边的边框宽度。

"Color"栏：设置边框的颜色。可以分别设置每个边的颜色，但显示取决于浏览器。

（2）设置完这些选项后，单击"确定"按钮完成对边框的设置。图 8-3-12 所示为对边框的样式进行不同的设置后在浏览器中看到的边框效果。

6. 定义 CSS 样式列表属性

CSS 规则定义对话框的"列表"类别为列表标签定义列表设置（如项目符号大小和类型），如图 8-3-13 所示。

图 8-3-12

图 8-3-13

（1）在 CSS 规则定义对话框中的"分类"列表框中选择"列表"选项，然后选择所需的样式属性。

"List-style-type（类型）"下拉列表框：设置项目符号或编号的外观。

"List-style-image（项目符号图像）"下拉列表框：使用户可以为项目符号指定自定义图像。

"List-style-Position（位置）"下拉列表框：设置列表项文本是否换行和缩进（外部）以及文本是否换行到左边距（内部）。

（2）使用属性检查器上的项目列表设置项来设置列表，可以很快地将一组或几组列表设置好。而使用 CSS 样式中的列表设置，则可以一次性将很多的项目列表都设置为统一的样式。这在用于工程比较大的列表设置中非常好用。

7. 定义 CSS 样式定位属性

"定位"样式属性使用户可以对页面上元素的位置进行精确控制，如图 8-3-14 所示。

在 CSS 样式定义对话框中的"分类"列表框中选择"定位"选项，然后设置所需的样式属性。这些设置主要用于设置层的属性或者将所选文本更改为新层。

图 8-3-14

"Position"下拉列表框：确定浏览器应如何定位层。该下拉列表框中共有 4 个选项可以供用户选择。absolute（绝对），选择该方式，会以页面左上角为基础，通过在"Placement（定位）"栏中设置的 Top、Bottom、Left、Right 4 个间距来定位层。relative（相对），选择该方式，是以元素对象在文档的文本中的位置为基准，也是通过在"Placement（定位）"栏中设置的 4 个间距来定位层。static（静态），如果选择了这种方式，会把层放到元素对象在文档的文本中的位置。fixed（固定），该方式可以让 HTML 元素脱离文档流固定在浏览器的某个位置。

"Visibility（显示）"下拉列表框：确定层的初始显示条件是 visible（可见的）、hidden（隐藏的）还是 inherit（继承来自它的父元素的属性）。如果不指定可见性属性，则默认情况下大多数浏览器都继承父级的值。选择以下可见性选项之一。

· "inherit（继承）"选项：继承层父级的可见性属性。如果层没有父级，则它是可见的。

· "visible（可见）"选项：显示层的内容，而不管父级的值是什么。

· "hidden（隐藏）"选项：隐藏层的内容，而不管父级的值是什么。

"Z-Index（Z 轴）"下拉列表框：确定层的堆叠顺序。编号较高的层显示在编号较低的层的上面。值可以为正，也可以为负。一般情况下，值较大的层将会显示在值较小的层的上面。

"Overflow（溢出）"下拉列表框：（仅限于 CSS 层）确定在层的内容超出它的大小时将发生的情况。这些属性控制如何处理此扩展。

- ·"visible（可见）"选项：增加层的大小，使它的所有内容均可见。层向右下方扩展。

- ·"hidden（隐藏）"选项：保持层的大小并剪辑任何超出的内容。不提供任何滚动条。

- ·"scroll（滚动）"选项：在层中添加滚动条，不论内容是否超出层的大小。专门提供滚动条，可避免滚动条在动态环境中出现和消失所引起的混乱。该选项不显示在文档窗口中，并且仅适用于支持滚动条的浏览器。

- ·"auto（自动）"选项：使滚动条仅在层的内容超出它的边界时才出现。该选项不显示在文档窗口中。

"Placement（定位）"栏：指定层的位置和大小。浏览器如何解释位置取决于"Position"下拉列表框的设置。如果层的内容超出指定的大小，则大小值被覆盖。

位置和大小的默认单位是像素。对于 CSS 层，还可以指定下列单位：pc（12 点活字）、pt（点）、in（英寸）、mm（毫米）、cm（厘米）、em、ex 或 %（父级值的百分比）。这些缩写的后面必须紧跟值，中间没有空格，例如，3mm。

"Clip（剪辑）"栏：定义层的可见部分。如果指定了剪辑区域，可以通过脚本语言（如 JavaScript）访问它，并操作属性以创建像擦除这样的特殊效果。通过使用时间轴和"改变属性"行为可以设置这些擦除效果。

8. 定义 CSS 样式扩展属性

"扩展"样式属性包括过滤器、分页和光标选项，它们中的大部分仅受 IE 4.0 和更高版本的支持。

在 CSS 规则定义对话框中的"分类"列表框中，选择"扩展"选项，然后设置所需的样式属性。

"分页"栏：在打印期间，在样式所控制的对象之前或者之后强行分页。选择要在下拉列表框中设置的选项，此选项不受任何浏览器的支持，但可能受未来浏览器的支持。

"Cursor（光标）"下拉列表框：当鼠标指针位于样式所控制的对象上时改变鼠标指针图像。选择要在下拉列表框中设置的选项，如图 8-3-15 所示。

现在将"Cursor"下拉列表框设置为"help"，那么在对页面进行浏览时，只要鼠标指针经过套用了该样式的内容，就会带"？"，如图 8-3-16 所示。

图 8-3-15

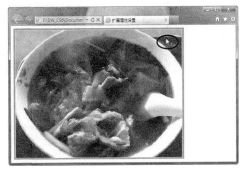

图 8-3-16

"Filter（滤镜）"下拉列表框：对样式所控制的对象应用特殊效果。通过该下拉列表框的设置，用户可以将内容设置为模糊和反转等特殊效果。这里需要注意的是"Filter"属性是 IE 浏览器私有的属性，只有 IE 才能正常显示。Filter 提供了很多种不同效果的设置，详细说明如下。

Alpha：用来设置倾斜区域的不透明度，对它进行设置可在图像中产生光线爆炸的效果。其中 Opacity 用来设置页面透明度的变化，可以输入 0 ～ 100 的数值，其中 0 是透明，100 是完全不透明。StartX、StartY、FinishX、FinishY 则表示效果的起始点的像素值。Style 有 4 种设置，如果输入数字 0，表示纯色；输入数字 1，表示线性变化；输入数字 2，表示放射状渐变；输入数字 3，表示矩形渐变。

BlendTrans：使图像在指定的时间内渐现或渐隐。

Blur：在该选项中进行设置可以模仿图像的模糊运动。Add 是大于 0 的任意整数，Direction 是从 0 ～ 315 按 45 递增的任意角度数值，Strength 中要输入任意的整数，输入的数值就是影响的像素值。图 8-3-17 所示为套用模糊过滤器前后的效果。

A B

图 8-3-17

Chroma：表示图像透明时的特定颜色。设置时在 Color 后面只能输入十六进制值。

DropShadow：在特定的颜色中创建被应用元素的投影，常见的有图像和文本，可以为它们添加投影。OffX 和 OffY 是阴影的像素偏移；Positive 是布尔数学值的转换，输入数字 1 表示为非透明像素创建阴影，输入数字 0 表示为透明像素创建阴影。

FlipH：将图像或文本进行水平翻转。

FlipV：将图像或文本进行垂直翻转。图 8-3-18 所示为使用垂直翻转样式后的文字效果。

图 8-3-18

Glow：为图像增加特定颜色的闪烁。其中 Color 是设置颜色，Strength 中可以输入 0 ～ 100 的数值。图 8-3-19 所示为图像添加 Glow 效果之前。

图 8-3-20 所示为图像添加了 Glow 效果之后，图像周围出现了红色的类似描边的效果。

图 8-3-19   图 8-3-20

Gray：使图像发生灰度转变。图 8-3-21 所示的是使用灰度转变的效果。

图 8-3-21

Invert：反转图像的色调、饱和度和亮度。

Light：创建目标被一个或多个光源照亮的幻觉效果。

Mask：设置所有透明像素为指定颜色，还可以把不透明像素转换为背景色。

RevealTrans：在设置的时间段内，使用特定的转换类型显示图像。

Shadow：通过设置为图像或文本创建倾斜的阴影。Color 用来设置阴影的颜色，Direction 是从 0 ～ 315 的数值中按 45 递增的任意数值。

Wave：为选中的图像或文本增加正弦曲线。在 Add 后面输入 1 会将原始目标增至过滤后的目标，如果输入 0 就不会发生改变。Freq 用来指定波浪数目的整数。LightStrength 是个百分比数值，Phase 用来指定波浪的角度偏移百分比，Strength 用来指定波浪强度效果的整数值。

Xray：这种格式会将图像转换为反转灰度，以得到 X 射线型外观。

9. 定义 CSS 样式过渡属性

在 CSS 2.0 的世界中，页面元素状态过渡的效果是很生硬的，要么从一种颜色突然变成另外一种颜色，要么从不透明一下子变成透明，要么从一种状态变成另一种状态，过渡很不平滑。

而解决这种过渡生硬的问题通常会用到 Flash 和 Javescript。它们是目前在网络上应用最多的解决页面平滑过渡的方法。Flash 要求浏览器安装 Flash Player 插件支持，SWF 文件需要编译，不利于维护；而 JavaScript 要实现动态效果需要写大量的代码，且需要熟悉 JavaScript 编程，门槛较高。近年来浏览器市场的激烈竞争，推动了 HTML5 和 CSS3 的发展，CSS3 的过渡属性能很好地解决页面过渡的问题。越来越多的浏览器支持

HTML5 和 CSS3 的网页内容，因此 CSS3 的过渡属性被大量运用。

CSS3 过渡最初完全由 Safari 的 WebKit 团队开发的，被 W3C 列为草案规范后，主流的浏览器提供商（Safari 3.1+、Chrome 8+、Firefox 4+、Opera 10+，包括即将发布的 IE10）也都陆续支持了这一标准。Dreamweaver CS6 也新增了"CSS 过渡效果"面板，让网页设计者利用可视化面板轻松制作平滑过渡效果，以响应如悬停、单击和聚焦等触发器事件。下面我们通过制作实例来讲解怎样应用 Dreamweaver 创建 CSS 过渡效果。

本实例最终要实现的效果是，当鼠标移动到具体图片位置时，当前图片旋转一定的角度并放大，而当鼠标移出图片位置时，图片又变换回原来的位置。

（1）首先，制作一个简单的网页，并在页面中新建一个 ID 为"gallery"的 DIV 层放置图片，如图 8-3-22 所示。

（2）在"gallery"区域放置三张大小均为 400×266px 的图片，因为要做图片放大的效果，所以这边要先把图片缩小一下，分别选中三张图片，在属性检查器中把宽度均设置为 300px，高度为空，这样图片就会以宽度为基准按等比例缩小了。

（3）选中图片，执行"格式→CSS 样式→新建"命令，在弹出的"新建 CSS 规则"对话框中，单击"选择器类型"下拉列表框的"复合内容"选项，这时"选择器名称"会自动匹配，如图 8-3-23 所示。单击"确定"按钮，开始定义 CSS 规则，这里将背景色设置为白色，方框的内边距（padding）均设置为 10 像素，边框为 1 像素黑色实线（solid），如图 8-3-24 所示。设置完毕后单击"确定"按钮，保存并预览页面，如图 8-3-25 所示。

放置图片的区域

图 8-3-22

图 8-3-23

图 8-3-24

图 8-3-25

(4) 接着,需要把图片旋转一下。新建一名称为"rotateright"的类,打开"CSS 样式"面板,选中".rotateright"类,在其属性窗格中找到"transform"和"transform-origin"两个属性,分别设置为"rotate(6eg)"和"right top"(注意：right 和 top 中间有个空格),如图 8-3-26 所示。这两个设置的意思是：让应用此类的元素以右上角为原点顺时针旋转 6 度。

```
.rotateright {
    transform: rotate(6eg);
    transform-origin: right top;
    -moz-transform: rotate(6deg);
    -ms-transform: rotate(6deg);
    -o-transform: rotate(6deg);
    -webkit-transform: rotate(6deg);
    transform: rotate(6deg);
    -moz-transform-origin: right top;
    -ms-transform-origin: right top;
    -o-transform-origin: right top;
    -webkit-transform-origin: right top;
}
```

图 8-3-26

备注：transform 属性允许将元素及其所有子元素一起旋转、缩放、移动。rotate(旋转)允许你通过传递一个度数值来转动一个对象,其值可取正、负。正值代表顺时针旋转,负值代表逆时针旋转,例如 rotate(20deg) 代表顺时针旋转 20 度。transform-origin 是变形原点,也就是该元素围绕着那个点变形或旋转,该属性只有在设置了 transform 属性的时候起作用。transform-origin 接受两个参数,它们可以是百分比、em、px 等具体的值,也可以是 left、center、right 或者 top、center、bottom 等描述性参数。

目前,为了让各大浏览器兼容这两个属性,还需在"rotateright"类中增加 8 句代码,如图下所述。

-moz-transform: rotate(6deg);   /* 兼容 Firefox 3.5+ */

-ms-transform: rotate(6deg);   /* 兼容 IE 9+ */

-o-transform: rotate(6deg);   /* 兼容 Opera 10.5+ */

-webkit-transform: rotate(6deg);   /* 兼容 Chrome 2.0+ || Safari 4+ */

-moz-transform-origin: right top;   /* 兼容 Firefox 3.5+ */

-ms-transform-origin: right top;   /* 兼容 IE 9+ */

-o-transform-origin: right top;   /* 兼容 Opera 10.5+ */

-webkit-transform-origin: right top;   /* 兼容 Chrome 2.0+ || Safari 4+ */

（5）重复第四步骤新建另一个类"rotateleft"，这一次，旋转角度设置为逆时针 6 度，旋转原点为左下角，代码如下：

transform: rotate(-6eg);

  transform-origin: left bottom;

当然，还是需要添加兼容性代码。

（6）将"rotateright"应用于第 1、3 张图片，"rotateleft"应用于第 2 张图片，按下组合键"Ctrl+S"保存文件，按下"F12"键预览网页，如图 8-3-27 所示。

（7）创建过渡动画，执行"窗口→ CSS 过渡效果命令"，打开"CSS 过渡效果"面板，单击面板左上角"新建过渡效果"按钮 ，打开"新建过渡效果"对话框，如图 8-3-28 所示。

图 8-3-27

图 8-3-28

目标规则：（将过渡效果应用在哪些元素上）单击下拉列表框选择"#wrapper #gallery img"。

过渡效果开启：（以什么方式触发过渡效果）单击下拉列表框选择"hover"。

过渡效果覆盖属性范围：选择"对所有属性使用相同的过渡效果"。

持续时间：（过渡效果从开启到结束所用时间）设置为 0.5 秒（m）。

延迟：（从触发元素到过渡效果开启所用时间）设置为 0.2 秒（m）。

计时功能：（过渡效果展现方式）共有 5 种方式。

cubic-bezier(x1,y1,x2,y2)：利用贝塞尔曲线控制过渡方式，x 的值必须为 0~1，y 值可以超出这个范围。

ease：启动缓慢，加速，结束时变慢。

ease-in：启动慢，而后加速。

ease-in-out：一直变慢。

ease-out：启动快，结束时变慢。

linear：匀速过渡。

属性：（设置过渡效果所需改变的 CSS 属性）单击 **+** 按钮添加"transform"和"z-index"两个属性。

结束值：（触发元素后的最终状态）与"属性"结合使用，分别为上面两个属性添加"rotate(0deg) scale(1.33)"和"10"两个值。

备注：scale 实现元素的缩放，具有三种情况：scale(x,y) 使元素水平方向和垂直方向同时缩放（也就是 x 轴和 y 轴同时缩放）；scaleX(x) 使元素仅水平方向缩放（x 轴缩放）；scaleY(y) 使元素仅垂直方向缩放（y 轴缩放），但它们具有相同的缩放中心点和基数，其中心点就是元素的中心位置，缩放基数为 1，如果其值大于 1 元素就放大，反之元素缩小。

这样子，过渡效果基本设置完成了，单击"创建过渡效果"按钮，这时"CSS 过渡效果"会显示"3 个实例"，如图 8-3-29 所示。

图 8-3-29

保存并预览页面（如果用 IE 的话，需用 IE 10），将鼠标移至图片上，如图 8-3-30 所示。这时会看到图片由原先倾斜一定的角度（6deg）慢慢旋转回水平位置（0deg），并放大。不过有点奇怪的是，图片始终被后一张图片遮盖住了。返回 Dreamweaver，将文档窗口切换至"代码"，找到"#wrapper #gallery img"添加"position:relative;"，这样元素的"Z 轴"（z-index）的堆叠顺序号才会起作用。保存文件后再次预览页面，如图 8-3-31 所示。

图 8-3-30   图 8-3-31

8.3.2 套用 CSS 样式

在 Dreamweaver 中有多种方法可以使用已经制作好的 CSS 样式。

（1）在文档窗口中选择要套用样式的文本或其他的一些元素对象，在菜单栏中执行"格式→CSS 样式"命令。从弹出的子菜单中选择一种设置好的样式，这样可以将被选择的样式应用到所选的内容上，如图 8-3-32 所示。

（2）先将需要使用样式的文本或其他的一些内容选中，打开"CSS 样式"面板，选择喜欢的样式。接着单击右键或在面板的右上角单击■按钮，从弹出的下拉列表框中选择"应用"选项。这样也可以为选中的内容添加上 CSS 样式，如图 8-3-33 所示。

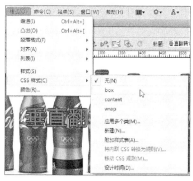

图 8-3-32

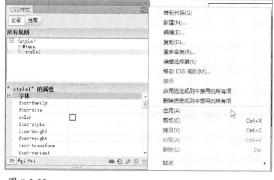

图 8-3-33

（3）还有一种方法是通过属性检查器来添加 CSS 样式。选中一些要应用 CSS 样式的内容，在属性检查器的"目标规则"下拉列表框中选择之前创建的 CSS 样式名称。一般情况下，在"CSS 样式"面板中创建的样式都会在属性检查器的"目标规则"下拉列表框中出现，所以再需要使用 CSS 样式时，也可以直接在这里进行选择来套用它们，如图 8-3-34 所示。

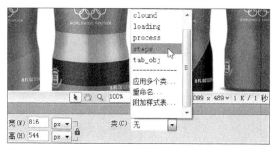

图 8-3-34

8.3.3 附加样式表

在制作一个网站时，可能所有的网页或部分网页的设计风格是统一的。而在制作这些页面时如果使用到了 CSS 样式，那么在制作其余的网页时就要使用同样的 CSS 样式。这就用到附加样式表，通过这种方法可以将当前页面中使用的 CSS 样式附加到其他的页面文档中。

（1）将"CSS 样式"面板打开，在面板的右下角处单击"附加样式表"按钮，如图 8-3-35 所示。

（2）打开"链接外部样式表"对话框，在这个对话框中可以对附加外部样式表进行设置，如图 8-3-36 所示。

图 8-3-35

图 8-3-36

（3）单击"文件 /URL"下拉列表框后面的"浏览"按钮，在本地计算机上找到一个已经准备好的 CSS 样式文件。也可以直接在"文件 /URL"下拉列表框中输入样式文件的路径。

（4）在附加外部样式表的过程中有两种添加方式。一种是链接方式，另一种是导入方式。如果选择链接方式，就是创建当前文档和外部样式表之间的链接；而选择导入方式就是引用外部样式表，该方式会引用已发布的样式表所在的 URL。用户可以任意选择一种。

（5）最后单击"确定"按钮完成链接外部样式表的操作，在"CSS 样式"面板中出现链接的那个样式的名称，就可以使用它了。

8.3.4　删除已应用的样式

除了能够熟练地为页面中的内容添加 CSS 样式，还需要了解如何将不合适的样式删除。删除已应用的样式并不困难。将需要删除样式的内容选中，然后在属性检查器的样式列表中选择"无"选项，这样就可以把已经套样的 CSS 样式删除。

样式还可以通过标签检查器进行删除，先将已经添加样式的内容选中，然后在标签检查中找到"CSS/辅助功能"栏。在它的"class"属性中可以看到当前所选内容使用的 CSS 样式，将这个样式名称选中，然后删除并按下回车键就可以将套样的样式删除，如图 8-3-37 所示。

图 8-3-37

8.3.5 使用范例 Dreamweaver 样式表

为了使网页设计者的工作更加方便、快捷，Dreamweaver 提供了很多的范例样式表供用户使用。这些预先准备好的范例样式表可以被应用于页面，也可以将它们作为起点以开发自己的样式。

（1）将"CSS 样式"面板打开，在这个面板的右下方单击"附加样式表"按钮。

（2）在弹出的"链接外部样式表"对话框中，单击蓝色的文字链接"范例样式表"，如图 8-3-38 所示。

图 8-3-38

（3）这样会弹出一个"范例样式表"对话框，这里列出了很多种 CSS 样式。在列表框中选择样式的时候，可以通过单击"预览"按钮来查看这些样式的视觉效果，如图 8-3-39 所示。

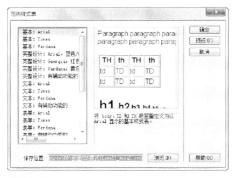

图 8-3-39

（4）单击"预览"按钮，可以直接在页面上看到这种样式的显示效果。这样做可以通过对比来查看哪种效果更适合当前制作的页面。

备注：如果应用的样式没有达到预期效果，可以在列表框中选择其他的样式，然后再次单击"预览"按钮来查看这种样式的显示情况。

（5）在默认情况下，Dreamweaver 会将样式保存在为页面定义的站点根下的一个名为"CSS"的文件夹中。如果当前的站点目录中没有这个文件夹，Dreamweaver 会自动创建一个。可以在"范例样式表"对话框的下面找到一个"保存位置"文本框，单击"浏览"按钮可以在打开的对话框浏览其他的文件夹，从而将文件保存在其他的位置。

（6）找到合适的样式后，可以单击"确定"按钮将选择的样式应用到页面中。如果要修改添加的范例样式，可以在"CSS 样式"面板中找到它。通常情况下会以".STYLE"为名称，如果添加了多个没有命名的样式，Dreamweaver 会自动以数字为顺序对它们进行命名。选择添加的那个范例样式，在"CSS 样式"面板的属性窗格中对它的各选项进行设置。也可以单击"编辑样式"按钮将规则定义对话框打开,更方便地对它进行设置。

同样,还可以通过执行"文件→新建"命令,打开"新建文档"对话框,单击窗口最左侧"示例中的页"选项卡,选择"示例文件夹"栏中的"CSS 样式表"选项,右侧会出现许多不同样式的示例页。单击其中的任意一种,可以在最右侧的预览窗口中看到效果,如图 8-3-40 所示。

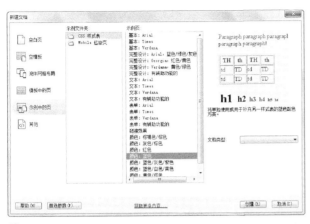

图 8-3-40

单击"创建"按钮,即可进入选中 CSS 样式的代码视图,它是一个已编辑好的 .css 文件。

8.4 ID

在"新建 CSS 规则"对话框中"选择器类型"栏的下拉列表框中的第二个选项是"ID"(可应用于任何 HTML 元素),它可以为标有特定 id 的 HTML 元素指定特定的样式。ID 必须以井号 (#) 开头,并且可以包含任何字母和数字的组合(例如,#ID1)。如果你没有输入开头的井号,Dreamweaver 将自动为你输入它。与"类"选择器相似,但前者仅应用于一个 HTML 元素。

8.5 标签

在"新建 CSS 规则"对话框中,"选择器类型"栏的下拉列表框中的第三个选项是"标签"(重新定义 HTML 元素),这种类型的规则是针对 Dreamweaver 中的各种标签来定制样式的。当选择"标签(重新定义 HTML 元素)"选项后,可以在下面的标签类别中查看 Dreamweaver 中的多种标签类型,如图 8-5-1 所示。

在标签类别中选择"h1"选项,为标题一的标签设置属性。在类别中将字体设置为"微软雅黑",大小设置为"36px",样式设置为"偏斜体""粗体",颜色设置为蓝色。单击"确定"按钮后就将"h1"标签的样式设置完毕了,如图 8-5-2 所示。

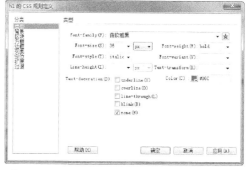

图 8-5-1   图 8-5-2

当前的页面中无论是正文还是标题使用的都是默认的字体样式，还没有对页面进行很好的编排，如图 8-5-3 所示。

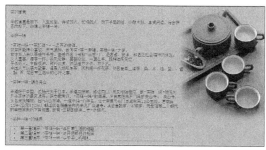

图 8-5-3

使用设置好的 <h1> 标签样式非常简单，只需将需要设置为标题一的文字选中。然后直接在属性检查器中单击 HTML 标签，在"格式"下拉列表框中选择"标题 1"选项即可，如图 8-5-4 左图所示，效果如图 8-5-4 右图所示。

图 8-5-4

接着新建一个标签类别的 CSS 规则，将标签类型选择为"h2"，为其定义标题二的样式。这里将它的字体仍然设置为"微软雅黑"，大小设置为"24px"，颜色是白色，如图 8-5-5 左图所示。设置完毕后对需要设置为标题二的文字进行套用，效果如图 8 5 5 右图所示。

图 8-5-5

8.6 复合内容

在"新建 CSS 规则"对话框中,"选择器类型"栏的下拉列表框中除了类选项、ID 选项和标签选项外。还有一个"复合内容(基于选择的内容)"选项。该选项主要用来为具体的某个 HTML 标签组合或所有的包含特定 ID 属性的标签定义样式。用户在新建高级类型的 CSS 规则时,可以直接在"选择器名称"栏中的下拉列表框中输入多个标签。例如要对 <img>、<button>、<h1> 标签创建一个新样式,可以在"选择器名称"栏中的下拉列表框中输入它们的标签名字,并使用逗号分隔开,如图 8-6-1 所示。

复合内容选项对于定义"伪类"和"伪元素"也很有用。伪类标签的状态在用户操作时会动态变化或随着时间推移而产生不同的输出效果。一些与标签 <a> 关联的标准伪类用于设计超文本链接。在"选择器名称"栏的下拉列表框中可以看到 4 个选项,它们是可以按伪类分类的自定义选项。

a:link。自定义链接目前未被访问的样式,也就是鼠标单击时的显示状态。

a:visited。定义链接被访问的样式,也就是用户访问过的状态。

a:hover。定义鼠标指针移上去时的显示状态。

a:active。定义鼠标按下不放时的显示状态。

这里使用一个简单的列子来讲解复合内容类别的 CSS 规则的使用。在"选择器名称"栏的下拉列表框中选择"a:link"选项,为链接设置"复合内容"类型的 CSS 规则,如图 8-6-2 所示。

图 8-6-1

图 8-6-2

新建完毕后为鼠标未单击状态设置属性,在 CSS 规则定义对话框的"类型"类别中将 Font-family 设置为"宋体",Font-size 设置为"12px",Font-color 设置为蓝色,如图 8-6-3 所示。也就是在没有对链接进行单击时,链接的文字和其他部分的文字区别不是很大。

设置完毕后再新建一个"a:hover"类别的 CSS 规则,实际上就是为鼠标指针经过时的链接显示设置效果。将它的 Font-family 仍然设置为"宋体",Font-size 设置为"12px"。接着将 Font-style 设置为"italic",Font-color 设置为红色,然后选中"Text-decoration"栏中的"underline"和"overline"复选框,如图 8-6-4 所示。

图 8-6-3

图 8-6-4

接着再新建一个"a:active"类别的 CSS 规则,在对它进行设置时可以只改变字体的颜色,因为这是自定义链接被用户选择时的显示效果,一般情况下用户不会一直单击着链接不放,所以只需简单的设置即可。

最后为访问过的链接显示状态进行设置,仍然是新建一个选择器为"a:visited"类别的 CSS 规则。在类别中将 Font-family 和 Font-size 仍然设置为之前使用的参数,再将 Font-style 设置为"normal",Font-color 设置为洋红色。并将"Text-decoration"栏中的"none"复选框选中,如图 8-6-5 所示。这样,凡是单击过的链接都会由斜体变为正常的字体,颜色由原来的蓝色变为洋红色。

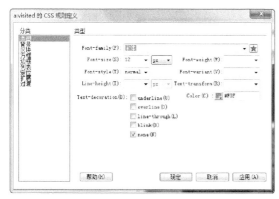

图 8-6-5

设置完毕后,直接在页面中选择需要添加链接的文字,在属性检查器中的"链接"下拉列表框中设置链接,并对"目标"下拉列表框进行设置,在浏览器中进行预览时就可以看到之前设置的链接样式了,如图 8-6-6 所示。

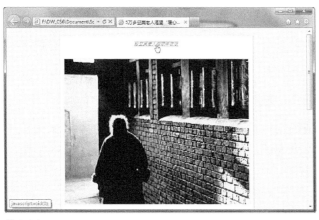

图 8-6-6

8.7 使用 Div 标签

Div 标签是 HTML（超文本标记语言）中的一个元素，Div+CSS 技术是目前十分流行的一种网页的布局方法，这种网页布局方法有别于传统的 Table 布局，真正地达到了 W3C 内容与表现相分离，使页面和样式的调整变得更加方便。

Div 元素是用来为 HTML 文档内的块（block-level）的内容提供结构和背景的元素。Div 的起始标签和结束标签之间的所有内容都是用来构成这个块的，其中所包含元素的特性由 Div 标签的属性来控制，或者是先通过使用 CSS 样式规则定义 Div 标签，然后对这个块进行控制。

可以通过手动插入 Div 标签并对它们应用 CSS 定位样式来创建页面布局。Div 标签是用来定义 Web 页面的内容中的逻辑区域的标签。可以使用 Div 标签将内容块居中，创建列效果以及创建不同的颜色区域等。

8.7.1 插入 Div 标签

在文档窗口中，将光标放置在要显示 Div 标签的位置。在菜单栏中执行"插入→布局对象→ Div 标签"命令或者在插入栏的"布局"选项卡中单击"插入 Div 标签"按钮，会弹出"插入 Div 标签"对话框，如图 8-7-1 所示。

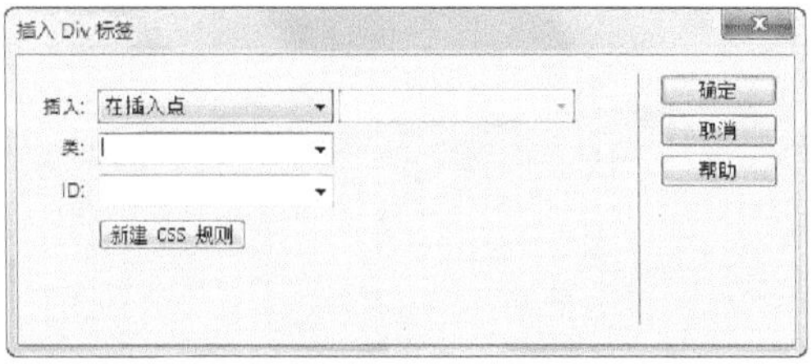

图 8-7-1

设置以下任一选项。

插入：可用于选择 Div 标签的位置以及标签名称（如果不是新标签）。其中包括如下选项。

· 在插入点：该选项是指在当前光标所在位置插入 Div 标签。此选项仅在没有选中任何内容时可用。

· 在开始标签之后：该选项是指在一对标签的开始标签之后，此标签所引的内容之前插入 Div 标签。

· 在结束标签之前：该选项是指在一对标签的结束标签之前，此标签所引的内容之后插入 Div 标签。

类：显示了当前应用于标签的类样式。如果附加了样式表，则该样式表中定义的类将出现在该下拉列表框中。可以在该下拉列表框选择要应用于标签的样式。另外，也可以单击下方的"新建 CSS 规则"按钮，在弹出的对话框中为该 Div 标签定义一个 CSS 规则。

单击"新建 CSS 规则"按钮，打开"新建 CSS 规则"对话框。如果对创建 CSS 规则还不熟悉，请参考本章的前面几节内容。

ID 可让你更改用于标识 Div 标签的名称。如果附加了样式表，则该样式表中定义的 ID 将出现在该下拉列表框中。不会列出文档中已存在的块 ID。

备注：如果在文档中输入与其他标签相同的 ID，Dreamweaver 会提醒你。另外，请注意不要在空标签中间插入 Div 标签。空标签是一种没有相应结束标签的标签，并且没有任何内容，例如 <img>。

上述选项设置完毕后，单击"确定"按钮。Div 标签以一个框的形式出现文档中，并带有占位符文本。当你将鼠标指针移到该框的边缘上时，该框的外围边界会出现一个红框。此功能是由"首选参数"对话框中"标记色彩"类别的"鼠标滑过"选项控制的。当选中 Div 标签时，红框将被深蓝色框替代，如图 8-7-2 所示。

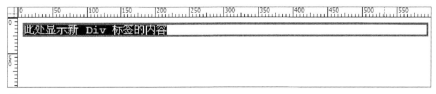

图 8-7-2

如果想更改鼠标指针在滑过 Div 标签后高亮显示的颜色，需要打开"首选参数"对话框，更改"标记色彩"类别中的"鼠标滑过"选项，同样，也可以通过勾选各个选项后的"显示"复选框以启用或禁用这些选项的功能，如图 8-7-3 所示。

图 8-7-3

如果插入的 Div 标签已绝对定位，则它将变成 AP 元素。（你可以编辑非绝对定位的 Div 标签。）

8.7.2 编辑 Div 标签

在刚刚插入的 Div 标签内的任何地方单击，可以开始插入文本。如果想更改 Div 标签上的占位符文本，选择该文本，然后在它上面输入新内容或按下"Delete"键。像在页面中添加内容那样，可以向 Div 标签中添加任何形式的内容，如表格等。

Div 标签是一种结构化元素，在运行时通过浏览器浏览的时候不会显示出来。网页设计师通常需要能够看到底层结构来对布局进行操作；设计时，还需要能够随时隐藏结构以便看到类似浏览器的视图。

当为 Div 标签分配了边框，或者为其选定了"CSS 布局外框"时，它们便具有可视边框。通过执行"查看→可视化助理→ CSS 布局外框"命令或者直接单击文档工具栏中的" （可视化助理）"按钮，在弹出的下拉列表框中选择"CSS 布局外框"选项即可。图 8-7-4 左图所示为隐藏 CSS 布局外框的效果，图 8-7-4 右图所示为显示 CSS 外框的效果。

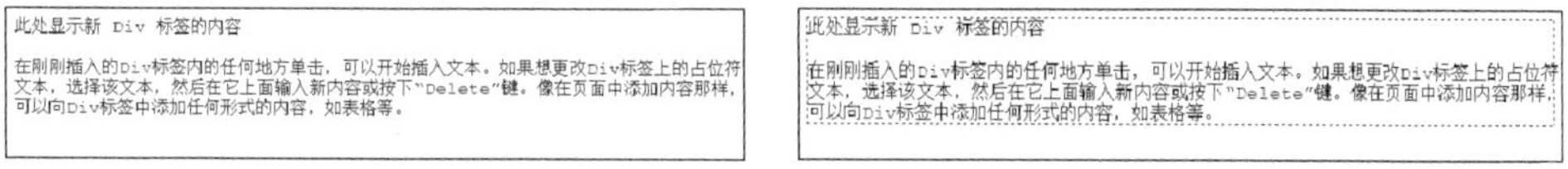

图 8-7-4

Dreamweaver 为 CSS 布局提供了完全可视化的选项。我们可以通过两种方式访问这些可视化选项：执行"查看→可视化助理→ CSS 布局外框"命令或者直接单击文档工具栏中的" （可视化助理）"按钮。每个可视化选项都可以随时在视图中显示或者隐藏。其中有三个不同的可视化选项可以单独使用或者组合使用：CSS 布局背景、CSS 布局框模型和 CSS 布局外框。

除了 Div 标签外，这三个 CSS 布局可视化选项还应用于其他页面元素。在网页设计中，任何采用 Display:block，position:absolute 或 position:relative 等 CSS 声明的页面元素都被认为是块布局元素，都会受到相同的影响。

8.8 CSS 布局块可视化

Dreamweaver 提供了多个可视化助理，供你查看 CSS 布局块。例如，在设计时可以为 CSS 布局块启用外框、背景和框模型。将鼠标指针移动到布局块上时，也可以查看显示有选定 CSS 布局块属性的工具提示。

单击文档工具栏中的" （可视化助理）"按钮，在弹出的下拉列表框中显示了 Dreamweaver 为每个助理呈现的可视化内容，其中与 CSS 有关的如下。

CSS 布局外框。显示页面上所有 CSS 布局块的边框。

CSS 布局背景。通过选择此选项，文档窗口中将显示出各个 CSS 布局块的临时指定背景颜色，并隐藏通常出现在页面上的其他所有背景颜色或图像。

　　每次启用可视化助理查看 CSS 布局块背景时，Dreamweaver 都会自动为每个 CSS 布局块分配一种不同的背景颜色。（Dreamweaver 使用一个算法过程选择颜色——这个你是无法自行指定颜色的。）指定的颜色在视觉上与众不同，可帮助你区分不同的 CSS 布局块，如图 8-8-1 所示。

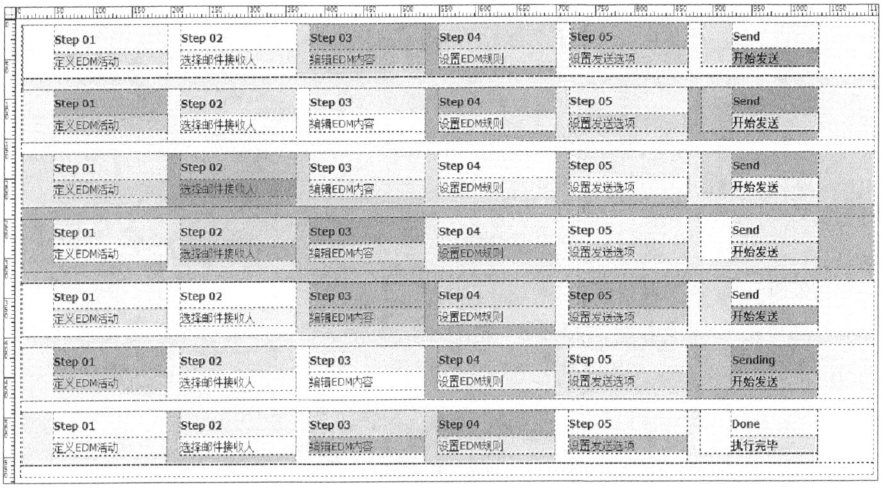

图 8-8-1

　　CSS 布局框模型。显示所选 CSS 布局块的框模型（即填充和边距）。一般情况下，在 Dreamweaver 窗口中，这三个选项都是不可见的。

使用流体网格布局

9

随着技术的不断进步，设备越来越多样化，智能手机、平板电脑等移动设备的屏幕和分辨率不断革新。对于多数的网站来说，为每种新设备与分辨率创建适合其使用的独立版本比较不切实际，统一的网页尺寸在较小的屏幕上浏览时，不能完全展示整个网页的内容，我们只能通过滚动条左右滑动才能浏览完整的网页内容，这将给使用移动设备的用户带来极大的不便，这种不好的用户体验有可能让我们流失用户。

Web 设计的理念与技法也在不断发展。设备种类越来越多，带给我们的挑战也越来越大。怎样以最合理的方式使设计方案最大程度地适应各种设备的性能与规格属性？为解决这个问题一种全新的 Web 设计方式诞生了——响应式 Web 设计。

响应式 Web 设计 (Responsive Web Design) 的理念是页面的设计与开发根据用户行为以及设备环境 (系统平台、屏幕尺寸、屏幕定向等) 进行相应的响应和调整。具体的实践方式由多方面组成，包括弹性网格和布局、图片、CSS media query 的使用等。无论用户正在使用笔记本还是 iPad，页面都应该能够自动切换分辨率、图片尺寸及相关脚本功能等，以适应不同设备。换句话说，页面有能力去自动响应用户的设备环境。这样，我们就可以不必为不断到来的新设备做专门的版本设计和开发了。Dreamweaver CS6 提供了响应式 Web 设计的工具——流体网格布局，使我们可以轻松地创建自适应多种设备的网页内容，接下来我们来学习 Dreamweaver CS6 的流体网格布局的新功能。

9.1 流体网格布局简介

网格设计是版式设计的一种，通常用在印刷业中。网格是用竖直或水平分割线将布局进行分块，把边界、空白和栏包括在内，以提供组织内容的框架。它是一个简单的辅助设计工具，不对设计效果产生不良影响。

网格设计也同样适合于网页设计中,网格为所有的设计元素提供了一个结构,它使设计创造更加轻松、灵活,也让设计师的决策过程变得更加简单。在安排页面元素时,对网格的使用能提高精确性和连贯性,使前端开发人员和设计师更好地配合。设计师根据网格系统安排页面内容,前端开发人员根据网格系统精确定位内容区块的边界,减少页面设计稿中元素的不确定性,提高工作效率。目前网络上也出现了非常专业的网格开发的框架,如 960GS、Blueprint、Tiny Fluid Grid 等,图 9-1-1 所示为一个利用 960GS 网格框架制作的页面,页面分为 16 个网格。

图 9-1-1

流体网格布局简而言之,就是使用非固定的网格、非固定的布局和多媒体查询使得网页内容能够适应不同尺寸的屏幕。无论你的用户使用的是智能手机、iPad 或是巨大的台式显示器,你的网站都能够适应。我们可以把使用流体网格布局的网页内容理解成为水,而不同尺寸的屏幕理解成不同大小的杯子,使用流体网格布局的网页可以像水一样,流到不同的杯子中都可以保持它的品质,不流到杯子外面。

Dreamweaver CS6 提供的流体网格布局工具是用于创建设计自适应网站内容的系统,提供了移动设备、平板电脑和桌面电脑三种布局和排版规则预计,每一种都是单一的网格系统,使得我们可以不用编写一行代码便可轻松地创建自适应的网页内容,如图 9-1-2 所示。

图 9-1-2

9.2　使用流体网格布局

使用流体网格布局的诀窍在于页面的前期规划，我们可以利用原型制作工具先规划出页面内容在智能手机、平板电脑和普通桌面显示器的布局方式，根据三种设备的不同网格框架来设计页面。接下来我们通过制作一个软件说明界面来学习如何使用流体网格布局。

9.2.1　创建流体网格布局

Dreamweaver CS6 提供了三种创建流体网格布局的方式，我们可以通过执行菜单"文件→新建流体网格布局"命令来创建页面；也可以通过执行菜单"文件→新建"命令，从"新建"对话框中选择"流体网格布局"来进行创建；还可以通过欢迎界面中"新建"栏中的"流体网格布局"按钮来操作，如图 9-2-1 所示。

通过以上三种方式的任意一种都可进入"流体网格布局"设置对话框，如图 9-2-2 所示。流体布局默认显示三种设备的网格方案，移动设备默认 5 列网格，网格总宽度占设备屏幕的宽度的 91%，最大宽度 480 像素；平板电脑默认 8 列网格，网格总宽度占设备屏幕宽度的 93%，最大宽度 768 像素；桌面电脑默认 10 列网格，总宽度占屏幕宽度的 90%，最大宽度 1232 像素。列与列之间的间隙是列宽的 25%。文档类型默认为 HTML5。

图 9-2-1

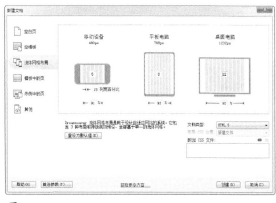

图 9-2-2

单击网格中的数值可更改网格的列数，这里我们修改移动设备的网格列数为 6，平板电脑网格列数保持不变，桌面电脑的网格列数为 12，列宽百分比为 15，单击"创建"按钮，这时会弹出"将样式表文件另存为"对话框。软件要求我们必须先保存系统生成的样式表文件，这一步非常重要，我们可以重新命令样式文件并将其存储到专门放置样式表文件的"css"文件夹中，如图 9-2-3 所示。

单击"保存"按钮保存样式表文件，Dreamweaver 将新建一个带有透明红色网格的未命名页面，该页面自动链接刚才保存的样式文件，链接默认的重置浏览器的样式文件"boilerplate.css"和执行页面响应命令的 JavaScript 文件"respond.min.js"，如图 9-2-4 左图所示。

执行菜单命令"文件→保存全部"，把 html 文件命名为"index.html"，系统要求复制 boilerplate.css 和 respond.min.js 文件到站点目录中，如图 9-2-5 所示，选择站点文件夹，单击"复制"按钮，完成流体网格布局的文件部署。

图 9-2-3

图 9-2-4

图 9-2-5

9.2.2 创建模块内容

部署完所需文件之后,我们便可以开始创建流体网格布局的内容了。流体网格布局默认为移动设备视图,我们可以通过状态栏的设备图标来切换移动设备、平板电脑和桌面申脑的视图。

Dreamweaver 自动创建了一个应用了"gridContainer"样式的 Div 对象,并在此对象中生成了一个 id 为"LayoutDiv1"的 Div,如图 9 2 6 所示。两个 Div 以绿色透明色块表示,背景为红色透明的 6 列等宽的矩形,表示网格系统。平面电脑视图中为 8 列，桌面电脑视图中为 12 列。

这里需要注意的是所有布局 Div 标签必须直接插入到"gridContainer"div 标签中，目前 Dreamweaver 不支持嵌套布局 Div 标签。

图 9-2-6

我们可以把页面简单地分为头部、内容区域和尾部，每个区块都有自己的 ID，这里不需要 LayoutDiv1 这个 Div，选择该 Div 按删除键即可删除该层。接下来我们开始部署页面的内容。

使光标停留在"gridContainer"Div 标签内部，选择插入面板中的"布局"栏，单击"插入流体网格布局 Div 标签"按钮（⟨⟩），或执行菜单命令"插入→布局对象→插入流体网格布局 Div 标签"，打开"插入流体网格布局 Div 标签"对象框，如图 9-2-7 所示。

在该对话框中输入 ID 为"header"，勾选"新建行"复选框。单击"确定"按钮，创建页面头部标签。新建"logo"和"nav"Div 标签做为存放 LOGO 和导航的层，新建时不勾选"新建行"复选框表示新建的 Div 与刚才的 Div 在同一行，Div 标签会自动增加左边距，边距的宽度是网格之间的宽度。

图 9-2-7

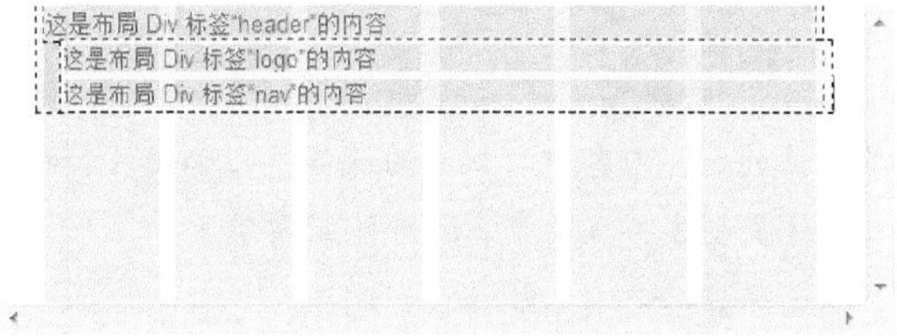

图 9-2-8

依此方法我们分别创建 ID 分别为"banner"、"tips"、"buyer"、"content"和"footer"等标签，如图 9-2-9 所示。

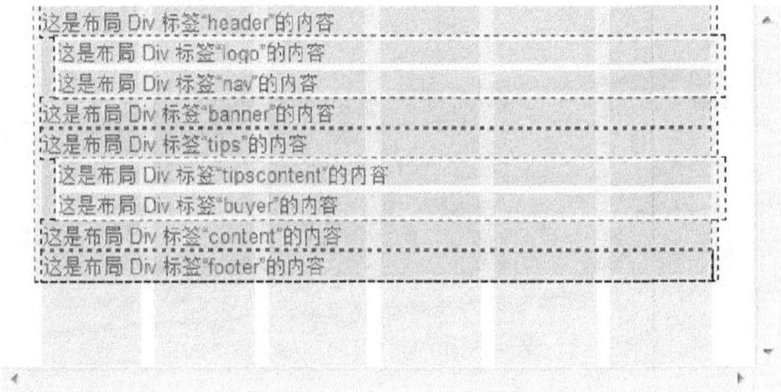

图 9-2-9

打开事先准备好的各区块内容代的 HTML 文件，如图 9-2-10 所示。我们可以在前期规划的时候，利用 Dreamweaver 把各区块的内容先编辑好，等到流体网格布局创建好之后再把已编辑好的页面代码粘贴到相对应的 Div 标签中。

图 9-2-10

单击流体布局页面文档栏的"代码"按钮，切换到代码视图，从内容文件中复制代码替换流体网格布局页面相对应区域的内容，如图 9-2-11 所示。

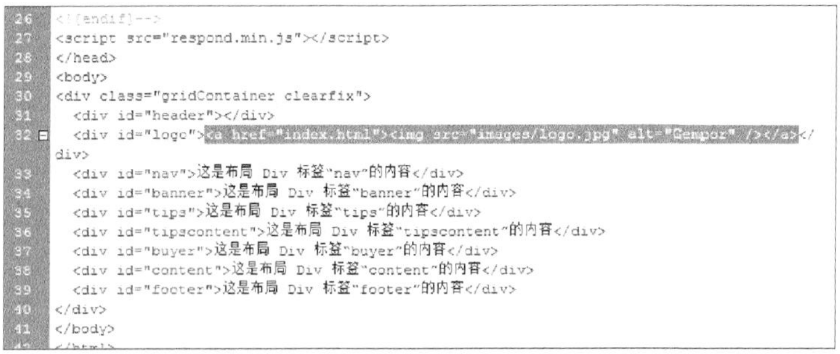

图 9-2-11

这里需要注意的是，内容中所用到的媒体，比如图片、视频等，需要把 width 和 height 属性去掉，流体网格布局要求媒体类型去掉这两个属性才能正常缩放。

部署完代码后，各设备视图的状态如图 9-2-12 所示。

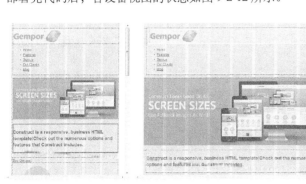

移动设备　　　　　　平板电脑　　　　　　　　　桌面电脑

图 9-2-12

9.2.3 调整屏幕的布局

填充完各区块的内容后，各区域从上到下逐行排列，移动设备、平板电脑和桌面电脑视图中看起来都一样，只是宽度不同而已，接下来我们开始学习流体网格布局最神奇的功能——根据不同设备重新布局页面内容。

单击状态栏的的桌面电脑图标切换到桌面电脑视图，如图 9-2-13 所示，进入桌面电脑的视图中。

我们希望在桌面电脑屏幕查看网页时 LOGO 和导航内容处于同一行，我们需要调整这两个 Div 的宽度和位置。单击 LOGO 图层，图层会出现带 6 个控制锚点的蓝色边框，如图 9-2-14 所示。由于新建 LOGO 区域时未勾选"新建行"复选框，因此 LOGO 区域左边出现了边距，单击左上角的"单击以将 DIV 与网格对齐"按钮会自动去除左边距，使该区域自动与网格左对齐，如图 9-2-15 所示。拖动 LOGO 区域的右侧锚点，从右向左拖动可以改变该区域的宽度，拖动到网格附近时会自动吸附在网格上，如图 9-2-16 所示，我们拖动 LOGO 区域，使宽度占据 4 列网格。

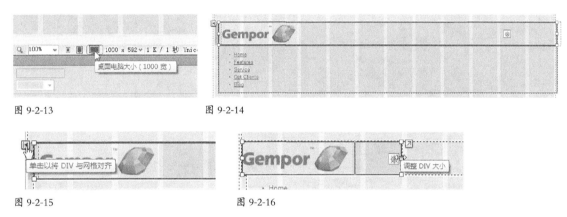

图 9-2-13　　　　　　　　　　　图 9-2-14

图 9-2-15　　　　　　　　　　　图 9-2-16

拖动左侧锚点，从左向右拖动目标区域使 Div 向右移动，Div 会自动增大左边距的大小，如图 9-2-17 所示。这里我们要改变导航区域的宽度使导航区域与 LOGO 区域在同一行，先使导航区域与网格对齐，从右向左拖动锚点，缩小区域宽度，占据 8 列网格，如图 9-2-18 所示。

图 9-2-17

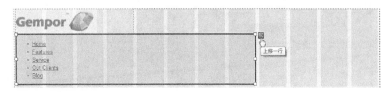

图 9-2-18

单击导航区域右上角的"上移一行"按钮，使导航区域移到与 LOGO 同一行中，如图 9-2-19 所示。如果想使 Div 在独立的一行中，可以单击区域右下角的"开始新行"按钮，Div 会自动移到下一行中。

图 9-2-19

依此方法调整其他图层的位置和宽度，执行菜单命令"文件→保存全部"来保存所有文件，最终桌面电脑视图的内容布局如图 9-2-20 所示。为了更清楚地查看内容区域的位置和大小，可以单击文档工具栏的"可视化助理"按钮，如图 9-2-21 左图所示。在弹出的菜单中取消勾选"流体网格布局参考线"复选框即可隐藏网格，如图 9-2-21 右图所示，重新勾选又会出现网格。

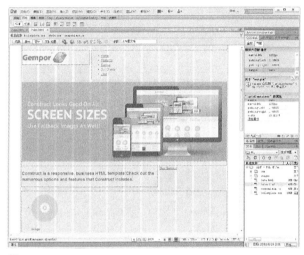

图 9-2-20

单击状态栏中的"设备"按钮，分别切换到移动设备和平板电脑视图，调整各区域的位置和大小关系，最终如图 9-2-22 所示。

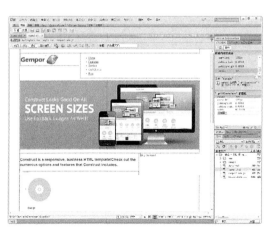

图 9-2-21

移动设备　　　　　　　　平板电脑

图 9-2-22

执行菜单命令"文件→保存全部"来保存所有文件，按钮快捷键"F12"预览内容，我们可以看到当改变浏览器的宽度时网页布局随之发生变化，如图 9-2-23 所示。

图 9-2-23

9.3　使用媒体查询重置样式

9.3.1　媒体查询功能介绍

在上一节中，我们学习了如何创建了流体网格布局，虽然页面内容能够根据屏幕尺寸的变化而改变布局，但是内容的样式却没有发生变化。在桌面电脑屏幕中我们可以通过鼠标很轻松地单击导航中的链接文字。但是在智能手机和平板电脑中，由于操作都是通过手势触控，如果单击区域较小的话操作起来将变得很困难，甚至发生点不到或误操作的情况，要使用户在使用移动设备浏览我们的网站时有良好的用户体验，就需要针对移动设备定制不同的样式，如让单击区域变大一些，让链接文字变成按钮等。要解决这个问题我们需要使用媒体查询功能。

媒体查询是可以向不同设备提供不同样式的方法，它为每种类型的用户提供了最佳的体验。媒体查询功能是为 CSS3 规范的一部分，它扩展了 media 属性的角色。简而言之，媒体查询功能就是使用在样式表链接的代码中增加 media 属性，告诉设备在满足某种情况下才使用该样式。代码如下：

<link href="css/phone.css" rel="stylesheet" type="text/css" media="only screen and (min-width: 0px) and (max-width: 649px)" >

在这行代码中我们看到 media 属性设置为：

only screen and (min-width: 0px) and (max-width: 649px)

意思是，仅将此样式表应用到拥有屏幕的设备，并且仅在浏览器窗口的宽度处于 0~649 像素时应用。

支持媒体查询功能的浏览器有 Internet Explorer (IE) 9 及更高版本、Firefox 3.5 及更高版本、Safari 3 及更高版本、Opera 7 及更高版本，以及大部分现代智能电话和其他基于屏幕的设备。IE 的早期版本不支持媒体查询。用于设置媒体查询中的条件的媒体功能如表 9-3-1 所示。

表 9-3-1

功能	值	最大 / 最小值	描述
width	长度	是	显示区域的宽度
height	长度	是	显示区域的高度
device-width	长度	是	设备的宽度
device-height	长度	是	设备的高度
orientation	portrait 或 landscape	否	设备的方向
aspect-ratio	高宽比（宽 / 高）	是	设备的宽高比，使用由 1 个斜杠分开的两个整数表示（比如 16/9）
device-aspect-ratio	高宽比（宽 / 高）	是	设备宽度与设备高度的比率
color	整数	是	每种颜色成分的位数（如果不是颜色，该值为 0）
color-index	整数	是	输出设备的颜色查找表中的项数
monochrome	整数	是	单色镇缓冲区中每像素的位数（如果不是单色，该值为 0）
resolution	分辨率	是	输出设备的像素密度，表示为整数后跟 dpi（每英寸点数）或 dpcm（每厘米点数）
scan	progressive 或 interlace	否	TV 设备使用的扫描过程
grid	0 或 1	否	如果设置为 1，设备基于网格，比如电传类型的终端或仅有一种固定字体的电话显示设备（所有其他设备均为 0）

要将媒体查询添加到 media 属性中，可以使用上表中的媒体功能设置一个或多个条件。与 CSS 属性一样，在一个冒号后指定媒体功能的值。每个条件包含在圆括号中，使用关键字 and 添加到媒体声明中。例如：

media="screen and (min-width: 401px) and (max-width: 600px)"

9.3.2 使用媒体查询功能

在上一个实例中，我们可以为三种设备分别设置三种样式，如创建"screen.css"样式文件应用于桌面电脑屏幕，设置导航条的链接文字是模向排列且颜色为灰色；创建"tap.css"样式文件，应用于平板电脑，设置导航条为按钮形式，一行两个；创建"mobile.css"样式文件，应用于移动设备，设置导航条为按钮形式，一行一个。把三个文件存放在站点目录的 css 文件夹中。接下来我们来应用媒体查询功能分别为移动设备、平板电脑和桌面电脑指定单独的样式表。

打开流体网格布局页面，在"CSS 样式"面板中单击"附加样式表"按钮，弹出"样式表设置"对话框，如图 9-3-1 所示。

图 9-3-1

选择 screen.css 样式文件，在"媒体"下拉菜单中选择"screen"，单击"确定"按钮将该样式文件链接到页面中，接着再用同样的方式分别链接 tap.css 和 mobile.css 两个样式文件。

单击文档工具栏的"代码"按钮切换到代码视图，我们可以看到在 <head> 标签中已经链接了三个样式表文件，如图 9-3-2 所示。

```
14  <link href="css/screen.css" rel="stylesheet" type="text/css" media="screen">
15  <link href="css/tap.css" rel="stylesheet" type="text/css" media="screen">
16  <link href="css/mobile.css" rel="stylesheet" type="text/css" media="screen">
17
```

图 9-3-2

找到 tap.css 链接代码，修改 media 属性值，设置条件为：

screen and (max-width:768px)

找到 mobile.css 链接代码，设置 media 属性值为：

screen and (max-width:480px)

这两行的意思分别为当浏览器最大宽度不超过 768 像素或 480 像素时应用对应样式。执行菜单命令"文件→保存全部"保存所有文件，按快捷键"F12"查看网页，我可以看到当浏览器容口变化时导航的样式也在变化。最终效果如图 9-3-3 所示。

图 9-3-3

使用模板和库

10

学习要点：

- 使用模板的实际意义
- 模板的创建
- 模板的编辑
- 模板的管理
- 库的创建与管理

网页设计者面临的最大的挑战是使所有的页面风格保持一致，并且易于更新而不需要重复工作。在制作网页时，一些网页元素通常被多个页面共用，比如页面头部导航、LOGO 和页面底部版权信息等，如果新建页面每次都要重复制作这些元素，不仅浪费时间而且不利于维护和更新。Dreamweaver 提供的模板和库项目很好地解决了这个问题，我们可以通过模板和库的功能制作所有页面上"固定"的模块内容，基于模板创建网页，当需要进行更改时，它们自动更新多个页面，提高工作效率。

10.1 使用软件自身提供的模板

Dreamweaver 中，模板最强大的功能在于可以一次性更新多个页面，并使网站拥有统一的风格；可以修改模板并立即更新所有基于该模板的文档中相应的元素；从模板创建的文档与该模板保持连接状态（除非用户以后分离该文档）；用户可以利用模板设计页面布局，在模板中创建基于模板的文档并可对其进行编辑。

Dreamweaver 中已经准备好了一些模板供用户使用。对于一些初学 Dreamweaver 的用户来说，很多时候对网页的布局以及规划还不是很不熟练，考虑到这些因素，Dreamweaver 提供了一些已经设计好基本框架的页面。这些页面都是在平常的工作生活中比较常用的排版风格。

新建 HTML 页面时，在菜单栏上执行"文件→新建"命令，在打开的"新建文档"对话框中的"空白页"选项卡中选择页面类型为"HTML 模板"，右侧相应地列出了许多不同的布局风格以及预览效果，如图 10-1-1 所示。

选择其中任意一种样式，单击"创建"按钮，进入文档窗口的设计视图。此时会发现，这些模板中已预先定义了许多 Div 标签和 CSS 样式，效果如图 10-1-2 所示。

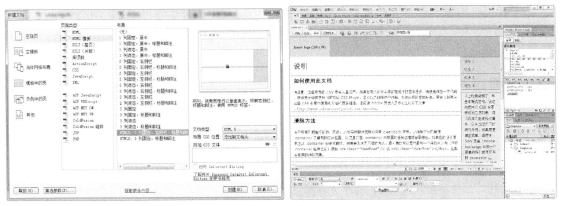

图 10-1-1   图 10-1-2

在"新建文档"对话框中，最右侧模板效果预览图的下方，还有如下三个选项。

若要使新页面符合 XHTML，需要从"文档类型"下拉列表框中选择 XHTML 文档类型定义 (DTD)。例如，可从该下拉列表框中选择"XHTML 1.0 Transitional"或"XHTML 1.0 Strict"选项，使 HTML 文档与 XHTML 兼容。这里，我们采用保持默认设置。

"布局 CSS 位置"下拉列表框中包括添加到文档头、新建文件、链接到现有文件三种布局 CSS 位置的方式。

附加 CSS 文件：可以通过单击"✍（附加样式表）"按钮，附加事先建好的外部 CSS 样式表。如果附加上的 CSS 样式并不是需要的，先选中 CSS 样式表文件，然后单击右侧的"从列表中删除所选文件"按钮，即可删除文件。

此外，还可以在"新建文档"对话框中选择"空模板"选项。接着在"模板类型"列表框中选择需要的类型，这里将其选择为"HTML 模板"，接着在"布局"列表框中会出现多种网页的布局模式模板，如图 10-1-3 所示。

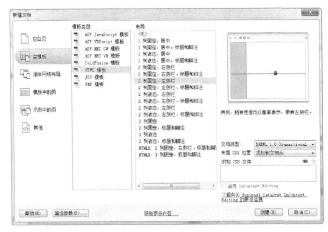

图 10-1-3

这样，用户就可以在众多的模板类型中选择自己喜欢的一种，选择完毕后单击"创建"按钮即可将其在 Dreamweaver 中打开。接下来的工作就要看设计者如何为它添加内容了。

在制作一个静态网站时，使用模板是非常快捷的制作方法。特别是对于页面较多的网站，如果人工地去一个一个地做更新，速度慢，出错率高，使用模板自动更新所有页面，准确又高效。

10.2　创建自定义模板

除了使用 Dreamweaver 本身提供的模板外，用户还可以利用现有的 HTML 文档进行必要的修改，制作出符合自身需要的模板，当然也可以从空白文档创建模板。

Dreamweaver 的"新建文档"对话框中提供了用于创建新模板和基于模板的页面的几种选项。当我们选择并创建模板后，就可以在文档窗口中插入模板区域。

第一次保存新模板时，Dreamweaver 会自动在站点的根目录下创建一个称为 Templates 的特殊文件夹，并将模板文件的扩展名默认为 .dwt。

10.2.1　将文档另存为模板

在文档窗口中创建了一个文档，为了能够在以后的修改中更加方便，可以将此文档另存为模板。

打开已有的文档，执行"文件→另存为模板"命令，或在插入栏的"常用"选项卡中单击"模板"按钮后面的下拉箭头，然后在弹出的下拉列表框中选择"创建模板"选项，如图 10-2-1 所示，出现"另存模板"对话框。

注意：除非用户以前选择了"不再警告我"选项，否则将收到一个警告，表示用户正在保存的文档中没有设置可编辑区域。

在此对话框中的"站点"下拉列表框中更改其存储位置,并通过"另存为"文本框更改其名称,如图 10-2-2 所示。

图 10-2-1

图 10-2-2

注意：不要从模板文件夹中移动模板文件，或把任何非模板的文件放在模板文件夹中。另外，不要从本地的根目录下移动模板文件夹以免引起模板的路径错误。

10.2.2　使用"资源"面板创建新模板

可以利用"资源"面板创建新模板。执行"窗口→资源"命令，打开"资源"面板。选择"资源"面板左侧的"模板"选项，右边窗口中即会显示"资源"面板的"模板"类别。单击"资源"面板底部的"新建模板"按钮，如图10-2-3所示。这样在面板的模板列表中就会添加一个无标题的新模板。

图10-2-3

然后，直接在"名称"栏中输入模板的名字，在键盘上按下回车键确定。Dreamweaver即会在"资源"面板和Templates文件夹中创建一个空的新模板。

当模板第一次被创建时，整个页面都是被锁定的。模板中被锁定的部分在基于该模板创建的文档中也不可改变。因此，定义模板的一个关键过程是制定某些地方作为区域，这样在基于该模板创建的文档中可以用某些方法进行修改。Dreamweaver CS6在模板中支持三种不同的区域。

（1）可编辑区域：在这个区域里任何地方都可以被修改，要使模板生效，其中至少应该包含一个可编辑区域。

（2）可选区域：在这个区域里的内容可以被显示或者隐藏，这取决于模板设计者设定的条件。它可以包含页面的任何内容部分，虽然可以为它创建一个可编辑区域，但它们也是默认不可编辑的。因此，为了弥补这一缺陷，我们还可以直接创建可编辑的可选区域。

（3）重复区域：该部分可以使模板用户必要时在基于模板的文档中添加或删除重复区域的副本。例如，可以设置重复一个表格行，此时重复部分是可编辑的，这样，在基于模板的文档中可以编辑重复元素中的内容，而设计本身则由模板创作者控制。在模板中插入的重复区域有两种：重复区域和重复表格。

10.3 创建模板的可编辑区域

在模板中，可编辑区域是指用户可以对其编辑和修改的区域。例如，在各大门户网站的页面中，通常固定（不可编辑）区域是指在不同新闻页面都要保持一致的部分，如网站名称或者标志等，而需要及时更新的文本与图片所在的区域就是可以编辑和修改的区域。

一般情况下，在保存模板时，模板所有的区域都会被标注上锁定字样，若要使模板变得可以被使用，必须将一些区域变成可编辑区域。可以在编辑模板时，改变可编辑区域和不可编辑区域的位置。但是，一旦模板被用于文档，只能修改可编辑区域部分。

1. 插入可编辑区域

在插入可编辑区域之前，需要将正在其中工作的文档另存为模板。用户既可以将整个表格定义为可编辑区域，又可以只将某一单元格定义为可编辑区域，但是不能同时指定某几个单元格为可编辑区域。

如果要使用AP Div作为可编辑区域时，AP Div的样式内容自动生成在模板页面的头部，此区域是锁定的状态，因此只可以改变该AP Div的内容，不能改变它的位置。

可以选取模板中要定义为可编辑区域的文本或内容，或将光标放在模板中想要插入可编辑区域的位置。然后，执行"插入→模板对象→可编辑区域"命令，或在插入栏的"常用"选项卡中单击"模板"按钮后

面的下拉箭头,并在弹出的下拉列表框中选择"可编辑区域"选项,
弹出"新建可编辑区域"对话框,如图 10-3-1 所示。

图 10-3-1

在"名称"文本框中输入该区域的名称。需要注意的是,不
能在一个模板中的多个可编辑区域使用相同的名称。而且,尽管
可以在可编辑区域的名称里使用空格,但是有些字符是不允许使
用的。这些非法字符有和符号(&)、双引号(")、单引号(')、
左右角括号(<和 >)。设置好之后,页面窗口中的可编辑区域在模板中就会被高亮显示。在区域左上角显
示的标签表示该区域的名字。如果在文档中插入空白的可编辑区域,则该区域的名称会出现在该区域内部。

2. 选择可编辑区域

创建好可编辑的区域之后,可编辑区域会出现一个带有可编辑区名称的蓝色选项卡,可编辑区域出现
蓝色边框,如图 10-3-2 所示。

图 10-3-2

新建一个 HTML 文档,将之前设置过可编辑区域的模板应用到该文档中。当鼠标指针移到页面中时,
出现禁止符号的地方都是没有设置为可编辑区域的部分,而把鼠标指针移动到设置过可编辑区域的部分时,
用户就可以对该部分进行编辑和修改,内容可选,如图 10-3-3 所示。

图 10-3-3

选择一个可编辑区域,在文档窗口中单击可编辑区域左上角的选项卡。在文档中查找并选择可编辑区域,
并执行"修改→模板"命令,然后从该子菜单的底部选择区域的名称,文档窗口中的可编辑区域即被选中。

注意：重复区域内的可编辑区域不会出现在该菜单中，必须通过在文档窗口中查找选项卡的边框来定位这些区域。

3. 删除（锁定）可编辑区域

如果已经将模板文件的一个区域标记为可编辑区域，想要再次使其成为不可编辑区域时，就使用"删除模板标记"命令。

首先，把要执行删除的可编辑区域选中，然后，执行"修改→模板→删除模板标记"命令，或者单击鼠标右键，在弹出的快捷菜单中选择"删除标签"命令，就可以将原来的可编辑区域删除，此时，可编辑区域的内容就会滞留在模板文档中。

10.4　使用可选区域

可选区域是模板中的区域，用户可将其设置为在基于模板的文档中显示或隐藏。它有些像重复区域和可编辑区域的混合体。像重复区域是因为可选区域能够包含页面的任何部分，虽然可以为它创建一个可编辑区域，但它们也是默认不可编辑的。可选区域被放置到模板页面后，就像使用可编辑属性一样，"模板属性"对话框被用来设置条件，以确定在源自模板的网页上显示或者隐藏的内容。

1. 添加可选区域

（1）在添加可选区域时，可以先在页面中选择要转换为可选区域的部分，或将光标放置在要添加可选区域的位置。

（2）在"常用"插入栏中找到"模板"按钮,单击该按钮,在弹出的下拉列表框中选择"可选区域"选项,弹出"新建可选区域"对话框。在该对话框中有两个选项卡，一个是"基本"选项卡,另一个是"高级"选项卡。目当前显示的是"基本"选项卡，如图 10-4-1 所示。在"名称"文本框中可以设置这个可选区域的名称，选中"默认显示"复选框后，可以设置要在文档中显示的选定区域。取消选中此复选框项就可以把默认值设置为假。

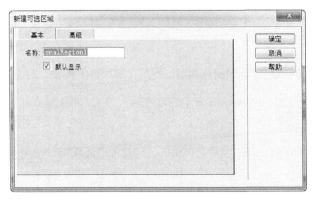

图 10-4-1

（3）在"基本"选项卡中设置完毕后，单击"确定"按钮即可将这个可选区域成功设置为可选区域，可选区域出现一个蓝色边框及一个选择项卡，选项卡名称为"IF"+ 设置的区域名称。

2. 修改可选区域

在模板中插入可选区域之后，可以编辑该区域的设置。例如，可以对是否显示内容默认值的设置进行修改，将参数链接到现有可选区域，或者修改模板表达式。

此时用户可以利用设计视图和代码视图选择需要修改的可选区域。

（1）在设计视图中，单击要修改的可选区域的模板选项卡，或将光标放置在模板区域中，然后在文档窗口底部的标签选择器中选择模板标签 <mmtemplate:if>。

（2）在代码视图中，单击想要修改的模板区域的注释标记。

然后，在文档窗口下方的属性检查器（执行"窗口→属性"命令以打开属性检查器）中单击"编辑"按钮，如图 10-4-2 所示，即可出现"新建可选区域"对话框。

图 10-4-2

通过对"新建可选区域"对话框中的"高级"选项卡进行设置即可更改可选区域。其"高级"选项卡中的设置是由"使用参数"单选按钮和"输入表达式"单选按钮组成，如图 10-4-3 所示。

图 10-4-3

"使用参数"单选按钮：可以从其右侧的下拉列表框中选择要与选定内容链接的现有参数。

"输入表达式"单选按钮：在文本框中输入表达式，Dreamweaver 会自动在输入的文本两侧插入双引号，可以编写模板表达式控制可选区域的显示。

运用同样的方式，我们可以创建可编辑的可选区域。方法参看之前讲的"创建可选区域"。

10.5 使用重复区域

重复区域是可以在文档窗口中的模板页面中复制任意次数的模板部分，一般应用在动态网页。重复区域可以用于表格，也可以为其他页面元素定义重复区域。重复区域包括两种重复区域模板对象：重复区域和重复表格。

10.5.1　模板中创建重复区域

模板用户可以使用重复区域在模板中复制任意次数的指定区域。重复区域不是可编辑区域。若要使重复区域中的内容可编辑（例如，让用户可以在基于模板的文档的表格单元格中输入文本），必须在重复区域内插入可编辑区域。在模板文档中插入重复区域的操作步骤如下。

（1）在文档窗口中选择想要设置为重复区域的文本或内容，或者将光标放到文档中想要插入重复区域的地方。

（2）执行"插入→模板对象→重复区域"命令，或者在插入栏的"常用"选项卡中，单击"模板"按钮后面的下拉箭头，在弹出的下拉列表框中选择"重复区域"选项，弹出"新建重复区域"对话框，如图10-5-1所示。

（3）在"名称"文本框中为模板区域输入唯一的名称（不能对一个模板中的多个重复区域使用相同的名称）。设置好之后，用户就可以在文档窗口中创建重复区域。

图 10-5-1

注意：命名区域时，不要使用特殊字符。重复区域在基于模板的文档中是不可编辑的，除非其中包含可编辑区域。

10.5.2　插入重复表格

用户可以使用重复表格创建包含重复行的表格格式的可编辑区域，并可以定义表格属性和设置哪些表格单元格可编辑。首先，将光标放在模板文档窗口中想要插入重复表格的位置。然后，执行"插入→模板对象→重复表格"命令，或者在插入栏的"常用"选项卡中，单击"模板"按钮后面的下拉箭头，然后在弹出的下拉列表框中选择"重复表格"选项。弹出"插入重复表格"对话框，如图10-5-2所示。

按需要输入新的表格属性值，即可在模板文档中创建重复表格。这种表格的使用和平常使用的普通表格一样，可以任意地插入图片或文字。

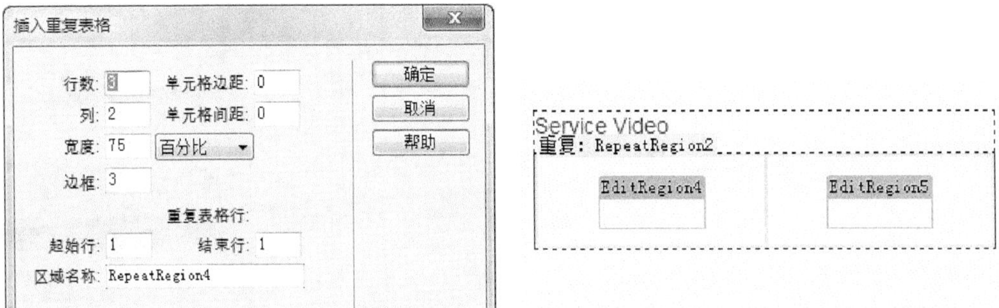

图 10-5-2

10.6 应用模板

10.6.1 使用模板创建文档

在创建了模板后，就可以应用模板快速、高效地设计出风格一致的网页。用户既可以使用模板创建新的文档，又可以将模板应用于已有的文档。若要基于模板创建新文档，可以使用"资源"面板或执行"文件→新建"命令，在弹出的"新建文档"对话框中进行创建。在"新建文档"对话框中创建基于模板的文档，操作步骤如下。

（1）执行"文件→新建"命令，打开"新建文档"对话框，如图 10-6-1 所示，并在"新建文档"对话框中选择"空白页"选项卡下的"HTML 模板"。

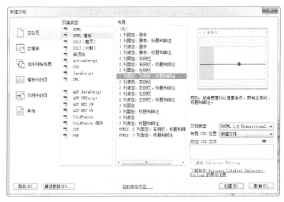

图 10-6-1

（2）在"布局"列表框中选择想要使用的模板样式，右边就会显示所选模板的效果图，单击"创建"按钮即可在页面中创建文档。

在"新建文档"对话框中，可以在已定义的 Dreamweaver 站点中选择模板，并以它为基础创建新文档。默认情况下，当修改一个模板时，基于该模板的文档将被更新。但是当模板被修改时，若没有选中对话框中的"当模板改变时更新页面"复选框，则新文件会被默认创建，这样，更新模板就不会改变这个文件。

如果在"资源"面板中创建模板，那么"资源"面板会列出当前 Dreamweaver 站点中的所有模板，也可以在"资源"面板的"模板"类别中单击鼠标右键，以创建新模板或者从模板创建新文档。

从"资源"面板中的模板创建新文档，操作步骤如下。

（1）执行"窗口→资源"命令或按下"F11"键，即可打开"资源"面板。

（2）在"资源"面板中选择"模板"选项查看站点模板，如图 10-6-2 所示。

注意：如果刚刚创建了想要应用的模板，需要单击"刷新"按钮才能看到。

用户还可以右键单击想要应用的模板，然后从弹出的快捷菜单中选择"从模板新建"命令，这样可以在文档窗口中打开一个基于该模板的文档。

图 10-6-2

10.6.2 在现有文档中应用或删除模板

在将模板应用到现有文档时，Dreamweaver 会将内容与模板中的区域进行匹配或要求用户解决不匹配的问题。

1. 把模板应用到现有文档

用户可以利用"资源"面板或通过文档窗口将模板应用于现有文档中。根据需要，可以撤销对模板的应用。首先，执行"文件→打开"命令，将要用的模板应用到的文档。然后，执行"修改→模板→应用模板到页"命令，弹出"选择模板"对话框。在此对话框的"模板"列表框中选择所需要执行操作的模板，如图 10-6-3 所示。

图 10-6-3

注意：当改变模板时，如果不想在页面中更新文件，就取消选中"当模板改变时更新页面"复选框。

用户也可以在"资源"面板的"模板"类别中选择所需要执行操作的模板，单击"应用"按钮或直接拖入文档中，然后对其操作，如图 10-6-4 所示。

如果文档中有不能自动指定到模板区域的内容，则会出现"不一致的区域名称"对话框。列出要应用的模板中的所有可编辑区域，用户可以使用它来为内容选择目标，如图 10-6-5 所示。当用户将模板用于一个没有基于模板而生成的文件时，Dreamweaver 会把这个文件变成模板文件的一个副本，用户选择的文件中的原有 body 内容会被放进一个单独的可编辑区域中。

而当用户把一个新模板应用于基于另外的模板而创建的文件时，Dreamweaver 也会把这个文件变成新模板的一个副本，并将文件放入新模板中相应的可编辑区域中。这时，Dreamweaver 会对两个模板的可编辑区域的名称进行比较，然后将新模板中的内容插入与其名称相符的旧模板的有关区域内。

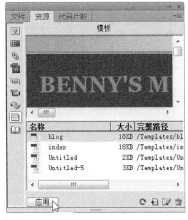

图 10-6-4

图 10-6-5

用户将模板应用到包含现有内容的文档时，Dreamweaver 会尝试将现有内容与模板中的区域进行匹配。如果用户应用的是现有模板的修订版本，则名称可能会匹配。但如果用户将模板应用到一个尚未应用模板的文件，则没有可编辑的区域进行比较，就会出现不匹配的问题。Dreamweaver 会跟踪这些不匹配的情况，这样用户可以选择将当前页的内容移动到别的区域，或删除不匹配的内容。

2. 将文档与模板分离

如果想对应用了模板的文档中的可编辑和不可编辑区域进行修改，必须先将文档和模板分离。将它们分离之后，可以对该文档进行任意的修改。需要注意的是，当将文档和模板分离后，在更新模板时，文档是不会再随之更新的。

首先，打开想要与模板分离的文档，然后执行"修改→模板→从模板中分离"命令。这时，文档就会与它所应用过的模板分离，所有关于模板的代码都会被删除，用户就可以在文档上的所有区域进行任意的编辑了。

10.7　编辑和更新模板

在修改并保存了模板之后，Dreamweaver 会提示用户对应用了该模板的所有文档进行更新。当然用户也可以使用更新命令手工对当前的网页或整个站点进行更新。

1. 打开要编辑的模板

用户可以直接打开一个模板文件进行编辑，也可以打开一个基于模板而创建的文档，然后打开附着在其中的模板，并对其进行编辑。当用户修改模板时，Dreamweaver 将提示用户更新基于该模板的所有文档。

首先，在"资源"面板中选择"模板"选项，在左侧选择需要编辑的模板位于的站点，并在可用模板列表框中选择要编辑的模板，然后，单击"资源"面板底部的"编辑"按钮，如图 10-7-1 所示。

图 10-7-1

这时，模板在文档窗口中打开，根据需要对此模板修改后，并对其进行保存。

注意：单击保存模板文件后，Dreamweaver 会提示是否更新基于该面板的页面。用户可以根据需要进行选择。如果在模板中没有定义任何可编辑的区域，用户将被警告模板中不包含可编辑的区域。这样用户还是可以任意保存或对其修改，但是用户不能修改基于该模板的 HTML 文件，直到在模板创建出一个可编辑的区域。

用户还可以打开并修改附加到当前文档的模板。首先，在文档窗口中打开基于该模板的文档，然后执行"修改→模板→打开附加模板"命令，并在打开的对话框中对其进行修改。同样在保存模板时，Dreamweaver 会提示是否更新基于该面板的页面。

2. 手动更新基于模板的文档

在修改了模板之后，用户可以根据提示对应用了模板的网页进行更新。当然也可以使用更新命令手工地对当前网页或者整个站点进行更新，它们最终的效果是一样的。将最新修改的模板应用于当前基于模板建立的文档中，用户可以在文档窗口中打开该文档，并执行"修改→模板→更新当前页"命令。Dreamweaver 就会基于所有的模板修改更新该文档。

更新整个网站或者应用了指定模板的文档，首先，执行"修改→模板→更新页面"命令，打开"更新页面"对话框。然后，在此对话框中的下拉列表框中选择"文件使用"选项，并选取模板名称，这样就会更新当前站点上应用过的指定模板的网页了。

注意：如果选中了"更新页面"对话框中的"显示记录"复选框，Dreamweaver 将会提供更新的文件的信息。

10.8 在基于模板的文档中编辑内容

用户在模板文档和基于模板的文档中都可以很容易地通过标示确认不可编辑区域（锁定区域）和可编辑区域，但只能编辑模板中可编辑区域的内容。可编辑区域的名单就列在"修改"菜单下的"模板"子菜单的底部，但是重复区域内可编辑区域的名单不会出现在该菜单中。

利用模板所创建的文档会继承模板所有的页面属性（标题除外）。如果文档使用了模板，用户可以对页面标题进行修改，但是无法对其他的页面属性进行任何修改。如果在使用完模板之后又需要对文档的页面属性进行修改，必须先对模板的页面属性进行符合需要的修改，然后使用模板对文档进行更新（这意味着基于这个模板的文件的所有页面属性都将被修改）。

要在基于模板的文档中修改模板属性，可以首先打开基于模板的文档，然后执行"修改→模板属性"命令，弹出"模板属性"对话框。

在"名称"栏中选择一个属性，该对话框将更新以显示所选中性的标签及其指定值。若要将可编辑属性一直传递到基于嵌套模板的文档中，就要选中"允许嵌套模板以控制此"复选框，如图 10-8-1 所示。设置好之后，用户就可以对基于模板的文档中的内容进行编辑。

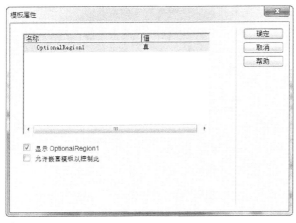

图 10-8-1

10.9　管理模板

当设计的站点逐渐扩大时,用户使用的模板也会日益增多。这时,用户可以使用资源"面板"的"模板"类别来管理这些模板,包括重命名模板文件、删除模板文件等,当然也可以使用"资源"面板将模板应用于文档或编辑模板。

在"资源"面板中重命名模板,首先,选择"资源"面板左侧的"模板"类别。在"模板"类别中单击所选模板的名称,当名称变得可编辑时,输入一个新名称。如果要删除模板文件,在"模板"类别中选择模板,然后单击面板底部的"删除"按钮,即可删除该模板。

10.10　库项目

在网站设计中,有时要把一些网页元素应用在多个页面上。当需要修改这些重复使用的页面元素时,如果逐页修改,会很不方便。除了模板之外,Dreamweaver 还提供了其他灵活的解决方案,使用库项目可以大大减轻这种重复劳动,避免许多麻烦。

库是一种特殊的 Dreamweaver 文件,以单独资源或资源副本的集合为表现形式,方便在网页中进行重复使用和批量更新。如果想要让每个页面具有相同的标题和脚注,但具有不同的页面布局,就可以使用库项目存储标题和脚注,然后在相应页面中调出使用。库项目就是可以在多个页面中重复使用的页面元素,每当更改某个库项目的内容时,都可以更新所有使用该项目的页面。

10.10.1　了解库项目

库中包含的都是各种各样的页面元素,如图像、表格、声音、Flash 影片以及其他需要经常使用或定期更新的对象。这些元素被统称为库项目。

当在文档中放置库项目时，Dreamweaver 会在文件中插入一段 HTML 源代码，创建一个对原始外部项目的参考说明。这样当库项目更新之后，就可以利用该说明。执行"修改→库"命令下的更新命令可以对整个站点一次性更新。

Dreamweaver 会将库项目存放在每个站点的本地根目录文件夹中的 Library 文件夹中。对每个站点可以定义不同的库。若要从一个站点复制一个库项目到另外的站点，可以执行资源、面板折叠菜单中的"拷贝到站点"命令。

下面举例说明如何使用库项目。某网站每个页面都增加了在线客服面板，访客可通过在线客服的即时聊天工具与客服进行沟通，当有新增加客服或有客服人员离职时需要修改在线客服面板中即时聊天工具中的账号，如果这时把在线客服面板创建为库项目，当出现新增加或修改需求的时候，就能通过修改库项目的内容来自动更新每个页面。

备注：使用库项目的前提条件是，必须为当前要制作的网站创建一个站点。库文件夹是自动创建的，用于装载每个独立的库项目，在更新过程中 Dreamweaver 将会使用这个文件夹。

10.10.2 在"资源"面板中添加库项目

库项目的添加主要通过"资源"面板来实现，首先在页面中选择准备作为库项目的任意一部分，它可以是图片、文字、Flash 动画等，然后在"资源"面板左边选择"库"选项，如图 10-10-1 所示。

单击以后"资源"面板就会转换为"库"类别。确定当前有已经被选中的内容，接着单击"新建库项目"按钮，这样被选中的内容就出现在了"库"类别中。从上面的预览框中可以看到，当前添加的库项目是一个用户资料模块，如图 10-10-2 所示。

图 10-10-1

图 10-10-2

默认情况下新增加的项目都会以"Untitled"来命名，想要修改它的名称可以对这个名称进行单击，然后重新输入名称就可以了。被添加为库项目的内容在文档窗口中的表现为周围颜色会变成高亮的黄色。如果当前选择的对象被套用了 CSS 样式，那么在对其进行库项目创建时就会弹出如图 10-10-3 所示的提示对话框。

图 10-10-3

　　由于在创建库项目时没有将当前所选内容的样式规则复制，所以添加到库中后就没有了之前的样式。不过，只要是在那些具有相同样式的页面中添加已经转换为库项目的文件，仍然可以显示出 CSS 样式。创建库项目后，在本地的站点中就会自动创建一个名为"library"的文件夹，也就是库文件夹。打开后就可以看到之前在 Dreamweaver 中添加的库项目文件，每一项都被单独存为 .lbi 格式的文件。

10.10.3　库项目的属性

　　在页面中添加一个库项目或将页面中的内容转换为库项目后，再次选择这个项目，属性检查器会变成库项目的一些设置，如图 10-10-4 所示。

图 10-10-4

库项目的属性检查器的设置选项含义如下。

库项目源：显示库项目的源文件名称和存放路径，但不能编辑这个信息。

"打开"按钮：打开库项目的源文件。这等同于在"资源"面板选择项目并单击"编辑"按钮。

"从源文件中分离"按钮：中断库项目与其源文件之间的链接。当一个库项目与其源文件分离之后，就不再算是一个库项目，也就可以随意进行编辑了。

"重新创建"按钮：使用当前所选项目覆盖原始库项目。如果库文件不存在、库项目名字改变或者库项目被重新编辑，用户都可以使用该选项来重建库项目。

10.10.4　使库项目可编辑

　　如果用户已经在文档中应用了库项目，这时必须先将文档中的库项目和库中的库项目的链接中断，以对此文档的库项目进行编辑。一旦用户将文档中的库项目变成可编辑的，那么文档中元素实体会完全独立出来，成为普通网页的一部分，将不能再随库的更新而更新了。

　　首先，使库项目可编辑，就可以在当前文档中选择该库项目。然后，单击属性检查器中的"从源文件中分离"按钮。如图 10-10-5 所示，左图的站点标题是已经转换为库项目的文字，而右图的是使用了"从源文件中分离"按钮的库项目。

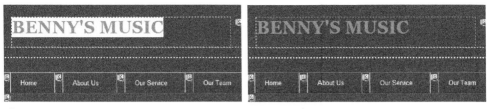

图 10-10-5

如图 10-10-5 所示，这时所选的库项目的高亮显示将消失（如果原来已有高亮显示），该库项目可以被编辑修改，并且当原来的库项目被修改后，它也不再被更新，在属性检查器中就会有普通的图片处理项目。

设置完毕后在"资源"面板中单击"新建库项目"按钮，并给新的库项目起一个与删除的项目相同的名称。然后，执行"修改→库→更新页面"命令，在弹出的"更新页面"对话框中的"查看"下拉列表框中选择"文件使用"选项。在相邻的下拉列表框中选择刚创建的库项目的名称。

最后，在"更新"栏中选中"库项目"复选框，然后单击"开始"按钮开始更新。当完成更新时，单击"关闭"按钮，退出"更新页面"对话框。这时，就可以完成对库项目的行为的编辑。

另外需要注意的是，JavaScript 函数并不是和库项目存放在一起的，这是因为它们是属于 \<head>...\</head> 部分的元素，而库项目只能够包含 \<body>...\</body> 部分的元素。所以用户在编辑这类库项目时，行为面板是不能使用的，因为有一半的行为代码是不能被使用的。要编辑库项目中的行为，必须先令该库项目可编辑，然后在修改之后重建该库项目。用文档中的已编辑项目来替换库中的项目。

10.10.5　应用库项目

向文档应用库项目时，并不是在页面中插入库项目，而是插入一个指向库项目的链接，即 Dreamweaver 向文档中插入的是该项目的 HTML 源代码副本，并添加一个包含对原始外部项目的说明性链接。

用户可以先将光标置于文档窗口中需要应用库项目的位置。选择"资源"面板左侧的"库"选项，并从中拖曳一个库项目到文档窗口，或者选择一个库项目，然后单击面板底部的"插入"按钮，库项目即被插入到文档中，如图 10-10-6 所示。

图 10-10-6

如果要插入库项目内容到文档中，而又不是要在文档中创建该项目的实体，可以在按住"Ctrl"键的同时拖曳该项目于文档中。如果用这种方法插入项目，就可以在文档中编辑该项目，但当更新使用该库项目的页面时，文档是不会随之更新的。

10.10.6 修改库项目

通过对库项目的修改，用户可以引用外部库项目一次更新整个站点上的内容。例如，如果需要更改某些文本或图像，则更新库项目时将自动更新所有使用该库项目页面中的相应文本或图像。

1. 更新关于所有文件的库项目

当修改一个库项目时，可以选择更新使用该项目的所有文件。如果选择不更新，文件将仍然与库项目保持关联；也可以在以后执行"修改→库→更新页面"命令，出现一个"更新页面"对话框，在这里可以对更新进行设置，如图 10-10-7 所示。

图 10-10-7

修改库项目可以在"资源"面板左侧的"库"类别中选择一个库项目，在资源面板的上方会出现库项目的预览。然后，单击"资源"面板底部的"编辑"按钮。这时，Dreamweaver 将打开一个新窗口用于编辑库项目。

现在对一个名为"SiteName"的库项目进行更改，在"资源"面板的右下角单击"编辑"按钮就可以直接将"SiteName.lbi"文件打开。在打开的这个文件中将文字进行更改，然后将文件保存并关闭。返回原来的文件，这时会发现凡是使用了"SiteName"的库项目全部都被换成了。图 10-10-8 左图所示是在"库"类别的预览框中没有修改的 SiteName 库项目，图 10-10-8 右图所示的是已经修改过的 SiteName 项目。

图 10-10-8

接着，对库项目进行修改并保存，在随后弹出的对话框中，选择是否对本地站点中那些使用了被编辑过的库项目的文档进行更新。

这时，用户选择更新选项就可以更新所有应用了被修改的库项目的文档。如果选择不更新选项，则可以不更新任何文档，以后还可以执行"修改→库→更新当前页"或"更新页面"命令进行更改。当执行"修改→库→更新当前页"命令时，更改当前文档以使用所有库项目的当前版本。

2. 应用特定库项目的修改

当需要更新应用特定库项目的网站站点或所有网页时，可以执行"修改→库→更新页面"命令，弹出"更新页面"对话框。

在此对话框中的"查看"下拉列表框中，如果选择"整个站点"选项，然后从相邻的下拉列表框中选择站点的名称，这将会使用当前版本的库项目更新所选站点中的所有页面。如果选择"文件使用"选项，然后从相邻的下拉列表框中选择库项目名称，会更新当前站点中所有应用了指定库项目的文档。

确保在"更新"栏中选中了"库项目"复选框，若要同时更新模板，需确保"模板"复选框也被选中。单击"开始"按钮，Dreamweaver 将按照指示更新文件。

注意：如果选中了"显示记录"复选框，Dreamweaver 显示尝试更新的文件信息，包括它们是否成功被更新的信息。

3. 重命名库项目

当需要在"资源"面板里对一个库项目重命名时，可以先选择"资源"面板左侧的"库"选项。然后，单击要重命名的库项目，并在短暂停顿以后，再单击该库项目，使名称为可编辑状态，输入名称，按回车键确定。

注意：这种重命名的方法与在 Windows 资源管理器中重命名一个文件一样。在前后两次单击之间需做短暂停顿。不要连续单击名字，那样将编辑打开库项目。

当确定后，Dreamweaver 将询问是否想要更新使用该项目的文件。如果单击"更新"按钮，可以更新站点中所有使用该项目的文档。如果单击"不更新"按钮，可以不更新任何使用该项目的文档。

4. 从库中删除库项目

（1）选择"资源"面板左侧的"库"选项。

（2）选择要删除的库项目，单击面板底部的"删除"按钮或者直接在键盘上按下"Delete"键，确认要删除该项目。

注意：如果删除一个库项目，将不能使用"撤销"命令恢复它，但可以再创建它。

使用行为 ## 11

学习要点：

- ·动态行为的概念
- ·动态行为的类型
- ·动态行为的创建
- ·动态行为的编辑设置

行为是 Dreamweaver 中颇具特色的功能，使用 Dreamweaver 中的行为可以允许浏览者与网页进行简单的交互，从而以多种方式修改页面或引起某些任务的执行。例如，可以让层显现和消失，执行任意数量的互动图像，或者控制 Flash 影片。对于所有这些操作，用户甚至不需要知道编程语言，只要通过指定一个动作并且指定触发这个动作的事件，Dreamweaver 就会将 JavaScript 代码自动放置在文档中。Dreamweaver CS6 中自带的行为多种多样、功能强大。本章将详细讲述 Dreamweaver 中各种行为的使用方法以及它们各自的作用。

11.1 什么是行为

行为用来动态响应用户操作、改变当前页面效果或执行特定任务。行为是事件和由该事件触发的动作的组合。在"行为"面板中，用户可以先指定一个动作，然后指定触发该动作的事件，从而将行为添加到页面中。行为代码是客户端 JavaScript 代码，它运行于浏览器中，而不是服务器上。

事件是浏览器生成的消息，指示该页的浏览者执行了某种操作。例如，当浏览者将鼠标指针移动到某个链接上时，浏览器为该链接生成一个 onMouseOver 事件，然后浏览器查看是否存在当为该链接生成事件时浏览器应该调用的 JavaScript 代码。不同的页面元素定义了不同的事件，例如，在大多数浏览器中，onMouseOver 和 onClick 是与链接关联的事件，而 onLoad 是与图像和文档的 body 部分关联的事件。

动作是由 JavaScript 代码组成的，这些代码执行特定的任务，例如，弹开浏览器窗口、显示或隐藏层、播放声音或停止 Shockwave 影片。Dreamweaver CS6 提供的动作是由 Dreamweaver 工程师精心编写的，提供了最大的跨浏览器兼容性。

在将行为添加到页面元素之后，只要对该元素发生了用户所指定的事件，浏览器就会调用与该事件关联的动作。单个事件可以触发多个不同的动作，用户可以指定这些动作发生的顺序。

执行"窗口→行为"命令或按下"Shift+F4"组合键，就会打开"行为"面板。

如果已为某个页面元素添加了行为，则添加的行为显示在行为列表框中，事件按字母顺序排列。如果同一个事件有多个动作，则将按在列表框中出现的顺序执行这些动作。如果行为列表框中没有显示任何行为，则没有行为添加到当前所选的页面元素，如图 11-1-1 所示。

图 11-1-1

11.2 应用行为

用户可以将行为添加到整个文档（即添加到 <body> 标签），还可以添加到链接、图像、表单元素或其他 HTML 元素中的任何一种。用户选择的目标浏览器确定给定的元素支持哪些事件。

给一个页面元素添加行为的操作步骤如下。

（1）在设计视图中选择一个页面元素，例如，图像或链接。若要将行为添加到整个页，需在文档窗口底部左侧的标签选择器中单击 <body> 标签。

（2）执行"窗口→行为"命令或按下"Shift+F4"组合键，打开"行为"面板。

（3）单击加号按钮"+"显示可用的选项，并从弹出的下拉列表框中选择一个动作，这里选择"弹出信息"选项。下拉列表框中灰显的动作不可选择，如图 11-2-1 所示，它们灰显的原因可能是当前文档中缺少某个所需的对象。

（4）在弹出的对话框中，输入所需参数设置，然后单击"确定"按钮。Dreamweaver 提供的所有动作都可以用于 IE 4.0 和更高版本的浏览器中。某些动作不能用于较早版本的浏览器中，如图 11-2-2 所示。

（5）触发动作的默认事件显示在事件栏中。如果这不是需要的触发事件，可从"事件"下拉列表框中选择另一个事件（若要打开"事件"下拉列表框，请在"行为"面板中选择一个事件或动作，然后单击显示在事件名称和动作名称之间的向下的下拉箭头），如图 11-2-3 所示。

图 11-2-1

图 11-2-2

图 11-2-3

11.3 修改行为

在添加了行为之后，用户可以修改触发动作的事件，添加或删除动作以及修改动作的参数。修改行为的操作步骤如下。

（1）在设计视图中选择一个已经添加了行为的对象。

（2）执行"窗口→行为"命令，打开"行为"面板。

多个行为按事件以字母的顺序显示在面板上。如果同一个事件有多个动作，则按执行顺序显示这些动作，如图 11-3-1 所示。

图 11-3-1

（3）按下列方法之一进行操作。

· 若要编辑动作的参数，双击该行为名称或将其选中并在键盘上按下回车键，然后修改对话框中的参数并单击"确定"按钮，即可完成。

· 若要修改给定事件的多个动作的顺序，选择某个动作，然后单击上下箭头按钮；或选择该动作,然后剪切它,并将它粘贴到其他动作中所需的位置。

· 若要删除某个行为，将其选中，然后单击减号按钮"－"，或直接在键盘上按"Delete"键即可。

11.4 设置行为

在"行为"面板中有多种行为设置项，每一种行为都会有自己的设置方式和适用效果。在这一部分将对一些常用的行为进行讲解。

11.4.1 弹出消息

"弹出消息"动作会显示一个带有指定消息的 JavaScript 警告窗口。JavaScript 警告只有一个按钮（"确定"按钮），所以使用此动作只可以提供信息，而不能为用户提供选择。

用户可以在文本中嵌入有效的 JavaScript 函数调用、属性、全局变量或其他表达式。若要嵌入一个 JavaScript 表达式，则将其放置在大括号"{}"中。若要显示大括号，则在它前面加一个反斜杠"\{"。

如果希望打开页面时弹出提示信息，可以在"弹出消息"对话框中的"消息"文本中输入提示框中的文字。这里将页面中的翻页链接选中，接着在"弹出消息"对话框中设置提示信息，如图 11-4-1 所示。

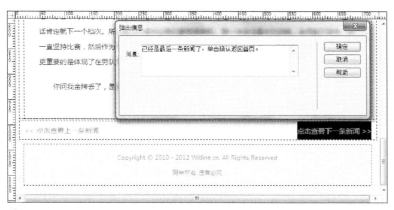

图 11-4-1

在浏览器中进行预览时，单击页面中的"单击进入下一页"链接时，马上就会弹出设置好的提示对话框，告诉读者这篇文章已经看完了，如图 11-4-2 所示。

图 11-4-2

11.4.2 打开浏览器窗口

使用"打开浏览器窗口"动作在一个新的窗口中打开 URL。用户可以指定新窗口的属性（包括其大小）、特性（是否可以调整大小、是否具有菜单栏等）和名称。例如，用户可以使用此行为在浏览者单击缩略图时，在一个单独的窗口中打开一个较大的图像，方便浏览者查看。"打开浏览器窗口"对话框如图 11-4-3 所示。

为当前页面中的一个小的缩略图设置"打开浏览器窗口"行为,并将它的放大图路径添加到"要显示的 URL"文本框中。用户还可以对打开的窗口设置宽和高。在"属性"栏中可以对打开窗口的导航工具栏、菜单栏、地址工具栏、需要时使用滚动条、状态栏等进行选择,这里只将"导航工具栏"和"调整大小手柄"复选框选中,并在"窗口名称"文本框中为将要打开的窗口输入一个名称。设置完毕后进行预览,就可以通过添加的行为来查看链接的大图,如图 11-4-4 所示。

图 11-4-3

图 11-4-4

11.4.3 改变属性

使用"改变属性"动作修改对象某个属性值。用户可以修改的属性是由浏览器决定的。例如,用户可以动态设置层的背景颜色。

使用"改变属性"动作的操作步骤如下。

(1)选择一个图片对象,在属性检查器中为它设置一个 ID 名称。只有为对象设置了 ID 名称才能在"改变属性"动作中对其进行设置,如图 11-4-5 所示。

(2)单击加号按钮"+"并从弹出的下拉列表框中选择"改变属性"选项,随即弹出"改变属性"对话框。将元素类型选择为"IMG",接着"元素 ID"下拉列表框中会将所有已经命名的图片 ID 显示出来,找到之前已经命名的"tea"图像。在"属性"栏中包含了关于图片设置的所有属性,将其选择为"src"。在"新的值"文本框中输入另一个图片的路径,如图 11-4-6 所示。

图 11-4-5

图 11-4-6

若要查看每个浏览器中可以修改的属性，则从浏览器下拉列表框中选择不同的浏览器或浏览器版本。如果用户正在输入属性名称，则一定要使用该属性的准确 JavaScript 名称。按需要完成设置后，单击"确定"按钮。

（3）完成后在行为面板中为这个动作指定一个发生的事件，这里将它设置为"onMouseOver"，也就是当鼠标指针经过时发生改变，如图 11-4-7 左图所示。

（4）重复第（2）步骤，最后在"新的值"文本框中输入原来图片的路径，完成后在行为面板中为这个动作指定"onMouseOut"事件，也就是当鼠标指针移开时发生改变，如图 11-4-7 右图所示。

图 11-4-7

（5）在浏览器中预览效果，当鼠标指针经过当前页面中的图片时，就转换成了另外添加的图像，而当鼠标移出当前页面中的图片时，又会转换回原来的图片，如图 11-4-8 所示。

图 11-4-8

注意：原本制作到这边，我们在预览的时候，效果应该是如上述所示才对，可这时图片并不能按我们所操作的那样变换。这是因为 Dreamweaver 有一个小 Bug，修复这个小问题，只需将文档窗口切换到代码面板，把其中的 eval（"obj.style."+theProp+"="+theValue）；和 eval（"obj.style."+theProp+"='"+theValue+"'"）；这两句代码的".style"都去掉（记住，style 前面有个点）即可。

11.4.4 检查表单

"检查表单"动作主要是检查指定文本域的内容以确保用户输入了正确的数据类型。使用 onBlur 事件将此动作分别添加到各文本域，在用户填写表单时对域进行检查；使用 onSubmit 事件将其添加到表单，在用户单击"提交"按钮时对多个文本域进行检查以确保数据的有效性。使用"检查表单"动作的操作步骤如下。

(1) 使用"表单"插入栏制作一个简单的个人资料界面，如图 11-4-9 所示。

(2) 按下列方法之一进行操作。

· 若要在用户填写表单时分别检查各个域，选择一个文本域并执行"窗口→行为"命令。

· 若要在用户提交表单时检查多个域，在文档窗口左下角的标签选择器中单击 <form> 标签并执行"窗口→行为"命令。

(3) 单击加号按钮"+"并从弹出的下拉列表框中选择"检查表单"选项，随即弹出"检查表单"对话框，如图 11-4-10 所示。

图 11-4-9

图 11-4-10

(4) 按需要完成设置后，单击"确定"按钮。如果在用户提交表单时检查多个表单域，则 onSubmit 事件会自动出现在事件下拉列表框中。如果要分别检查各个域，则检查默认事件是否是 onBlur 或 onChange。

如果不是，从下拉列表框中选择 onBlur 或 onChange。当用户从域移开时，这两个事件都触发"检查表单"动作。它们之间的区别是，onBlur 不管用户是否在该域中输入内容都会发生，而 onChange 只有在用户修改了该域的内容时才发生。当用户指定了该域是必需的域时，最好使用 onBlur 事件。

11.4.5 检查插件

使用"检查插件"动作可以根据浏览者是否安装了指定的插件转到不同的网页。例如，用户可能想让安装有 Flash 插件的浏览者转到一页，让未安装该软件的浏览者转到另一页。

使用"检查插件"动作的操作步骤如下。

(1) 选择一个对象并打开"行为"面板。

(2) 单击加号按钮"+"并从弹出的下拉列表框中选择"检查插件"选项，随即弹出"检查插件"对话框，按需要完成设置后，单击"确定"按钮。检查默认事件是否是所需的事件，如图 11-4-11 所示。

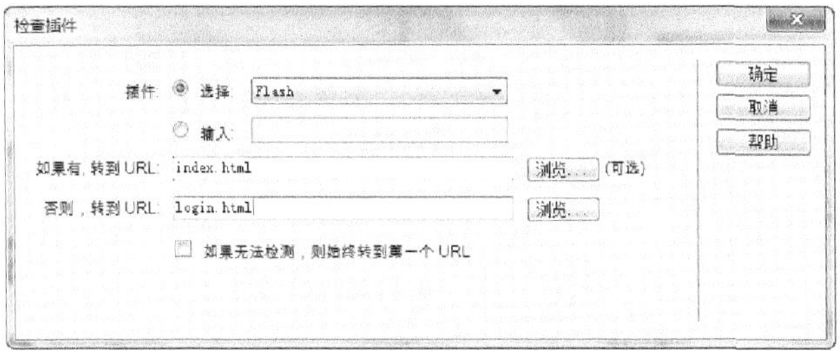

图 11-4-11

如果不是，从下拉列表框中选择另一个事件。如果未列出所需的事件，则在"显示事件"下拉列表框中修改目标浏览器。

11.4.6　预先载入图像

"预先载入图像"动作可以将不会立即出现在页上的图像（例如，通过行为或 JavaScript 换入的图像）载入浏览器缓存中。这样可防止当图像应该出现时由于下载而导致延迟，还可以便于脱机浏览。使用"预先载入图像"动作的操作步骤如下。

（1）在页面中添加图片文件，在行为面板中单击加号按钮"+"，在弹出的下拉列表框中选择"预先载入图像"项，随即弹出"预先载入图像"对话框，如图 11-4-12 所示。

图 11-4-12

（2）单击"浏览"按钮，在弹出的对话框选择要预先载入的图像文件，或在"图像源文件"文本框中输入图像的路径和文件名。

（3）单击对话框顶部的加号按钮"+"可将图像添加到"预先载入图像"列表框中。

（4）若要从"预先载入图像"列表框中删除某个图像，可在列表框中选择该图像，然后单击减号按钮"−"。按需要完成设置后，单击"确定"按钮。

（5）检查默认事件是否是所需的事件。如果不是，从下拉列表框中选择另一个事件。如果未列出所需的事件，则在"显示事件"下拉列表框中修改目标浏览器。

注意：如果在输入下一个图像之前用户没有单击加号按钮，则列表框中用户刚选择的图像将被所选择的下一个图像替换。

11.4.7 交换图像

"交换图像"动作可以通过修改 <img> 标签的 src 属性将一个图像和另一个图像进行交换。使用此动作创建鼠标指针经过图像和其他图像效果（包括一次交换多个图像）。插入鼠标指针经过图像会自动将一个"交换图像"动作添加到用户的页中。

使用"交换图像"动作的操作步骤如下。

（1）执行"插入→图像"命令或单击插入栏的"图像"按钮来插入一个图像。

（2）在属性检查器中，在最左边的文本框中为该图像输入一个名称。如果用户没有为图像命名，"交换图像"动作仍将起作用；当用户将该行为添加到某个对象时，它将为未命名的图像自动命名。如果所有图像都预先命名，则在"交换图像"对话框中更容易区分它们。

（3）继续添加其他的图片。选择一个对象（通常是用户将交换的图像）并打开"行为"面板。在行为面板中单击添加行为按钮"+"，在弹出的下拉列表框中选择"交换图像"选项，然后就会弹出一个设置交换图像的对话框，如图 11-4-13 所示。

图 11-4-13

（4）按需要完成设置后，单击"确定"按钮。

（5）在行为面板中为添加的这个行为设置一个发生的事件。在浏览器中预览效果，图 11-4-14 左图所示是鼠标指针没有经过时的页面，图 11-4-14 右图所示是鼠标指针经过时的页面。

图 11-4-14

注意：因为只有 src 属性受此动作的影响，所以用户应该换入一个与原图像具有相同尺寸（高度和宽度）的图像。否则，换入的图像显示时会被压缩或扩展，以使其适应原图像的尺寸。

11.4.8 转到 URL

"转到 URL"动作可以在当前窗口或指定的框架中打开一个新页面。此操作对通过一次单击修改两个或多个框架的内容尤其适用。

（1）在文档窗口中准备一些用来添加行为的对象，选择其中一个对象。在行为面板中为其添加"转到 URL"动作，如图 11-4-15 所示。

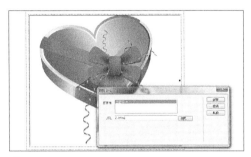

图 11-4-15

（2）从"打开在"列表框中选择 URL 的目标。列表框中自动列出当前框架集中所有框架的名称以及主窗口。如果没有任何框架，则"主窗口"是唯一的选项。

备注：如果将任何框架命名为 top、blank、self 或 parent，则此动作可能产生意想不到的结果。浏览器有时将这些名称误认为保留的目标名称。

（3）单击"浏览"按钮，在弹出的对话框中选择要打开的文档，或在"URL"文本框中直接输入该文档的路径和文件名。

（4）可以在行为面板中为这个"转到 URL"动作设置执行的事件，通过浏览器来预览设置的效果。图 11-4-16 左图所示是未单击前的图片，图 11-4-16 右图所示为单击当前图片后转到的链接页面。

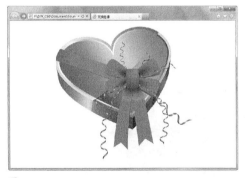 

图 11-4-16

11.4.9 拖动 AP 元素

如果使用了拖动 AP 元素行为，那么用户就可以制作出能让浏览者任意拖动的对象。甚至可以利用 AP Div 元素在网页中制作拼图游戏。

（1）在开始制作前，先准备一些被用来制作拖动效果的内容。最重要的是要先在页面中制作一些 AP Div 层，并在这些层中添加图片或文字，如图 11-4-17 所示。

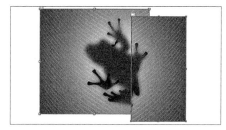

（2）在属性检查器中为这两个 AP 元素命名。添加拖动 AP 元素动作时，不是直接在所选内容上添加，而是要在页面中添加。在文档窗口的下面选中 <body> 标签，或单击页面的空白部分，在行为的添加框列表下拉中选择"拖动 AP 元素"选项。如果已

图 11-4-17

经选中了某个 AP 元素，那么该选项处于灰色状态，不能被使用，如图 11-4-18 所示。

（3）选择"拖动 AP 元素"选项后，会弹出一个用来设置的对话框，在这里可以为当前页面中的一个 AP 元素进行拖动的设置，如图 11-4-19 所示。

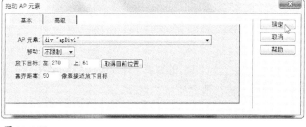

图 11-4-18   图 11-4-19

（4）在"移动"下拉列表框中将 AP 元素设置为"不限制"，使用户可以任意地拖动它们。如果设置了限制移动可以通过单击"取得目前位置"按钮来得到当前所选目标的坐标，然后根据实际情况对它的靠齐距离和放下目标进行设置。

（5）当前的页面包含了两个 AP 元素，之前添加的拖动行为只能为其中一个设置，如果希望另外一个也能被设置为可以拖动的状态，就需要再次添加"拖动 AP 元素"动作。

（6）设置完毕后在浏览器中进行预览，对这两个 AP 元素进行拖动就可以任意摆放它们的位置，如图 11-4-20 所示。

图 11-4-20

使用表单 12

- ·表单的概念
- ·表单的类型
- ·表单的创建
- ·使用 Spry 构件

表单在网页中表现最多的就是一些用户信息的填写，例如，在申请某个网站的会员时，需要填写个人资料，而这些添加个人资料的功能，都是由 Dreamweaver 中的表单来实现的，表单可以向后台数据库提交这些数据。本章将讲解使用 Dreamweaver 在网页中添加表单的方法。

12.1 表单的工作模式

HTML 网页与浏览器端实现交互的重要方法就是表单的使用。通过表单可以收集客户端提交的相关信息。例如，在一个网站上要申请论坛会员、博客或 E-mail 时，会弹出一个让用户填写的单子。就像平常生活中去银行申请账号一样，要先填写一些基本资料的单子，然后通过银行方面的审核就可以得到一个自己的账号了。同样，在网络上填写单子时也要通过审核才会有效。图 12-1-1 所示为申请 Adobe 会员的注册表。

一般情况下，表单由两部分组成，一部分是描述表单元素的 HTML 源代码，另一部分是客户端处理用户所填信息的程序。使用表单时可以对其进行定义，使表单与服务器端的表单处理程序配合。

如图 12-1-1 所示，当填写完需要的信息时，单击"提交"按钮，那么输入在表单中的信息就会上传到服务器中，然后由服务器的有关应用程序进行处理。处理后要么将提交的信息存储在服务器端的数据库中，要么将有关的信息返回到客户端的浏览器上。填写完毕后单击"提交"按钮，通过服务器的验证就注册成功了，并弹出提示注册成功的页面，如图 12-1-2 所示。

图 12-1-1

图 12-1-2

12.2 在页面中插入表单

在 Dreamweaver 中，表单输入类型称为表单对象。表单对象是允许用户输入数据的工具。它们可以像其他对象一样在 Dreamweaver 中被插入。表单对象集中在插入栏的"表单"选项卡中，如图 12-2-1 所示。

表单和 Dreamweaver 中的表格一样，是独立的单元。尽管系统不阻止给页面添加多重表单的行为，但是在使用表单时仍要注意，它不能像表格一样任意嵌套。

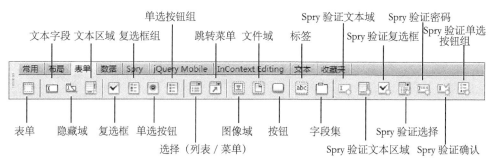

图 12-2-1

（1）打开一个网页文档，把光标置于要放置表单的位置。

（2）执行"插入→表单"命令或单击插入栏中"表单"选项卡上的"表单"按钮，即可插入一个空的表单，如图 12-2-2 所示。

图 12-2-2

当页面处于设计视图时，红色的虚轮廓线指示表单，如果没有看到所创建的表单（红色轮廓线），可以在文档窗口上面单击"可视化助理"按钮，在弹出的下拉列表框中选择"隐藏所有可视化助理"选项，将该选项取消选择，如图 12-2-3 所示。这样表单就可以显示在文档窗口中，如图 12-2-4 所示。

图 12-2-3   图 12-2-4

（3）指定将表单数据传输到服务器所使用的方法。

在属性检查器中，单击"方法"下拉列表框右侧的下拉箭头，可以看到已经准备好的选项。这里选择"POST方法"选项。

默认方法：可以使用浏览器的默认设置将表单数据发送到服务器。通常，默认方法为 GET 方法。GET方法将表单值添加给 URL，并向服务器发送 GET 请求。

POST 方法：在消息正文中发送表单值，并向服务器发送 POST 请求。

（4）插入表单对象。

将光标置于要放置表单的位置，然后执行"插入→表单"命令，或者在插入栏的"表单"选项卡中选择表单对象，图 12-2-5 所示为使用表单对象的页面。

（5）选中添加的表单对象，就可以在属性检查器中对其进行属性设置。

（6）若要删除表单对象，先选中该表单对象，然后按下"Delete"键即可。

（7）如果激活了表单对象的辅助功能属性对话框，在插入表单对象时，就会弹出该表单对象的辅助功能属性对话框，如图 12-2-6 所示，方便进一步设置表单的属性。此步骤仅会出现一次。

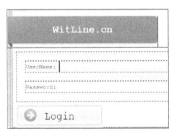

图 12-2-5   图 12-2-6

（8）单击"确定"按钮，该表单对象即可出现在文档中。

如果用户单击"取消"按钮，该表单对象也将出现在文档中，但 Dreamweaver 不会将它与辅助功能标签或属性相关联。

如果要激活表单对象的辅助功能属性对话框,可以在"首选参数"对话框的"辅助功能"类别中选中"表单对象"复选框,如图 12-2-7 所示。Dreamweaver 会提示用户输入使表单对象可用的信息。用户可以在插入对象后更改辅助功能属性。取消"表单对象"复选框的选中状态就不会再弹出辅助功能对话框了。

图 12-2-7

12.3 插入表单对象并设置其属性

12.3.1 使用表单

在文档窗口中,选中表单轮廓,即可在属性检查器中对其进行各种属性设置。表单的属性检查器如图 12-3-1 所示。

图 12-3-1

使用 POST 方法一般比 GET 方法更安全。但是,由 POST 方法发送的信息是未经加密的,容易被黑客获取。如果用户要收集机密用户名和密码、信用卡号或其他机密信息,为了确保安全性,还请通过安全的连接与安全的服务器相连。

12.3.2 使用文本域

文本域是可以输入文本内容的表单对象。用户可以创建一个包含单行或多行的文本域,也可以创建一个隐藏用户输入文本的密码文本域。

(1)单击插入栏中"表单"选项卡中的"文本区域"按钮。一个文本域随即出现在文档中,如图 12-3-2 所示。

（2）在属性检查器中，根据需要设置文本域的属性。为了使这个文本域能够和图片相符，对它的字符宽度进行设置。如果需要输入的文字比较多，最好将"类型"栏中选中"多行"单选按钮，如图 12-3-3 所示。

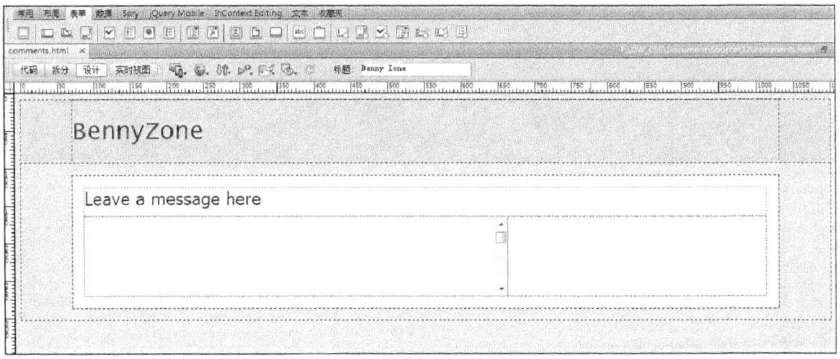

图 12-3-2

图 12-3-3

（3）若要在页面中为文本域添加标签，则在该文本域旁边单击，然后输入标签文字。

部分设置选项含义如下。

"字符宽度"文本框：设置域中可显示的最大字符数。此数字可以小于"最多字符数"。

"最多字符数"文本框：设置单行文本域中可输入的最大字符数，该文本框只会在用户选中"单行"或"密码"单选按钮时出现，如使用"最多字符数"将邮政编码限制为 6 位数，将密码限制为 10 个字符。

"类型"栏：指定是单行、多行或密码域。

"单行"单选按钮：输入的文字不会发生换行，一般情况下用于一些简单的输入设置。

"密码"单选按钮：产生一个密码文本域。当用户在密码文本域中输入时，输入内容显示为项目符号或星号，以保护它不被其他人看到。

"多行"单选按钮：输入的文字如果超过了字符宽度，就会产生换行。常见于一些论坛帖子的评论设置。

"行数"文本框（在选中了"多行"单选按钮时可用）：设置多行文本域的域高度。实际上就是设置当前这个文本域的高度。图 12-3-4 所示为使用了单行和多行的用户注册页面。

"虚拟"选项：表示在文本区域中设置自动换行。当用户输入的内容超过文本区域的右边界时，文本换行到下一行。

"初始值"文本框：指定在首次载入表单时域中显示的文字。例如，通过包含说明或示例文字，可以指示用户在域中输入信息。

"类"下拉列表框：将 CSS 规则应用于对象。

如果将文本域的类型设置为"密码",并将字符宽度设置为"25"。接着将最多字符数设置为"15",也就是说,浏览者如果要进入这个页面,需要先输入密码,而密码的位数限制为 15 位。图 12-3-5 所示为密码文本域的预览效果。

图 12-3-4　　　　　　　　　　　　图 12-3-5

12.3.3　使用隐藏域

用户可以使用隐藏域存储并提交非用户输入的信息。该信息对用户而言是隐藏的。

单击插入栏中"表单"选项卡中的"隐藏域"按钮，文档中随即出现一个标记。如果用户未看到标记,可执行"查看→可视化助理→不可见元素"命令来查看,如图 12-3-6 所示。

选择此表单对象,在属性检查器中可以对它的显示文字进行设置,如图 12-3-7 所示。

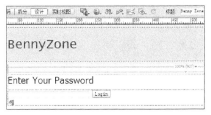

图 12-3-6　　　　　　　　　　　　图 12-3-7

12.3.4　使用复选框

复选框常被用于选择多种条件的情况下,用户在填写到这一项时可以选择很多项。每个复选框都是独立的,必须有一个唯一的名称。

(1) 单击插入栏中"表单"选项卡中的"复选框"按钮，一个复选框随即出现在文档中,反复单击"复选框"按钮,可以创建多个复选框,如图 12-3-8 所示。

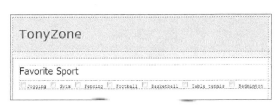

图 12-3-8

（2）在属性检查器中，根据需要设置复选框的属性，如图 12-3-9 所示。

图 12-3-9

（3）设置完毕后可以通过预览来查看效果。图 12-3-10 所示为在浏览器中显示的复选框，用户在预览时就可以将设置的项目任意地选中。

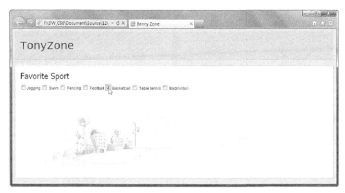

图 12-3-10

12.3.5　使用单选按钮

单选按钮与复选框相似，主要用于标记一个选项是否被选中，单选按钮只允许用户从选项中选择唯一答案。单选按钮通常成组地使用。同一个组中的所有单选按钮必须具有相同的名称，但它们的阈值必须是不同的。

（1）通过单击插入栏中"表单"选项卡中的"单选按钮"按钮◉插入单选按钮，随即在文档中出现一个单选按钮。反复单击"单选按钮"按钮，可以创建多个单选按钮，如图 12-3-11 所示。

请选择您最喜欢的植物

○ 喇叭花
○ 海芋
○ 郁金香
○ 兰花

图 12-3-11

（2）在属性检查器中，根据需要设置单选按钮的属性，如图 12-3-12 所示。

图 12-3-12

（3）用户在浏览器中预览后就会发现，使用了单选按钮后，一次只能选择一项。就像这个例子中的植物，最喜欢的只能选一项，它就是一个单选按钮，如图 12-3-13 所示。

图 12-3-13

12.3.6　使用单选按钮组

用户可以用单选按钮一个个地创建表单选项，也可以用单选按钮组来同时创建多个表单选项供用户选择。在创建多个选项时，单选按钮组比单选按钮的操作更快捷。

插入一组单选按钮的操作步骤如下。

（1）将光标放在表单轮廓内。单击插入栏中"表单"选项卡中的"单选按钮组"按钮，出现"单选按钮组"对话框，如图 12-3-14 所示。

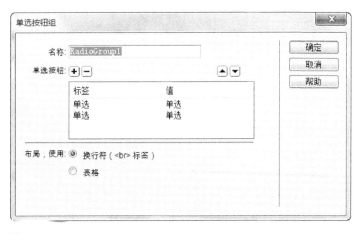

图 12-3-14

（2）在这个对话框中可以设置一个单选按钮组中需要包含多少个单选按钮，并且能够通过标签的设置为每个选项添加内容。图 12-3-15 所示为在浏览器中预览的单选按钮组。

图 12-3-15

12.3.7　使用列表 / 菜单

除了使用复选框和单选按钮为用户提供选项外，还可以用列表 / 菜单来制作选项。列表 / 菜单可以显示一个列有项目的可滚动列表框，用户可以在该列表框中选择项目。当用户的空间有限但需要显示许多命令时，列表 / 菜单就会非常有用。

（1）单击插入栏中"表单"选项卡中的"列表 / 菜单"按钮，文档中便会出现一个菜单，如图 12-3-16所示。

图 12-3-16

（2）在属性检查器中根据需要设置其属性。在图 12-3-16 中需要选择的是国家，所以在属性检查器中将"类型"栏选择为"列表"，如图 12-3-17 所示。

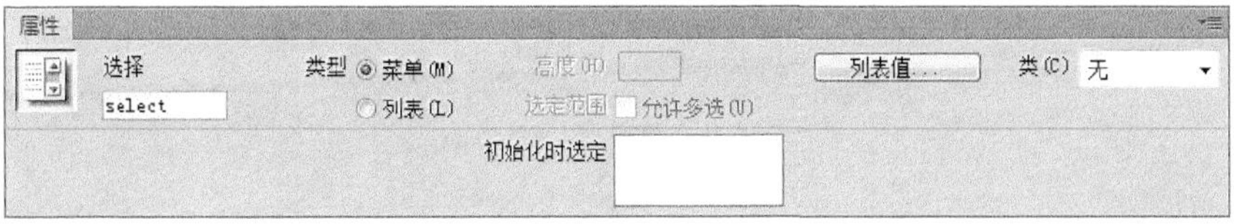

图 12-3-17

（3）继续单击属性检查器中的"列表值"按钮，打开一个"列表值"对话框。在这里对准备用来选择的项目进行编辑。单击"添加"按钮可以为"项目标签"栏添加列表项，而每个列表项又可以通过"值"来设置链接地址，如图 12-3-18 所示。

（4）设置完毕后，可以在浏览器中进行预览，并对设置好的项目进行选择，如图 12-3-19 所示。

图 12-3-18　　　　　　　　　　　　　　　　图 12-3-19

12.3.8　使用跳转菜单

跳转菜单利用表单元素形成各种选项的列表框。当选中列表框中的某个选项时，浏览器会立即跳转到一个新网页。

（1）单击插入栏中"表单"选项卡中的"跳转菜单"按钮，随即出现"插入跳转菜单"对话框，根据需要设置其属性。如果在设置的时候，将"菜单之后插入前往按钮"复选框选中，那么插入的跳转表单中就会自动带一个"前往"按钮，如图 12-3-20 所示。

（2）设置完毕后可以在浏览器中预览设置好的选项，单击"前往"按钮就可以把当前选中的网站页面打开，如图 12-3-21 所示。

图 12-3-20　　　　　　　　　　　　　　　　图 12-3-21

12.3.9　使用图像域

在网页中插入图像域能够使页面更加丰富多彩。如果使用图像来执行任务而不是提交数据，则需要将某种行为附加到表单对象。

单击插入栏中"表单"选项卡中的"图像域"按钮，随即出现"图像源文件"对话框，选择一张图片作为表单对象。图 12-3-22 所示为插入到 Dreamweaver 中的图片。

图 12-3-22

如果需要对插入的图像进行编辑，可以在属性检查器中单击"编辑图像"按钮，直接打开 Fireworks 或 Photoshop 图像处理软件。

12.3.10　使用文件域

文件域对象比文件框对象多了一个"浏览"按钮。浏览者可以通过这个按钮来选择需要上传文件的路径和名称。

（1）单击插入栏中"表单"选项卡中的"文件域"按钮 ⬚，随即插入一个文件域对象，如图 12-3-23 所示。

（2）选中插入的文件域对象，在属性检查器中，根据需要可以设置"字符宽度"和"最多字符数"文本框以限制文件域的显示，如图 12-3-24 所示。

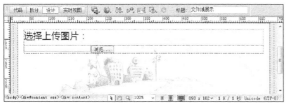

图 12-3-23

图 12-3-24

12.3.11　使用标准按钮

按钮对于表单而言是必不可少的，它可以控制表单的操作。使用按钮可将表单数据提交到服务器，或者重置该表单。在 Dreamweaver 中既可以通过图片来制作按钮，又可以使用表单里的按钮。表单中的按钮外形无法改变，却比图像按钮用起来更方便。

（1）单击插入栏中"表单"选项卡中的"按钮"按钮 ⬚，一个按钮随即出现在文档中，如图 12-3-25 所示。

图 12-3-25

（2）在属性检查器中，根据需要设置该按钮的属性。在"值"文本框中，可以为这个按钮添加名称，然后按照名称选择合适的属性，如图 12-3-26 所示。

图 12-3-26

12.4 Spry 构件

Spry 框架是一个 JavaScript 库，用户使用它可以构建能够向站点访问者提供更丰富体验的网页。有了 Spry，就可以使用 HTML、CSS 和极少量的 JavaScript 将 XML 数据合并到 HTML 文档中，创建构件（如折叠构件和菜单栏），向各种页面元素中添加不同种类的效果。在设计上，Spry 框架的标记非常简单且便于那些具有 HTML、CSS 和 JavaScript 基础知识的用户使用。

Spry 布局构件能合并顶尖的 JavaScript 效果与完整的 CSS 样式。下面介绍如何使用"Spry"插入栏来制作 Spry 构件。

"Spry"插入栏中有多种构件供用户使用，其中 Spry XML 数据集项可以确定要处理的数据，向 HTML 页面中添加 Spry 区域、表格或列表。在"Spry"插入栏中有三组选项。

Spry 表单控件——将表单元素（如文本域和列表）与 JavaScript 验证功能及用户容易掌握使用的错误消息联合起来。

Spry 布局控件——提供一系列顶尖的布局控件，包含标签面板和折叠式面板。

Spry 效果——用高级功能扩展 Dreamweaver 行为库，来交互影响页面元素，Spry 效果包含渐隐、显示、滑动、高亮颜色及晃动目标页面组件。

下面详细讲解 Spry 菜单栏、Spry 选项卡式面板、Spry 折叠式、Spry 可折叠面板、Spry 验证密码和 Spry 工具提示。

12.4.1 制作 Spry 菜单栏

在没有 Spry 构件之前，我们在制作网页菜单栏时往往需要准备很多图片，并且这些通常都要在一个对话框中设置，不能看到最终的结果。使用 Spry 构件可以使菜单栏的制作会变得更简单，无需制作各种状态的按钮图片，并且能实现动态的按钮转变。

（1）在页面中选择需要添加菜单栏的位置。然后在"Spry"插入栏中单击"Spry 菜单栏"按钮，如图 12-4-1 所示。

图 12-4-1

(2)单击以后在文档窗口中就会直接出现一个灰色的菜单栏。在菜单栏中可以对默认的菜单进行重命名。如图 12-4-2 所示。

(3)当前看到的是水平排列的菜单栏,如果希望创建垂直排列的菜单栏可以在单击"Spry 菜单栏"按钮,在弹出的对话框中进行选择,如图 12-4-3 所示。

图 12-4-2

图 12-4-3

(4)如果要对菜单栏中的每个项目进行设置,可以在页面中选择"Spry 菜单栏 ;MenuBar1"蓝色的标识,这样就会直接在属性检查器中显示当前项目的相关设置。从属性检查器中可以看到,用户一共可以为菜单栏设置三级菜单。选择其中一项菜单,可以在右边进行链接网页的设置,如图 12-4-4 所示。

图 12-4-4

(5)另外就是菜单栏中每一个菜单的设置,用户可以将其中一个菜单选中,然后在属性检查器中对该菜单的基本属性进行设置,如图 12-4-5 所示。

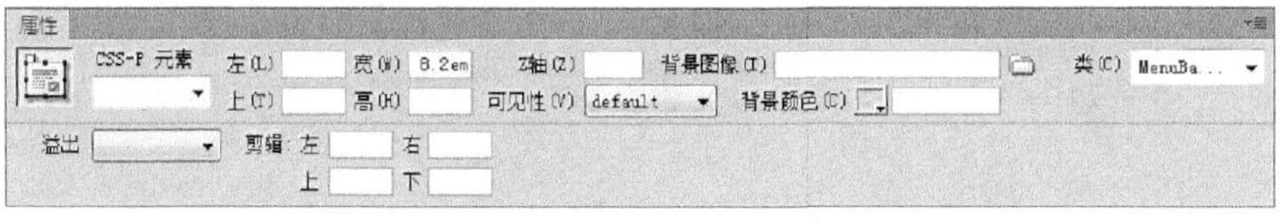

图 12-4-5

备注：页面中菜单栏的每一项可能会不太好选择，可以将鼠标指针移到需要选择的项目处，如果该项目的周围出现了红色的线框就可以将其选中。被选中的项目会被一个蓝色的边框标识出来。

（6）Spry 导航栏的设置可以在添加该构件时自动生成的一个 .css 文件中进行修改，在这个文件中使用代码来描述当前构件的各种设置和属性。图 12-4-6 所示为在 Spry 导航栏的 .css 文件中的一些设置，在这里对其背景和显示进行设置后，保存该文件。

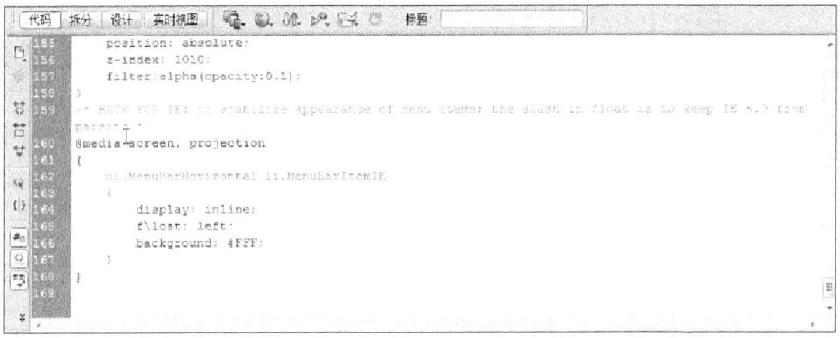

图 12-4-6

（7）在浏览器中预览设置好的 Spry 菜单栏效果，如图 12-4-7 所示。

图 12-4-7

12.4.2 制作 Spry 选项卡式面板

选项卡式面板构件是一组面板，通常也被称为标签，用来将内容存储到紧凑空间中。用户可通过单击要访问的面板上的选项卡来隐藏或显示存储在选项卡式面板中的内容。当用户单击不同的选项卡时，构建的面板会相应地打开。一般在默认的情况下，只有一个选项卡是打开的状态，如果需要查看其他的选项卡只需对它们进行单击即可。

（1）在 "Spry" 插入栏中单击 "Spry 选项卡式面板" 按钮，就会有一个未经设置的选项卡面板出现在页面中。在它的 "内容 1" 处输入一些文字，如图 12-4-8 所示。

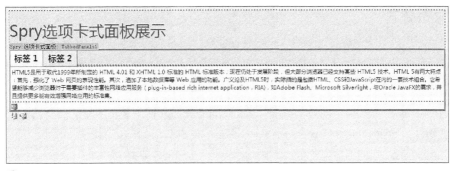

图 12-4-8

（2）在"标签1"和"标签2"中输入这两个选项卡的名称。如果希望为第二个选项卡中输入内容，可以先将鼠标指针移到第二个选项卡的标题处，当出现一个小眼睛图标时，对其进行单击即可切换到第二个选项卡的内容文本框，继续为第二个选项卡输入内容。如图 12-4-9 所示。

图 12-4-9

（3）添加选项卡可以先将蓝色的"Spry 选项卡式面板：TabbedPanelsl"标识选中，这样在属性检查器中就会显示整个选项卡的设置项目。用户可以通过单击"面板"栏中的几个按钮来添加和删除选项卡，或者改变它们的排列位置。而在"默认面板"下拉列表框中又可以设置默认显示的选项卡是哪一个，如图 12-4-10 所示。

图 12-4-10

（4）对选项卡中的文字进行大小和颜色的设置，在浏览器中预览它的最终效果，如图 12-4-11 所示。

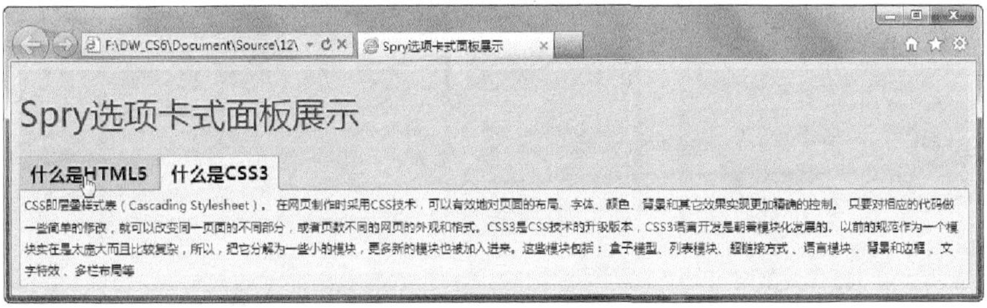

图 12-4-11

12.4.3　制作 Spry 折叠式

Spry 折叠式构件是一组可折叠的面板，可以将大量内容存储在一个紧凑的空间中。用户在浏览网页时可通过单击该面板上的选项卡来隐藏或显示存储在折叠构件中的内容。用户在单击不同的选项卡时，折叠构件的面板会相应地展开或收缩。不过在这过程中，只能有一个面板是打开的状态。

（1）在页面中添加的 Spry 折叠式构件的方法很简单，在"Spry"插入栏中单击"Spry 折叠式"按钮即可在页面中添加折叠式构件，如图 12-4-12 所示。

图 12-4-12

（2）在内容文本框中输入要添加的内容以及面板的名称。添加面板时，需要将蓝色的标识选中，在属性检查器中会显示当前的折叠面板有哪些，并能够通过"+"号和"-"号来添加或删除折叠面板，如图 12-4-13 所示。

图 12-4-13

（3）单击"在浏览器中预览／调试"按钮后可以在浏览器中查看 Spry 折叠式面板的显示效果，只需对需要的内容标题进行单击就可以滑出所单击标题的面板，如图 12-4-14 所示。如果面板中的内容比较长，可以拖动旁边的滚动条查看所有的内容。

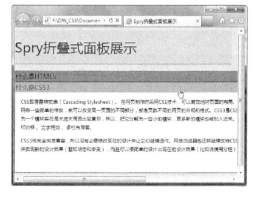

图 12-4-14

12.4.4　Spry 可折叠面板

在 Spry 的折叠类构件中除了折叠式构件，还有一种可折叠面板构件。这种面板与折叠式构件的不同之处就是，折叠式可以同时折叠多个面板，并且无论用户如何折叠和打开都不会影响它的整体大小。而 Spry 的可折叠面板就和它不同了，可折叠面板可以显示和隐藏面板中的内容，在页面结构比较紧凑的情况下，使用可折叠面板非常节省空间。

（1）在"Spry"插入栏中单击"Spry 可折叠面板"按钮就可以插入一个可折叠面板，在这个面板中可以为它添加标题和内容，如图 12-4-15 所示。

图 12-4-15

（2）从图 12-4-15 中可以看到，标题栏处有一个闭上的眼睛，如果对它进行单击，内容栏就会被隐藏起来。而隐藏后眼睛的状态就会显示为打开，单击后隐藏的内容就可以在页面中打开了。用户在制作的过程中，可以将它的内容显示或隐藏。除了这种方法，也可以将这个面板选中，在它的属性检查器中通过选项来设置显示模式，如图 12-4-16 所示。

图 12-4-16

（3）想要继续添加面板，需要再次单击"Spry 可折叠面板"按钮，再添加一个可折叠面板来继续设置内容。设置完毕后在浏览器中查看最终的效果，如图 12-4-17 所示。

图 12-4-17

Dreamweaver CS6 的 Spry 构件在制作一些特殊效果时非常方便，而且这些构件在使用时不精通编程的用户也可以很快地制作出好看的效果。如果希望使用编程来更好地控制这些构件也是非常的方便，因为在创建这些构件的同时，还会在网页所在的位置处新建相应的 .css 格式文件。用户可以直接将这些文件在 Dreamweaver 中打开，并修改或继续编写。所以，无论是技艺高超的编程人员，还是初学 Dreamweaver 的非专业用户都可以使用"Spry"插入栏来制作自己想要的效果。

12.4.5　Spry 表单控件

再次说起表单，相信大家都不陌生。本章的主要内容是表单，而 Spry 构件的出现，仅是让制作表单更快捷。单击插入栏中的"Spry"选项卡会发现，与"表单"选项卡相比，两者都包含了"Spry 验证文本域"、"Spry 验证文本区域"、"Spry 验证复选框"、"Spry 验证密码"、"Spry 验证确认"、"Spry 验证单选按钮组"选项。这说明，除了"表单"选项卡下的"按钮"、"文本域"、"文本区域"等按钮，还可以运用其他的按钮达到相似的效果。本节中以"Spry 验证密码"为例，讲述如何制作网页注册过程中的输入密码选项。

为了对比，打开之前用文本区域制作的输入密码实例，继续制作。

（1）在"表单"或者"Spry"选项卡中单击"Spry 验证密码"按钮，打开"输入标签辅助功能属性"对话框，在"ID"文本框中输入"psd"，在"标签"文本框中输入"PassWord:"，如图 12-4-18 所示。

"样式"栏中包含了三种不同的样式。

"使用'for'属性附加标签标记"单选按钮用于在表单项两侧添加一个标签标记，此单选按钮使浏览器用焦点矩形呈现与复选框和单选按钮相关联的文本，并使用户能够在相关联文本中的任意位置（而不仅是在复选框或单选按钮控件上）单击来选择该复选框和单选按钮。

"用标签标记环绕"单选按钮用于在表单项的两边添加一个标签标记。

图 12-4-18

"无标签标记"单选按钮即不使用标签标记。

在"访问键"文本框中输入等效的键盘键（一个字母），用于在浏览器中选择表单对象。

在"Tab 键索引"文本框中输入一个数字以指定表单对象的"Tab"键顺序。当你的页面上有其他链接和表单对象，并且需要用户用"Tab"键以特定顺序通过这些对象时，设置"Tab"键顺序就会非常有用。如果你为一个对象设置了"Tab"键顺序，那么一定要为所有对象都设置"Tab"键顺序。

单击"确定"按钮后，在文档中已插入了一个"Spry 验证密码"，如图 12-4-19 所示。

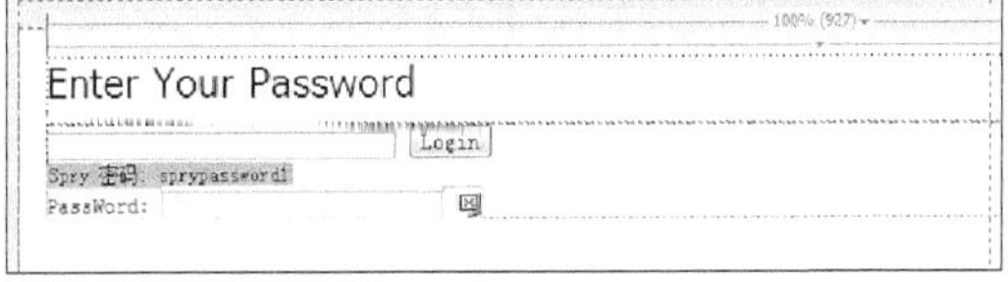

BennyZone

Enter Your Password

图 12-4-19

（2）使用构件时，默认情况下，不会为密码构件设置任何可用选项。因此，单击验证密码构件的蓝色选项卡以选择该构件，在属性检查器中设置其属性，如图 12-4-20 所示。

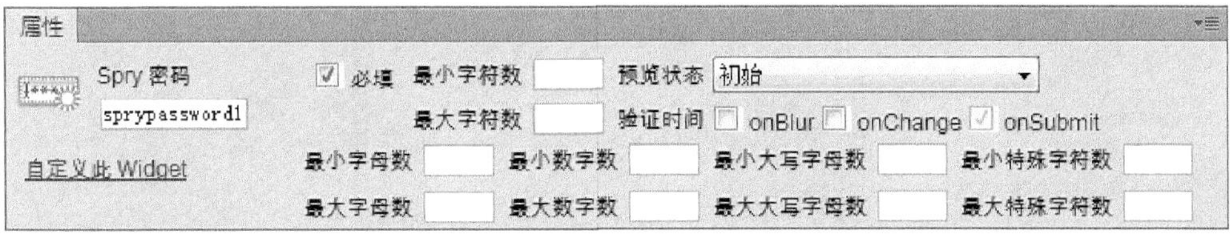

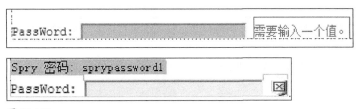

图 12-4-20

设置密码强度：密码强度是指某些字符的组合与密码文本域要求匹配的程度。例如，如果你创建了一个用户需要在其中输入密码的表单，则可能需要强制用户在密码中包含若干大写字母、特殊字符等。

· 最小 / 最大字符数：指定有效的密码所需的最小和最大字符数。

· 最小 / 最大字母数：指定有效的密码所需的最小和最大字母（a、b、c 等）数。

· 最小 / 最大数字数：指定有效的密码所需的最小和最大数字（1、2、3 等）数。

· 最小 / 最大大写字母数：指定有效的密码所需的最小和最大大写字母（A、B、C 等）数。

· 最小 / 最大特殊字符数：指定有效的密码所需的最小和最大特殊字符（!、@、& 等）数。

如果保留上述任一选项为空，将导致构件不验证是否满足该条件。例如，如果最小 / 最大字符数选项保留为空，构件将不查找密码字符串中的字符。

设置验证时间：它包括站点访问者在构件外部单击时、输入内容时或提交表单时。

· onBlur：当用户在密码文本域的外部单击时验证，即该事件会在获得焦点时触发。

· onChange：当用户更改密码文本域中的文本时验证。

· onSubmit：当用户尝试提交表单时验证。提交选项是默认选中的，无法取消其选中状态。

预览状态包括"初始"、"必填"和"有效"三种，"初始"表示默认状态，图 12-4-21 分别为"必填"和"有效"状态下的效果。

PassWord: 　需要输入一个值。

Spry 密码: sprypassword1
PassWord: ☒

图 12-4-21

（3）这里，我们将预览状态设置"必填"，设置完毕后，按下"F12"键查看预览效果。此时，当不输入任何字符直接单击"提交"按钮时，后面会立即出现提示文字，如图 12-4-22 所示。

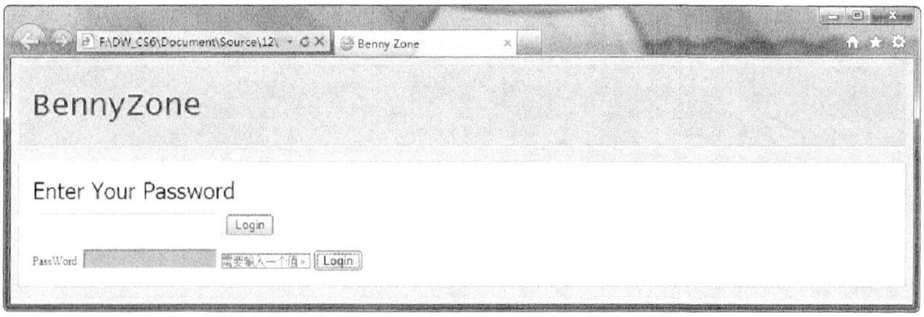

图 12-4-22

12.4.6　Spry 工具效果

当用户将鼠标指针悬停在网页中的特定元素上时,Spry 工具提示构件会显示其他信息。用户移开鼠标指针时,其他内容会消失。还可以通过设置工具提示,使提示内容显示更长时间,以便用户可以与工具提示中的内容交互。

1. 关于 Spry 工具构件

工具提示构件包含以下三个元素。

工具提示容器。该元素包含用户激活工具提示时要显示的消息或内容。默认情况下,视图中会显示"此处为工具提示触发器"的字样。

激活工具提示的浏览器特定。

构造函数脚本。它是指示 Spry 创建工具提示功能的 JavaScript。

插入工具提示构件时,Dreamweaver 会使用 Div 标签创建一个工具提示容器,并使用 <span> 标签环绕"触发器"元素(激活工具提示的浏览器特定)。默认情况下,Dreamweaver 使用这些标签。但对于工具提示和触发器元素的标签,只要它们位于页面正文中,就可以是任何标签。

在使用工具提示构件时,应牢记以下几点。

当你试图打开下个一工具提示时,Dreamweaver 将默认关闭当前打开的工具提示。

用户将鼠标指针悬停在触发器区域上时,会持续显示工具提示。

可用作触发器和工具提示内容的标签种类是没有限制的(但通常建议使用块级元素,以避免可能出现的跨浏览器呈现问题)。

默认情况下,工具提示显示在鼠标指针右侧向下 20 像素的位置。你可以使用属性检查器中的水平和垂直偏移量选项来设置自定义的显示位置。

目前,当浏览器正在加载页面时,是无法打开工具提示的。

工具提示构件只需要极少量 CSS。Spry 使用 JavaScript 来显示、隐藏和定位工具提示。你可以根据页面的需要,使用标准 CSS 技术实现工具提示的任何其他样式。默认 CSS 文件中包含的唯一规则是针对 IE 6 问题的解决方法,以便工具提示显示在表单元素或 Flash 对象的上方。

2. 插入及编辑 Spry 工具构件

Dreamweaver CS6 中"Spry"选项卡下的"Spry 工具提示"按钮是提高网站外观吸引力的一种简洁方式。这种效果几乎可应用于 HTML 页面上的所有元素。用户可以添加 Spry 效果来放大、收缩、渐隐和高亮显示出元素；在一段时间内以可视方式更改页面元素，以及执行更多操作。

在页面上准备插入工具提示的空白区域定位光标，直接选择插入栏中的"Spry"选项卡，单击"🔲（Spry 工具提示）"按钮，或者执行"插入→ Spry → Spry 工具提示"命令。在文档的设计视图中自动插入一个新的工具提示构件和工具提示内容的容器，以及用作工具提示触发器的占位符句子。单击该工具提示容器，在属性检查器中为其设置效果，如图 12-4-23 所示。

图 12-4-23

注意：还可以选择页面上现有的元素（如图像），然后插入工具提示。在执行此操作时，所选的元素将被用作新工具提示的触发器。这里，所选的元素必须是完整标签元素（例如 img 标签或 p 标签），以便 Dreamweaver 能够为其分配 ID（如果该元素还没有 ID）。

在属性检查器中，您可以根据需要自定义一部分工具提示构件的行为，或者直接设置属性检查器中提供的选项。

名称：（Spry 工具提示）工具提示容器的名称。该容器包含工具提示的内容。默认情况下，Dreamweaver 将 < div > 标签用作容器。

触发器：页面上用于激活工具提示的元素。默认情况下，Dreamweaver 会插入 span 标签内的占位符句子，用来作为触发器，但也可以选择页面中具有唯一 ID 的任何元素。

跟随鼠标：选中该复选框后，当鼠标指针悬停在触发器元素上时，工具提示会自动显示其内包含的内容，然后跟随鼠标运动，图 12-4-24 左图所示为鼠标指针刚放在触发器元素上时的效果，图 12-4-24 右图所示为鼠标移动后工具提示跟随移动的效果。

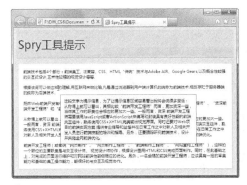

图 12-4-24

鼠标移开时隐藏:选中该复选框后,只要鼠标指针悬停在工具提示上(即使鼠标指针已离开触发器元素),工具提示会一直打开。当工具提示中有链接或其他交互式元素时,让工具提示始终处于打开状态将非常有用。如果未选中该复选框项,则当鼠标指针离开触发器区域时,工具提示元素会关闭。

水平偏移量:计算工具提示与鼠标指针的水平相对位置。偏移量值以像素为单位,默认偏移量为20像素。

垂直偏移量:计算工具提示与鼠标指针的垂直相对位置。偏移量值以像素为单位,默认偏移量为20像素。

显示延迟:工具提示进入触发器元素后在显示前的延迟(以毫秒为单位)。默认值为0。

隐藏延迟:工具提示离开触发器元素后在消失前的延迟(以毫秒为单位)。默认值为0。

效果:主要包括了在工具提示出现时使用的效果类型。遮帘就像百叶窗一样,可向上移动和向下移动以显示和隐藏工具提示。渐隐可淡入和淡出工具提示。但默认值为无。

现在,我们来验证一下本节的"注意"中的内容。

(1)在HTML文档中插入一幅图片。选中图片,单击"Spry"选项卡中的" (Spry工具提示)"按钮,插入一个新的工具提示构件和工具提示内容的容器,以及用作工具提示触发器的占位符句子。

(2)单击该工具提示容器,选中提示容器中的提示文本,用事先准备好的文本替代。然后在属性检查器中为其设置效果属性。这里,我们选中"跟随鼠标"复选框,设置水平偏移量和垂直偏移量均为15像素,效果为"遮帘",如图12-4-25所示。

图12-4-25

(3)设置完毕后,按下"F12"键进行预览,图12-4-26左图所示为鼠标指针刚放在触发器元素上(这里指的是一幅图片)时的效果,图12-4-26右图所示为鼠标指针移动后工具提示内容跟随移动的效果。

Spry工具提示对文本提供了如此多的效果,它能给图像添加这些效果吗?答案应该是肯定的,我们现在就开始验证一下。

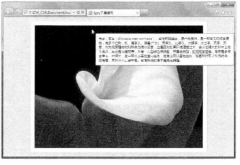

图12-4-26

运用同样的方法，选中文档中的一幅图片，单击"（Spry 工具提示）"按钮，插入一个新的工具提示构件和工具提示内容的容器，以及用作工具提示触发器的占位符句子。

单击该工具提示容器，选中提示容器中的提示文本，按下"Delete"键删掉它，单击"常用"选项卡中的"图像"按钮，插入一幅图片。然后在属性检查器中为其设置效果属性。这里，选中"鼠标移开时隐藏"复选框，水平偏移量和垂直偏移量保持默认，为了看到更明显的效果，设置隐藏迟延值为 1000 毫秒，效果为"渐隐"，如图 12-4-27 所示。

图 12-4-27

设置完毕后，按下"F12"键进行预览，图 12-4-28 左图所示为鼠标指针刚放在触发器元素上（这里指的是一幅图片）时的效果，图 12-4-28 右图所示为鼠标指针移出触发器元素后，由于设置了隐藏延迟，工具提示内容即将隐藏时的效果。

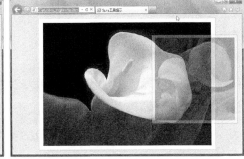

图 12-4-28

12.4.7　为 Spry 工具提示添加行为

Spry 效果具有视觉增强功能，可以将它们应用于使用 JavaScript 的 HTML 页面上的几乎所有的元素。Spry 效果通常用于在一段时间内高亮显示信息，创建动画过渡或者以可视的方式修改页面元素。可以将效果直接应用于 HTML 元素，而无需其他自定义标签。

注意：要给某个元素添加效果，首先该元素当前必须处于选定状态，或者它必须具有一个 ID。例如，如果要给当前未选定的 Div 标签应用高亮显示效果，该 Div 标签必须具有一个有效的 ID 值。如果该元素尚且没有有效的 ID 值，将需要向 HTML 代码中添加一个 ID 值。

效果可以修改元素的不透明度、缩放比例、位置和样式属性（如背景颜色）。可以组合两个或多个属性来创建有趣的视觉效果。

由于这些效果都基于 Spry，因此在用户单击应用了效果的元素时，仅会动态更新该元素，不会刷新整个 HTML 页面。

在 Dreamweaver 中，Spry 包括下列效果，如图 12-4-29 所示。

增大 / 收缩：使元素变大或变小。

挤压：使元素从页面的左上角消失。

晃动：模拟从左向右晃动元素。

滑动：上下移动元素。

显示 / 渐隐：使元素显示或渐隐。

遮帘：模拟百叶窗的效果，通过向上或向下滚动百叶窗来隐藏或显示元素。

高亮颜色：更改元素的背景颜色。

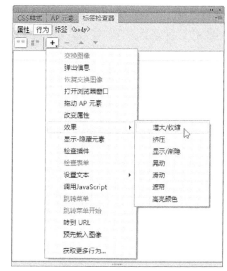

图 12-4-29

注意：当使用效果时，系统会在代码视图中将不同的代码行添加到你的文件中。其中有一行代码用来标识 SpryEffects.js 文件，该文件是包括这些效果所必需的。不要从代码中删除该行，否则这些效果将不起作用。

1. 应用增大 / 收缩效果

注意：此种效果可用于下列 HTML 元素，address、dd、div、dl、dt、form、p、ol、ul、applet、center、dir、menu 和 pre。

下面开始讲解如何为 HTML 页面中的元素添加增大 / 收缩效果。

（1）新建一个 HTML 文件，选择"插入"面板中的"布局"栏，单击"插入 Div 标签"工具（图），插入一个 Div 标签，在弹出的对话框中命名 Div 的 ID 为"myEffect"，如图 12-4-30 所示。

（2）单击"新建 CSS 规则"按钮，以 ID 为规则名称新建样式，设置字体大小为 14px，背景颜色为 #FFF4F4，宽为 500px，padding 为 20px，margin 为 40px，边框为实线 solid，边框宽为 2px，边框颜色为 #CCCCCC，最终效果如图 12-4-31 所示。

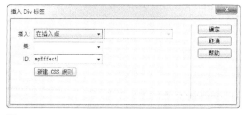

图 12-4-30

图 12-4-31

（3）在 Div 中插入一张图片，设置图片样式左浮动（float:left），输入一段文字，最终效果如图 12-4-32 所示。按快捷键"Ctrl+S"保存文件，这样我们添加 Spry 效果的素材便制作好了。

（4）将光标定位于文档中，调出"行为"面板（执行"窗口→行为"命令），单击"加号"(+)按钮，从弹出的下拉列表框中选择"效果→增大 / 收缩"选项。在弹出的"增大 / 收缩"对话框中，设置相关选项，如图 12-4-33 所示。

图 12-4-32   图 12-4-33

从"目标元素"下拉列表框中，选择元素的 ID。该下拉列表框中列出了文档中可添加效果且有命名 ID 的元素，如果已经在文档中选择了元素，则选择"＜当前选定内容＞"选项。

在"效果持续时间"文本框中，定义此效果所需的持续时间，单位为毫秒。

从"效果"下拉列表框中，选择要应用的效果："增大"或"收缩"。

在"增大自 / 收缩自"文本框中，定义元素在效果开始时的大小。该值可以是百分比大小或具体的像素值。

在"增大到 / 收缩到"文本框中，定义元素在效果结束时的大小。该值可以是百分比大小或具体的像素值。

如果为"增大自 / 收缩自"或"增大到 / 收缩到"文本框选择像素值，"宽 / 高"选项就会可见。此时，所选元素将根据你选择的选项相应地增大或收缩。

选择希望的元素增大或收缩到页面中的位置："左上角"还是"居中对齐"。

如果希望该效果是可逆的（也就是连续单击即可增大或收缩），则选中"切换效果"复选框。

（5）在"增大 / 收缩"对话框中，选择目标元素为"div'myEffect'"，效果持续时间为"1000 毫秒"，效果为"收缩"，输入收缩到值为"50%"，收缩到方式为"居中对齐"，并且选中"切换效果"复选框。执行菜单命令"文件→保存全部"保存所有文件。

（6）按下"F12"键，查看预览效果。我们可以看到当单击 Div 中任意区域时，内容会收缩到 50%，再单击一下又恢复原貌，如图 12-4-34 所示，左图是收放到 100% 的效果，右图是收缩到 50% 的效果。

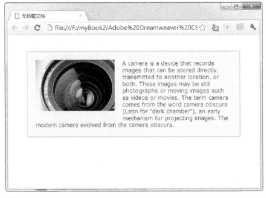

图 12-4-34

注意：如果对预览后的效果不是十分的满意，可以对该效果进行再次编辑。打开行为面板（执行"窗口→行为"命令），双击效果名称或者在效果名称上单击鼠标右键，在弹出的快捷菜单中选择"编辑行为"命令，如图 12-4-35 所示。

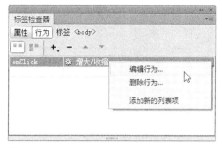

图 12-4-35

2. 应用挤压效果

注意：此效果仅可用于下列 HTML 元素，address、dd、div、dl、dt、form、img、p、ol、ul、applet、center、dir、menu 和 pre。

下面开始讲解如何为 HTML 页面中的元素添加挤压效果。

（1）使用上一节的实例，在"行为"面板中删除"增大 / 收缩"效果，单击"加号"(+) 按钮，从弹出的下拉列表框中选择"效果→挤压"选项。在弹出的"挤压"对话框中，设置相关选项，如图 12-4-36 所示。

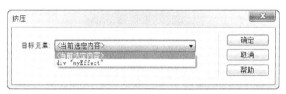

图 12-4-36

（2）与"增大 / 收缩"面板操作类似，在"挤压"对话框中，选择目标元素为"div 'myEffect'"，按快捷键 Ctrl+S 保存文件。

（3）按下"F12"键，查看预览效果。单击 Div 任意区域时，Div 向左上角收缩，最终内容消失，由于我们设置了 div 的 padding、margin 和边框样式，最终效果 Div 收缩到只剩一个矩形，如图 12-4-37 所示，左图为未触发挤压的效果，右图为触发挤压的效果。如果未设置边距边框等样式，如图片，在应用挤压效果后，目标元素最终将会消失。

图 12-4-37

3. 应用显示 / 渐隐效果

注意：此效果可用于除下列元素之外的所有 HTML 元素，applet、body、iframe、object、tr、tbody 和 th。

下面开始讲解如何为 HTML 页面中的元素添加显示 / 渐隐效果。

（1）使用上一节的实例，在"行为"面板中删除"挤压"效果，单击"加号"(+) 按钮，从弹出的下拉列表框中选择"效果→显示 / 渐隐"选项。在弹出的"挤压"对话框中，设置相关选项，如图 12-4-38 所示。

图 12-4-38

从"目标元素"下拉列表框中，选择元素的 ID，指定应用效果的目标元素。

在"效果持续时间"文本框中，定义此效果所需的持续时间，单位为毫秒。

从"效果"下拉列表框中，选择要应用的效果："显示"或"渐隐"。

在"渐隐自"文本框中，定义显示此效果所需的不透明度的百分比。

在"渐隐到"文本框中，定义要渐隐到的不透明度的百分比。

如果希望该效果是可逆的（也就是连续单击即可显示或渐隐），则选中"切换效果"复选框。

（2）选择目标元素为"div'myEffect'"，设置完成"显示 / 渐隐"对话框中的属性并保存文件，按下"F12"键，查看预览效果。单击 Div，如图 12-4-39 左图所示为目标元素渐隐自"100%"的不透明度显示时的效果，图 12-4-39 右图为目标元素渐隐到"50%"的不透明度时的效果。

图 12-4-39

4. 应用晃动效果

注意：此效果适用于下列 HTML 元素，address、blockquote、dd、div、dl、dt、fieldset、form、h1、h2、h3、h4、h5、h6、iframe、img、object、p、ol、ul、li、applet、dir、hr、menu、pre 和 table。

下面开始讲解如何为 HTML 页面中的元素添加晃动效果。

在"行为"面板中删除 div "myEffect" 的显示 / 渐隐效果，单击"加号"(+) 按钮，从弹出的下拉列表框中选择"效果→晃动"选项。在弹出的"晃动"对话框中，设置相关选项，如图 12-4-40 所示。

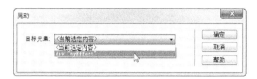

图 12-4-40

选择好目标元素后，按下"F12"键，查看预览效果。当我们单击 Div 内容时，整个 Div 会像弹簧一样左右晃动最终静止。

5. 应用滑动效果

注意：如果想看到正常的滑动效果，必须将目标元素封装在具有唯一 ID 的容器标签中。用于封装目标元素的容器标签必须是 blockquote、dd、form、div 或 center。

而目标元素标签必须是以下标签之一：blockquote、dd、div、form、center、table、span、input、textarea、select 或 image。

下面开始讲解如何为 HTML 页面中的元素添加滑动效果。

应用滑动效果需要特别注意，必须把目标元素封装在一个容器标签中，然后选择容器标签应用滑动效果。使用上一节中的例子，我们需要在 myEffect 的 div 外封装一个 Div。首先在"行为"面板中删除 myEffect 的所有效果，打开代码视图，在 myEffect 的外层增加一层 ID 为"wrapper"的容器，如图 12-4-41 所示。

回到设计视图，打开"行为"面板，单击"加号"(+) 按钮，从弹出的下拉列表框中选择"效果→滑动"选项。在弹出的"滑动"对话框中，设置相关选项，如图 12-4-42 所示。

图 12-4-41

图 12-4-42

"目标元素"指定应用滑动效果的目标元素容器 ID，这里我们要选择"div'wrapper'"，而不能选择"div'myEffect'"，因为 wrapper 是 myEffect 的容器。

在"效果持续时间"文本框中，定义此效果所需的持续时间，单位为毫秒。

从"效果"下拉列表框中，选择要应用的效果："上滑"或"下滑"。

在"上滑自"文本框中，以百分比或具体的正像素值来定义起始滑动点。

在"上滑到"文本框中，以百分比或具体的正像素值来定义滑动结束点。

如果希望该效果是可逆的（也就是连续单击即可上滑或下滑），则选中"切换效果"复选框。

设置完成"滑动"对话框中的属性后，按下"F12"键，查看预览效果。单击触发器元素（提示工具构件），图 12-4-43 左图所示为目标元素没有滑动时的效果，右图为目标元素上滑时的效果。

图 12-4-43

6. 应用遮帘效果

注意：此效果仅可用于下列 HTML 元素，address、dd、div、dl、dt、form、h1、h2、h3、h4、h5、h6、p、ol、ul、li、applet、center、dir、menu 和 pre。

下面开始讲解如何为 HTML 页面中的元素添加遮帘效果。

遮帘效果的应用操作与增大 / 收缩等效果操作类似，调出"行为"面板（执行"窗口→行为"命令），单击"加号"(+) 按钮，从弹出的下拉列表框中选择"效果→遮帘"选项。在弹出的"遮帘"对话框中，设置相关选项，如图 12-4-44 所示。

图 12-4-44

"目标元素"下拉列表框中，选择目标元素的 ID。

"效果持续时间"文本框中，定义此效果所需的持续时间，单位为毫秒。

"效果"下拉列表框中，选择要应用的效果："向上遮帘"或"向下遮帘"。

"向上遮帘自 / 向下遮帘自"文本框中，以百分比或具体像素值的形式定义遮帘的起始滚动点。这些值是从元素的顶部开始计算的。

"向上遮帘到 / 向下遮帘到"文本框中，以百分比或具体像素值的形式定义遮帘的结束滚动点。这些值是从元素的顶部开始计算的。

勾选"切换效果"复选框，该效果便可连续单击上滑或下滑。

设置完成"遮帘"对话框中的属性后，按下"F12"键，查看预览效果。单击 Div 后 Div 内容向上卷起，再单击一下向下卷开，如图 12-4-45 所示，左图为未卷起，右图为已卷起。

图 12-4-45

7. 应用高亮颜色效果

注意：此效果可用于除下列元素之外的所有 HTML 元素，applet、body、frame、frameset 和 noframes。

下面开始讲解如何为 HTML 页面中的元素添加高亮颜色效果。

将光标定位于文档中，调出"行为"面板（执行"窗口→行为"命令），单击"加号"(+) 按钮，从弹出的下拉表框中选择"效果→高亮颜色"选项。在弹出的"高亮颜色"对话框中，设置相关选项，如图 12-4-46 所示。

图 12-4-46

从"目标元素"下拉列表框中，选择元素的 ID。

在"效果持续时间"文本框中，定义此效果所需的持续时间，单位为毫秒。

从"起始颜色"的颜色选择器中选择希望的颜色以开始高亮显示，也可以直接输入颜色值。

从"结束颜色"的颜色选择器中选择希望的颜色以结束高亮显示，也可以直接输入颜色值。此效果将持续的时间是在"效果持续时间"文本框中定义的时间。

从"应用效果后的颜色"的颜色选择器中选择元素在完成高亮显示之后的颜色,也可以直接输入颜色值。

如果希望该效果是可逆的（也就是连续单击即可上滑或下滑），则选中"切换效果"复选框。

设置完成"高亮颜色"对话框中的属性后，按下"F12"键，查看预览效果。单击 Div，如图 12-4-47 左图所示为目标元素开始高亮显示时的效果，图 12-4-47 右图所示为目标元素结束高亮显示时的效果，图 12-4-47 下图所示为目标元素在完成高亮显示之后的效果。

图 12-4-47

8. 添加其他效果和删除效果

在 Dreamweaver 中，同样也可以为同一个元素关联多个效果行为，以得到许多令人意想不到的效果。

选择要为其添加效果的内容或布局元素。在"行为"面板（执行"窗口→行为"命令）中单击"加号"(+) 按钮，从"效果"下拉列表框中选择想要添加的效果。这里，我们通过多次重复来为对象添加多个效果，如图 12-4-48 所示。

既然可以为同一个元素关联多个效果行为，同样，对于令我们不是很满意的一个或多个行为效果，也可以直接将其删除掉。

选择要为其应用效果的内容或布局元素。在"行为"面板（执行"窗口→行为"命令）中，单击要从行为列表框中删除的效果。通过直接单击"删除事件"按钮 (−) 或者右键单击（Windows）或按住 Control 并单击（Macintosh）要删除的行为，然后选择"删除行为"命令，如图 12-4-49 所示。

图 12-4-48   图 12-4-49

网站的创建与管理 13

学习要点：

- 站点的概念
- 规划站点
- 站点资源的类型
- "资源"面板的使用
- 创建本地站点
- 创建和管理文件

对于网站这个概念，用户可以将它理解为一组具有共同属性的链接文档和资源，即它是由一个个网页通过超级链接组成的。Adobe Dreamweaver 一方面是一个用于站点创建的软件，另一方面是一个管理站点的工具。它不仅能够创建单独的文档，还可以创建完整的网站。要想制作出精美的网站，不仅需要熟练使用网页设计软件，还要掌握网站建设中的一些规范以及网站开发的流程。

13.1 规划网站

在做任何事情之前都要先将准备工作做充分。用户在制作一个网站时，除了要收集或制作网站中需要的图像素材，还需要对这个网站的相关信息进行详细的了解，文字资料也是很重要的。那么有了这些资料，就要对整个网站的布局进行规划，另外要考虑好与这个网站相关的一些外部影响因素。

13.1.1 网站与访客

网页设计的计划与其他任何设计步骤一样是必不可少的。虽然一个详细的计划会占据相当多的时间，但是它能使网站具有统一的外观和感觉，使网站用起来方便、快捷。在刚开始进行站点的创建时，为了确保站点成功，应该按照一系列的规划步骤进行。即使创建的是一个很小的网站，仔细规划站点也是非常有益的，这样做可以确保每个人都能够成功地使用站点。

规划和设计一个网站之前还要考虑受众群体。必须考虑潜在的用户是哪些人，通常对站点预期受众的清醒认识将极大地影响一个站点的风格。

选择好浏览者的群体，并确定他们将使用何种计算机、链接速度和浏览器等，然后就可以确定设计的目标了。

13.1.2　创建具有浏览器兼容性的站点

浏览器兼容性问题又被称为网页兼容性或网站兼容性问题，指网页在各种浏览器上的显示效果可能不一致而产生浏览器和网页间的兼容问题。创建网站时做好浏览器兼容，才能够让网站在不同的浏览器下都正常显示，给用户更好的使用体验。

浏览器兼容性问题的产生，是因为不同浏览器使用内核及所支持的 HTML 等网页语言标准不同，以及客户端、移动端的环境不同（如分辨率不同）造成的显示效果不同。最常见的问题就是网页元素位置混乱、错位。

目前暂没有统一解决兼容性问题的工具，最普遍的解决办法是不断地在各种浏览器之间调试网页显示效果，通过对 CSS 样式控制以及脚本判断赋予不同浏览器的解析标准。

要实现的网页效果除了可以使用框架，还有另外一个解决办法，就是在开发过程中使用当前比较流行的 JS、CSS 框架，如 jQuery、Mootools、960 Grid System 等，因为这些框架无论是底层，还是应用层一般都已经做好了浏览器兼容，前端工程师在开发的时候可以放心使用。除此之外，CSS 还提供了很多 Hack 接口可供使用，Hack 既然可以实现跨浏览器兼容，也可以实现同一浏览器不同版本的兼容。不过，这里并不是很提倡使用 CSS Hack，因为它不是 W3C 的标准，虽然能迅速区分浏览器版本，并可能获得大概一致的效果，但是同时也可能引起更多新的错误，所以，不到万不得已，不要轻易使用 CSS Hack。

如果用户在网页的布局、动画、多媒体内容以及交互方面使用的比较多且比较复杂，在进行跨浏览器浏览时它的兼容性就比较小。比如 JavaScript 特效并不是在所有的浏览器中都可以运行。一般情况下没有使用特殊字符的纯文本页面可以在任何浏览器中正确地显示，但是和图形、布局以及交互的页面相比，这样的页面又会在美感上欠缺很多。介于这些因素，用户在设计网页时就应该在得到最佳效果的同时，保持浏览器兼容性与设计之间的平衡。

13.1.3　组织站点结构和文件夹命名原则

从一开始就认真地组织站点可以减少失误并节省时间。如果没有考虑文档在文件夹层次结构中的位置就开始创建文档，那么最终可能会导致用户创建了一个充满文件的巨大文件夹，从而导致相关的文件散布在许多名称类似的文件夹中。

那么在设置站点的时候要如何才能避免这些情况发生呢？用户可以在本地磁盘上创建一个包含站点所有文件的文件夹，将它称作本地站点，然后在该文件夹中创建和编辑文档。在准备发布站点并允许公众查看时，再将这些文件复制到 Web 服务器上即可。这种方法比在实时公共网站上创建和编辑文件好的原因就是，它允许在公开网站之前先在本地站点进行测试，如果有需要更改的地方可以在公开之前先更改过来，然后上传本地站点文件并更新整个公共站点。

组织站点结构过程中，文件夹命名需要规范，一般采用英文，长度一般不超过 20 个字符，命名采用小写字母。文件名称统一用小写英文字母、数字和下画线的组合，避免使用特殊符号，如"&"、"+"、"、"等，它们会导致网站不能正常工作。并且不重复使用本文件夹或者其他上层文件夹的名称。命名原则的指导思想：一是使设计者能够方便地理解每一个文件的意义，即"望名知意"，二是当在文件夹中使用"按名称排列"命令时，同一大类的文件能够排列在一起，以便进行查找、修改、替换等操作。

一般用户在创建本地站点的时候，常用字母组合来创建文件夹。例如，"Images"或"Img"用来存放页面中使用的图片文件，"Css"用来存放 CSS 样式表文件，在页面中使用的多媒体文件可以放在"Media"文件夹，如图 13-1-1 所示。

图 13-1-1

创建这些文件夹，可以使用户的站点资料非常有条理。本地站点和远程网站应该具有完全相同的结构。如果用户使用 Dreamweaver 创建本地站点，然后将它们的全部内容都上传到远程站点，则 Dreamweaver 会确保在远程站点中精确地复制本地结构。

13.1.4 确定站点风格

风格是指网站整体形象给浏览者的综合感受，包括站点的 UI（标志、色彩、字体、标语）、版面布局、浏览方式、交互性、文字、内容价值等诸多因素。举几个例子：我们会觉得迪斯尼是生动活泼的，IBM 则是专业、严肃，而 Apple 的网站则是给人一种现代、时尚的感觉。只是，这些"感觉"都是没有公式或规则可循的。所以一个网站的风格定位，除了要跟公司的企业文化、企业 LOGO 相结合，还要考虑到行业特点、受众群体等要素，才能建设出最适合企业的网站。

当用户浏览一个网站时，一般会有这样的情况，不管打开这个网站的哪个部分，它们的每个页面风格都会保持一致，有时甚至连布局都差不多。实际上这就是网站的一致性特点。风格和布局的一致，会使用户在浏览网站时能够顺利地浏览站点的页面，而不会因为所有页面具有不同外观或者每页导航位置不同而感到麻烦。

13.1.5 设计导航方案

除了站点和页面的规划，另外一个需要规划的部分就是导航。在设计站点时应该考虑要给访问者留下何种印象，访问者如何能更容易地从一个区域移动到另一个区域。导航栏的形式多样，可以是简单的文字链接，也可以是设计精美的图片或丰富多彩的按钮，还可以是下拉菜单导航。导航设计中需要考虑以下几点。

导航信息可以使访问者很容易地了解他们在站点中的位置以及如何返回顶级页面。

设计导航的外观：导航在整个站点范围内应该一致。如果将导航条放在主页的首页上面，那么用户就需要使所有链接的页面都保持和首页的一致，如图 13-1-2 所示。

图 13-1-2

搜索和索引：使访问者可以很容易地找到任何正在查找的信息，如图 13-1-3 所示。

反馈：为访问者提供站点有问题时与网站管理员（如果需要）联系的方法，以及与公司或站点相关的其他人员联系的方法，如图 13-1-4 所示。

图 13-1-3

图 13-1-4

13.1.6　规划和收集资源

一个网站最不可缺少的就是众多的资源，资源可以是图像、文本或媒体等。在开始正式制作网页之前，要确保收集了所有资源并做好了准备，如果资源太少可能会出现工作到一半的时候，由于找不到一幅合适的图像或创建一个按钮而中断网站的开发。

如果用户使用的图像是来自某个剪贴画站点的图像和图形，或者其他人正在创建它们，要确保将它们收集并放在站点的一个文件夹中。当然这些资源也可以自己创建，不过若在资源中使用鼠标指针经过图像技术，还要准备需要的任何图像，然后组织这些资源，使用户在使用 Dreamweaver 创建站点时可以方便地找到它们，如图 13-1-5 所示。

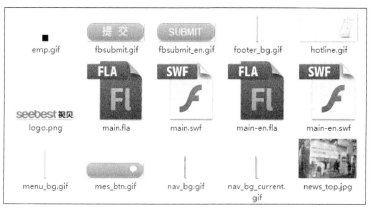

图 13-1-5

Dreamweaver 可以使用户通过使用模板和库，更容易在各种文档中重复使用页面布局和页面元素。而且，使用模板和库创建新页面比将模板和库应用于现有文档更容易。特别是在创建一个网站时，如果许多页面都要使用同样的布局，用户就可以先为该布局设计和规划一个模板，然后就可以基于此模板创建新的页面。而在修改的时候也同样非常方便，只需修改模板的公用部分就可以了。

对于整个站点中频繁出现的图像或其他内容，用户可以使用库项目，在使用之前可以提前对该内容进行设计并使它成为库项目。这样，在以后更改这个项目时，用户只需修改一个就可以让所有使用它的页面产生更改。

13.2 使用"资源"面板

用户可以通过两种方式使用"资源"面板：将"资源"面板作为简单的站点资源列表，或者将某些个人喜爱的资源集合起来，作为收藏资源列表。"资源"面板自动将站点中的资源添加到站点资源列表中，默认初始时收藏资源列表是空的，可以根据个人喜好设置收藏资源列表。

13.2.1 查看资源

资源在"资源"面板中又分为不同的类别。用户可以通过单击类别按钮选择查看其中的某一类别。除了模板和库对象只有一种列表外，其他类别都有两种视图列表方式。

"资源"面板提供的两种视图列表方式。

"站点"列表：其中可以显示所选站点中的所有资源，包括在该站点中的任何文档使用的图像、颜色、URL 等。

"收藏"列表：其中仅显示个人喜好选择的资源集合。它和站点列表并无多大区别，只是有些任务只能在收藏列表中进行操作。

默认情况下，各个类别中的资源按名称的字母顺序列出。用户还可以根据其他标准对资源进行排列。通过"资源"面板能够预览某一类别中的资源，并通过拖动相邻两个列名字中间的分隔符号，更改各列预览区域的大小。

在菜单栏中执行"窗口→资源"命令，即可打开"资源"面板，如图 13-2-1 所示。"资源"面板分为两部分，一部用来预览选中的内容，另一部分是当前面板中拥有的文件。用户可以将鼠标指针放到预览部分和文件部分的分隔线处，当鼠标指针变为拉伸符号时，可以对其任意拖动以改变预览部分和文件部分的区域。

图 13-2-1

13.2.2　选取资源类别

在"资源"面板里，通过使用图标的标示，可以使用户很快捷地找到需要的资源，而通过在"资源"面板中的分类，可以使所有资源显示在不同类别的站点资源列表中，无论这些文件是否被使用。这比"文件"面板显得更为快捷。

若要查看某一类别的资源，则可以单击资源类别中的类别图标。在此 Dreamweaver 提供了以下几个类别。

"图像"类别：用来存放 GIF、JPEG 和 PNG 格式的图像文件。

"颜色"类别：文件或样式表中使用的颜色集合，包括文本颜色、背景颜色和链接颜色。

"URLs"类别：用来存放当前站点文件中使用的外部 URL 链接。此类别通常包括本地文件（file://）等。

"SWF"类别：在网页中需要用到的由 Flash 生成的动画格式文件。此类别中仅显示 Flash 动画压缩文件（.swf 格式），而不显示 Flash 源（.fla 格式）文件。

"Shockwave"类别：任何版本的 Shockwave 格式动画文件。

"影片"类别：QuickTime 或 MPEG 的动态影像格式文件。

"脚本"类别：当使用 JavaScript 生成脚本文件时，可以存放在这个类别中。在 HTML 文件中直接编写的脚本并不包含在资源列表中，资源列表显示的是独立的脚本文件。

"模板"类别：给用户提供了一种方便的方法，可以通过模板页面生成许多相似页面布局的页面，极大地提高了页面编辑和修改的效率。

"库"类别：在多个页面中可以重复使用的元素，可以极大地提高页面元素编辑和修改的效率。库对象的更新，将使用库对象的页面自动同步更新。

注意：资源面板中只有符合上面分类的文件才会被显示，某些其他类型的文件虽然也是站点的资源，但不在面板中显示。

13.2.3　添加资源

在文件窗口的设计视图中，用户可以直接通过拖曳的方式或者单击"插入"按钮，将资源添加到页面上。使用这种方法，用户也可以为元素添加颜色或 URL，如文本、图像。

将资源添加到页面窗口中，需先在页面中将光标放置在希望添加资源的位置，并在"资源"面板中的左侧选择要插入的资源类别。

注意：这里只可以选择除模板外的任何资源类别，因为模板是供整个文档使用的，不能作为添加对象插入到文档中。

然后，选择"站点"类别列表或"收藏"类别列表，找到要插入的资源。

注意：在库对象中，没有"站点"和"收藏"列表的区别，可以略过该步骤。

将资源从面板直接拖曳到文档中或在面板中选择资源,然后单击面板的底部的"插入"按钮,如图13-2-2所示。

图 13-2-2

资源即被添加到文档中（如果资源为颜色，则将在光标所在的地方开始应用该颜色，其后使用的文字内容也将以该颜色显示）。

13.2.4　选择和编辑资源

在收藏的资源里，大多数的资源在使用的时候是不能满足要求的，在"资源"面板里，Dreamweaver 不仅可以使用户同时选择多个资源，还提供了编辑资源的快速方法。

1. 选择资源

在"资源"面板中，选择多个资源只需在按住"Shift"键的同时，单击一个资源，再单击另一个资源，就可以选取这两个资源间的所有文件。

2. 编辑资源

在"资源"面板中选择资源，然后单击面板底部的"编辑"按钮。在根据资源的类型对其进行编辑。

13.2.5　在站点间使用资源

为了不损坏其他的站点，若要在站点间移动和使用资源，就需要清楚地知道当前资源所在的站点，资源使用才会更方便和安全。"资源"面板通常会按照一定的顺序排列所有当前站点的资源。要在一个站点里使用另一个站点的资源，就需要把资源从另外的站点复制到所在站点。

首先，在"资源"面板中的左侧选择要查找的资源的类别，然后，在"资源"面板中右键单击资源文件的名称或图标，在弹出的快捷菜单中选择"在站点定位"命令，如图 13-2-3 所示。需要注意的是，"在站点定位"命令对于颜色和 URL 不可用，因为颜色和 URL 没有对应的独立文件，而且不与站点中的文件相对应。

图 13-2-3

接着，右键单击需要复制的资源，在弹出的快捷菜单中选择"复制到站点"命令，并从子菜单中选择目标站点的名称，如图 13-2-4 所示。

图 13-2-4

这样，资源就被复制到当前站点中，并为其所用。此时，Dreamweaver 将根据需要在当前站点的层次结构中创建新文件夹。资源还会被添加到当前站点的"收藏"列表中。

用户在打开的站点的 HTML 文档中可以查看到资源已被放置在此文档资源列表中。

13.2.6　刷新"资源"面板

在制作一个较为复杂的网页时，需要的文件资源很多，文件量很大，在修改的时候就需要在"资源"面板中对修改后的文件进行刷新，以便创建新的资源列表。但是，有些更改并不会立即在"资源"面板中体现。例如，当用户在站点中添加或删除资源文件时，"资源"面板的列表并不会立刻发生改变，或者当用户在站点中删除某些资源或保存了某个新文件，而文件中包含站点原来没有的新资源（如颜色、URLs 等）。这就需要对其进行手动更新以便获取最新的信息。

首先，在"资源"面板中选中位于面板顶部的"站点"单选按钮，以便确定是在当前站点资源列表中进行操作。然后，单击"资源"面板底部的"刷新站点列表"按钮。"资源"面板将读取缓存文件的资料更新列表显示。

用户还可以以手动方式重建站点缓存并刷新"站点"列表，在"资源"面板中右键单击资源列表，然后从弹出的快捷菜单中选择"刷新站点列表"命令，即可完成。

13.2.7　管理"资源"面板

"资源"面板的"站点"列表总是显示站点内所有的可识别资源，该列表对于一些大型网站来说就会变得过于繁杂。如果这样，用户可以将常用的资源添加到"收藏"列表中，并给它们重命名，或者将相关的资源归为一类放在一个新建的收藏夹中，这样可以提醒用户它们的用途，也方便在"资源"面板中查找它们。

1. 在"收藏"列表中增删资源

在"收藏"列表中增加资源。用户可以使用在"站点"列表中选择一个或多个资源，然后单击该面板底部的"添加到收藏夹"按钮。还可以在"站点"列表中选取一个或多个资源，单击面板右上角的小箭头，从弹出的下拉列表框中选择"添加到收藏夹"选项，就可以将选中的资源添加到"收藏"列表中。

在"收藏"列表中增加的资源，是不能添加到"站点"列表中的，因为"站点"列表只包含站点已经存在的内容。模板和库项目没有"收藏"列表，所以没有"站点"列表和"收藏"列表的区别。

从"收藏"列表中删除资源。用户只需在"资源"面板的"收藏"列表中选择一个或多个资源，然后，单击面板底部的"从收藏中删除"按钮即可完成，如图 13-2-5 所示。

图 13-2-5

资源将从"收藏"列表中被删去，但仍然保留在"站点"列表中。如果删除一个收藏文件夹，则该文件夹及其中的所有资源都被从"收藏"列表中删除。

2. 为资源重命名

在"资源"面板中，用户可以给"收藏"列表中常用的资源重命名。例如，如果有一个属性值为"#999900"的颜色，则可以使用带有描述性的文字来代替，例如"背景色"、"重要文字色"等。这样，当需要使用的时候就可以很快找到并使用。

在"资源"面板中，选择包含该资源的类别。然后，选中"收藏"单选按钮以显示"收藏"列表。

接着，在"资源"面板中右键单击列表中资源的名称或图标，然后从弹出的快捷菜单中选择"编辑别名"命令。在为该资源输入一个名称后，按回车键确定。收藏资源将按照别名显示在列表中。

注意：在"资源"面板中，用户可以在"收藏"列表中为资源重命名。但在"站点"列表中，资源必须按照其真实的文件名和属性值命名。

3. 将资源归类到收藏夹中

为了更方便地管理资源，在"资源"面板的列表中，用户可以将资源归类到文件夹形式的"收藏"列表中。例如，将大量用于数据表格页面的图片资源归类组合为"统计图片夹"。

首先，创建收藏夹，选中位于"资源"面板顶部的"收藏"单选按钮，以显示"收藏"列表。然后，单击面板底部的"新建收藏夹"按钮，并为该文件夹输入一个名称，按回车键确定。最后将资源拖动到文件夹中即可。

13.3 创建 Dreamweaver 本地站点

创建一个站点是制作网站的第一步。可以更好地利用站点窗口对站点文件进行管理，也可以尽可能地减少错误的出现。在用户熟练地掌握了 Dreamweaver 的使用方法，并且只需制作单个网页时，可以省去这一步。

另外，定义站点的过程中，文件夹的命名尤为重要，切记勿用中文，它会在上传网站时带来许多不必要的麻烦。

13.3.1 使用站点向导创建站点

Dreamweawer CS6 的站点创建相对于之前的版本有所提升。站点设置对象主要包括站点、服务器、版本控制和高级设置。

在菜单栏中执行"站点→新建站点"命令，在打开的定义站点对话框中，用户可以直接对站点进行一些基本的设置，也可以选择"高级设置"选项进行比较详细的设置。"高级设置"选项比较适用于对Dreamweaver 比较熟悉的用户，对站点的属性进行更加详细的设置和调整，完全按照用户自己的意愿进行。

在 Dreamweaver CS6 中，"管理站点"对话框虽然大部分功能保持不变，但给人焕然一新的感觉。附加功能包括创建或导入 Business Catalyst 站点的能力。这里先对站点进行基本的建立和设置。在菜单栏中执行"站点→管理站点"命令，打开一个"管理站点"对话框，如图 13-3-1 所示。

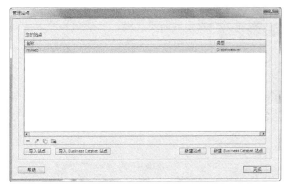

图 13-3-1

在该对话框中右下角单击"新建"按钮，在弹出的下拉列表框中选择"站点"选项。随即弹出"站点设置对象 未命名站点 2"对话框，如图 13-3-2 所示。一般情况下，对话框名称应该为"站点设置对象 未命名站点 1"，而本例中是因为事先我们已经创建过一个站点。

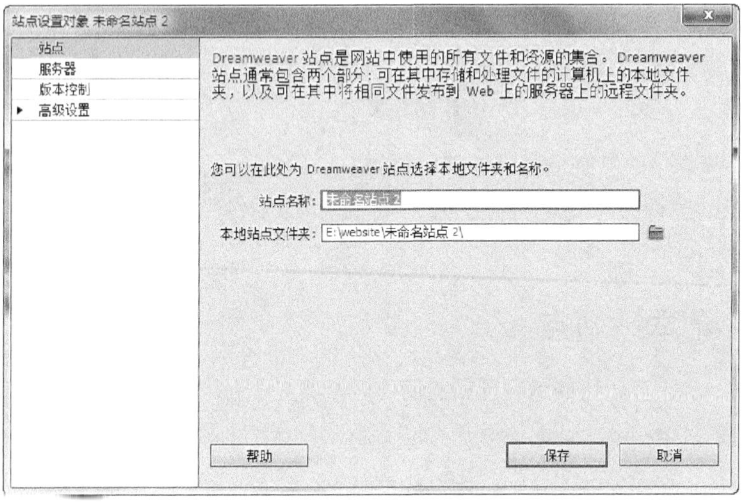

图 13-3-2

在该对话框中，我们可以设置显示在"文件"面板和"管理站点"对话框中的站点名称，并可以选择本地存储站点文件、模板和库项目的文件夹，如图 13-3-3 所示。

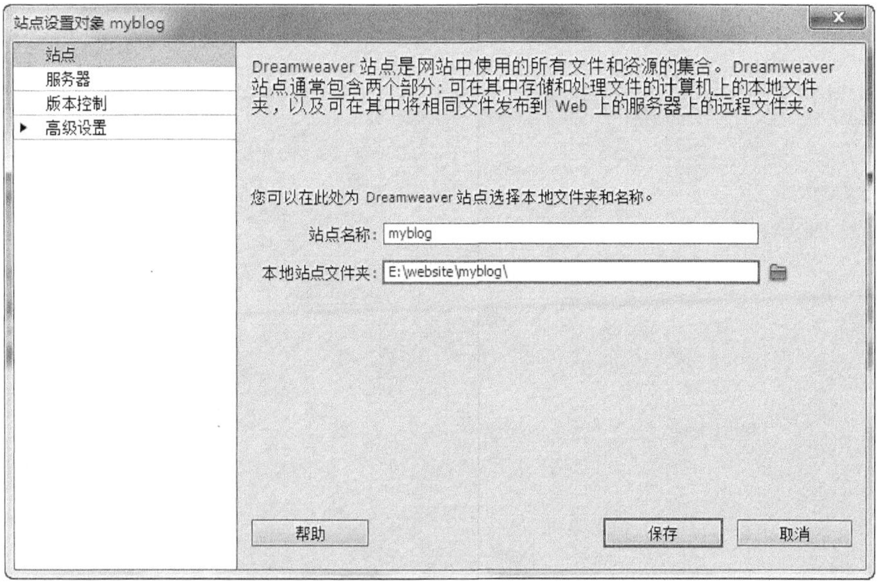

图 13-3-3

站点的名称和存储的文件夹设置好之后，可以对站点的"服务器"类别进行设置，用户指定远程服务器和测试服务器。如果仅在 Dreamweaver 站点中工作，可以跳过这一项的设置，如果需要连接到远程服务器，可以单击页面左下角的加号，添加新服务器，如图 13-3-4 所示。

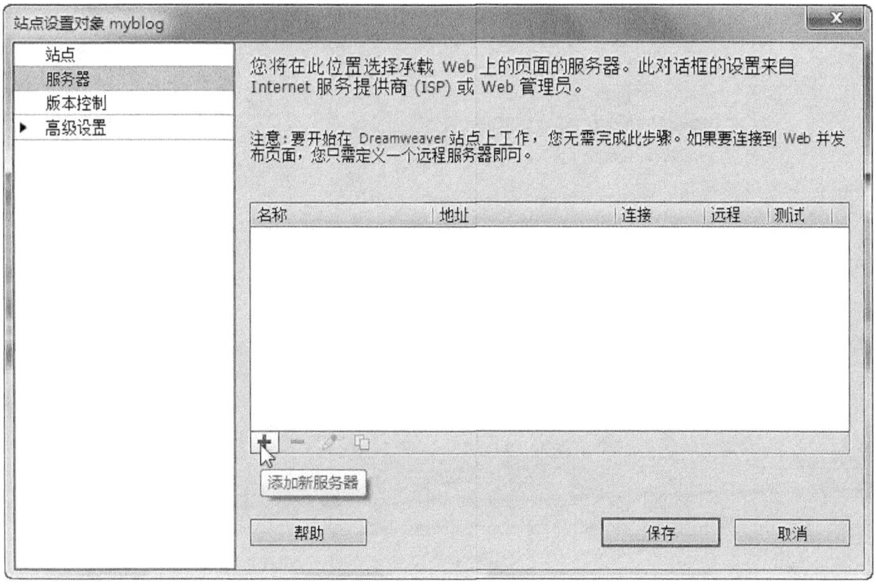

图 13-3-4

这里对服务器的设置有"基本"和"高级"两个部分。"基本"设置主要是对服务器的名称、连接方法等进行设置。一般地,服务器默认的连接方法为 FTP 连接。其他的连接方法还有,SFTP、FTP over SSL/TLS(隐式加密)、FTP over SSL/TLS (显式加密)、本地 / 网络、WebDAV 和 RDS,如图 13-3-5 所示。如果需要进一步设置,可以展开"更多选项"栏进行设置。

图 13-3-5

"高级"设置是对远程服务器和测试服务器的服务器模型进行设置,如图 13-3-6 所示。

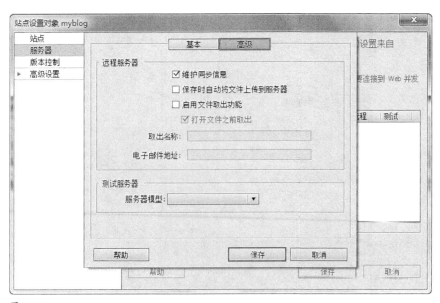

图 13-3-6

第三个选项为"版本控制",用户可以设置使用 Subversion 获取和存回文件,如图 13-3-7 所示。

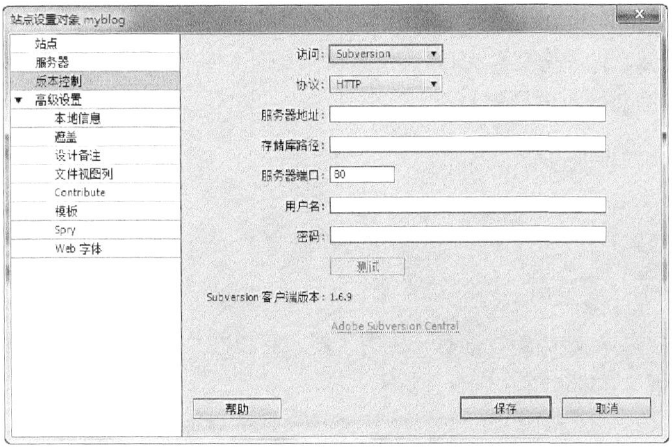

图 13-3-7

13.3.2 "高级设置"选项

创建 Dreamweaver 站点是一种组织所有与 Web 站点相关联的文档的方法。用户可以将其看作是一个项目，需要为所开发的每个 Web 站点设置一个站点。通过在站点中组织文件，可以与 FTP 一起利用其功能将站点上传到 Web 服务器、自动跟踪和维护链接、管理文件以及共享文件。只有定义才能充分地利用 Dreamweaver 的功能。

在 13.3.1 节中，我们讲述了创建站点的基本设置。它主要是针对初级学者快速建立站点，后面的高级选项可以对初步设置的站点进行进一步的细化设置。

首先在菜单栏上执行"站点→管理站点"命令，或者单击"文件"面板中的站点下拉列表框，从中选择"管理站点"选项，同样，在 Dreamweaver CS6 界面中，可以直接单击标题栏上的 "品▼" 按钮，在弹出的下拉列表框中选择"管理站点"选项，弹出"管理站点"对话框。

在"管理站点"对话框中单击"新建"按钮，在弹出的下拉列表框中选择"站点"选项后会弹出一个如图 13-3-8 所示的对话框，在该对话框中选择"高级设置"选项。

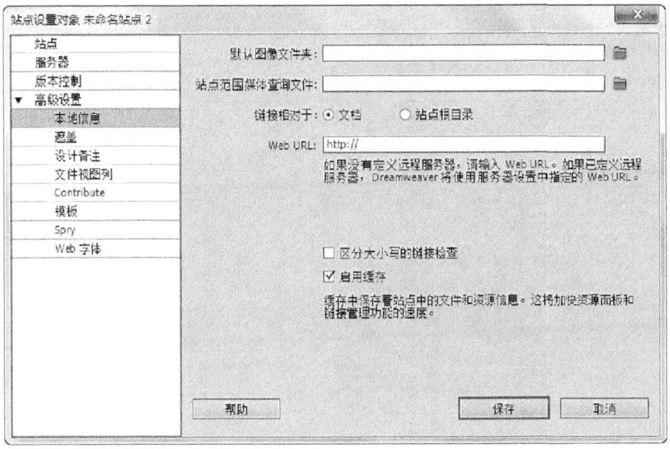

图 13-3-8

这个选项中包含"本地信息"、"遮盖"、"设计备注"、"文件视图列"、"Contribute"、"模板"、"Spry"和"Web字体"选项的设置。"本地信息"选项包括选择默认图像文件夹、站点范围媒体查询文件、设置链接相对的对象、设置 Web 站点的 URL、区分大小写链接检查和缓存的启用与否。

其余的几个选项可以根据用户的需求进行设置选定。

13.4 管理站点信息

除了要学习站点的创建方法，用户还需要对站点的管理有一定的了解。可以在菜单栏中执行"站点→管理站点"命令，打开"管理站点"对话框，如图 13-4-1 所示。

图 13-4-1

在"管理站点"对话框中选择需要修改的站点，然后单击"编辑"按钮，再次打开相关站点的定义对话框，此时可以对站点信息进行编辑，不过，编辑站点的过程跟新建站点相同，如图 13-4-2 所示。

图 13-4-2

在制作网站过程中，如果仅需要更改某个站点里的部分页面内容，且不破坏原站点内容，我们可以先将该站点复制出来，然后在该站点的副本上修改。单击"复制"按钮，在管理站点对话框中会直接出现该站点的副本，如图 13-4-3 所示。

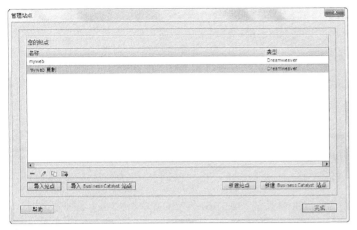

图 13-4-3

一个项目中的任务结束后，可以从列表框中删除站点。在"管理站点"对话框中，选择要删除的那个站点，然后单击"删除"按钮即可。删除的站点也只是把站点从 Dreamweaver 的内部"站点"列表上删除，它并没有从硬盘上删除任何的文件或文件夹。

删除站点之前，需要把站点设置导出，用户可以在"管理站点"对话框中单击"导出"按钮，紧接着出现"导出站点"对话框，选择合适的保存目录，然后单击"保存"按钮，即可完成站点的导出，如图 13-4-4 所示。

图 13-4-4

导出后的文件保存了所有的链接信息，并能够在以后通过"管理站点"对话框中的"导入"按钮再次将其导入。不管是新建、复制、删除、导入站点，还是导出站点，完成操作后，单击"完成"按钮会自动关闭管理站点对话框。

13.5 创建和管理文件

13.5.1 "文件"面板

默认情况下,"文件"面板中列出了所创建站点中包含的所有内容,如 HTML 文档、图像、SWF 动画等,用户可以在必要时将其打开或者关闭。运用"文件"面板,用户还可以得到站点的"本地视图"、"远程服务器"、"测试服务器"和"存储库视图"4 种视图方式。

在"文件"面板中,用户可以管理组成站点的文件和文件夹,该面板提供了本地磁盘上全部文件的视图,与 Windows 资源管理器类似,如图 13-5-1 所示。

"文件"面板通常显示用户站点中的所有文件和文件夹,但是新建立的站点中不包含任何的文件或者文件夹。当站点中存在文件时,"文件"面板中的文件列表将充当文件管理器,允许用户复制、粘贴、删除、移动和打开,就像文件在计算机桌面上一样。

连接到远端主机 / 断开:(FTP、RDS、WebDAV 协议和 Microsoft Visual SourceSafe)用于连接到远端主机或断开与远端主机的连接。默认情况下,如果 Dreamweaver 已空闲 30 分钟以上,则将断开与远程站点的连接(仅限 FTP)。若要更改时间限制,执行"编辑→首选参数"(Windows)或"Dreamweaver→首选参数"(Macintosh)命令,然后从左侧的"分类"列表框中选择"站点"选项。

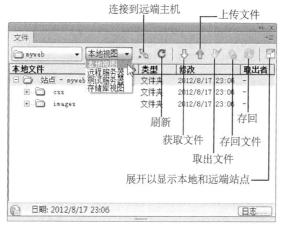

图 13-5-1

刷新:用于刷新本地和远程目录列表。如果已取消选中站点定义对话框中的"自动刷新本地文件列表"或"自动刷新远程文件列表",则可以使用此按钮手动刷新目录列表。

获取文件:用于将选定文件从远程站点复制到本地站点(如果该文件有本地副本,则将其覆盖)。如果已选中"启用存回和取出"复选框,则本地副本为只读,文件仍将留在远程站点上,可供其他小组成员取出。如果未选中"启用存回和取出"复选框,则文件副本将具有读写的权限。

上传文件:将选定的文件从本地站点复制到远程站点。

取出文件：用于将文件的副本从远程服务器传输到本地站点（如果该文件有本地副本，则将其覆盖），并且在服务器上将该文件标记为取出。如果对当前站点未选中站点定义对话框中的"启用存回和取出"复选框，则此按钮不可用。

存回文件：用于将本地文件的副本传输到远程服务器，并且使该文件可供他人编辑。本地文件变为只读。如果对当前站点未选中站点定义对话框中的"启用存回和取出"复选框，则此按扭不可用。

同步：用于同步本地和远程文件夹之间的文件。

展开以显示本地和远程站点：该按钮用于在本地或远端站点窗口和本地与远端站点窗口之间来回切换。如图 13-5-2 所示为本地或远端站点的视图窗口，这也是是我们最常见的视图窗口。

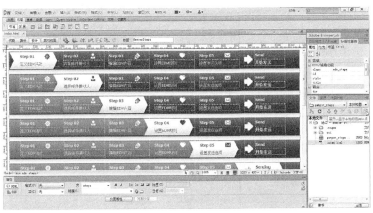

图 13-5-2

图 13-5-3 所示为本地与远端站点的视图窗口。视图左侧显示的是远端站点窗口，右侧仍然是本地文件窗口。通过单击菜单栏中的按钮，如测试服务器、存储库文件，（它们分别是站点文件的不同视图名称）左侧窗口会发生相应的变化，分别会切换至所选窗口。

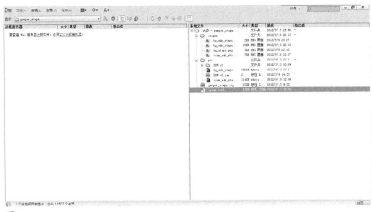

图 13-5-3

可以通过拖曳两个窗口之间的左右分割线来调整窗口的大小。同样，如果想让本地文件窗口出现在视图窗口的左侧，执行"编辑→首选参数"命令，打开"首选参数"对话框，选择"分类"列表框中的"站点"

选项，更改右侧的"总是显示"下拉列表框中的选项。默认情况下，本地文件总是显示于右，如图13-5-4所示。

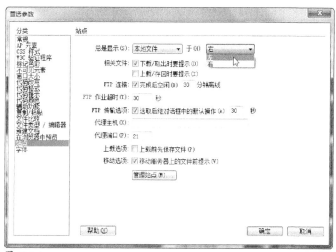

图 13-5-4

现在，我们更改本地文件为总是于左，单击"确定"按钮后，再次切换到显示本地和远端站点视图下，此时本地文件窗口显示在了视图窗口的左侧，如图13-5-5所示。

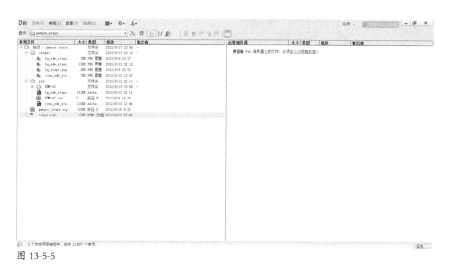

图 13-5-5

13.5.2 新建文件和文件夹

站点创建完毕后，接下来的工作就是在站点内部创建文件和文件夹。

执行"文件→新建"命令，打开"新建文档"对话框。选择"空白页"选项卡中的"HTML"页面类型，新建一个HTML文档。也可以执行"窗口→文件"命令或者按"F8"键调出"文件"面板。在"文件"面板中单击鼠标右键，在弹出的快捷菜单中选择"新建文件"命令，如图13-5-6所示。

图 13-5-6

"文件"面板中会自动生成一个默认名为 untitled.html 的文档,可以直接修改文档名称,或者保持默认设置。同样,通过在快捷菜单中选择"新建文件夹"命令,"文件"面板中会自动生成一个默认名为 untitled 的文件夹。

13.5.3　文件的上传和下载

Dreamweaver 中内置了 FTP 功能,可以直接将本地站点内的文件传输到服务器上(也就是所谓的"上传"),或者从服务器上获取文件(即"下载")。

执行"窗口→文件"命令打开"文件"面板,在"文件"面板中的站点下拉列表框中选择所需要的站点。首先单击"连接到远端主机"按钮建立和远端服务器的连接。然后选中需要上传的文件,单击"上传"按钮或者直接单击鼠标右键,从弹出的快捷菜单中选择"上传"命令,当出现提示上传任何从属文件时单击"确定"按钮即可。

下载文件的步骤和上传文件的步骤雷同。但这里需要注意的是,在使用文件的上传和下载功能之前,必须先定义远程服务器。也就是需要在"高级"设置选项下创建站点时设置一下远程信息。

Adobe Dreamweaver CS6
高效的代码编写

14

学习要点：

- 了解 HTML 和 XHTML 的基本结构
- 学习如何定义文件头元素
- 学习如何更方便地查看代
- 学习如何更快捷地编写代码
- 学习如何自定义编码环境

Dreamweaver 为我们提供了强大的可视化、所见即所得的网页编辑环境。因此通常情况下，在 Dreamweaver 中我们无需手工编写代码即可设计出优秀的网站来。但随着页面越来越复杂，我们不得不对网页进行全面、精确的控制。这样，我们就必须去熟悉和编写部分代码。但值得庆幸的是，Dreamweaver 为我们提供了很多辅助措施，如代码提示、语法着色、代码片断、快速标签编辑器等，帮助我们更快地输入、记忆和控制代码，这让整个编码过程充满了乐趣。

14.1 代码编写基础

14.1.1 什么是 HTML

在 Dreamweaver 中，网页代码编写的基础是以 HTML 或 XHTML 为核心的，现在大部分网页还是使用 HTML 4.01 和 XHTML 1.0 标准的 HTML 标准版本，不过随着最新版本 HTML5 的不断发展，现在许多浏览器已经支持某些 HTML5 技术。HTML 是互联网的核心技术，它的全称是"超文本标记语言"。简单地说，HTML 其实就是一种文本格式。所谓"超文本"是指用户可以在文本中设置链接，从而无论页面在哪里，都可以从一个页面跳转到另一页面中，以及与世界各地主机的文件相连接。并且还能显示普通文本所无法表达的内容，如声音、动画、视频等。而"标记语言"是指网页实际上是被注释过的文本文件，通过浏览器去解释如何显示网页中包含的文本、链接和图像等。

用 HTML 编写的超文本文档被称为 HTML 文档，它能独立于各种操作系统平台（如 Windows、UNIX 等），用于描述网页信息的格式设计以及与网络上其他网站的连接信息。使用 HTML 语言描述的文件，需要通过客户端浏览器解释后才能显示出访问者可以接受的信息，这种文档的扩展名可以是 HTML 或 HTM，这是因为之前的老 DOS 系统不支持超过三个字母的扩展名。

HTML 的基本构成元素被称为标签，例如 <table>、<img> 等。在一个基本的网页页面中，<html> 标签被认为是一个页面的开始，称为开始标签；而 </html> 标签被认为是一个页面的结束，称为结束标签。大部分的 HTML 标签都是成对出现的，每对结束标签的关键字之前都以"/"表示，如 <body>…</body> 和 <table>…</table> 等。当然也有少数标签是独立出现的，如
 和 <hr> 等。

HTML 页面分为文件头 <head> 和主体 <body> 两个重要的组成部分。<head> 中放置的是和整个网页文档相关的信息及声明，如标题、关键字、描述、CSS 或 JavaScript 声明等，一般不会在网页中直接显示出来。<body> 中放置的是网页内容的主体部分，包括定义链接、文本、表格、图像、动画的子程序，HTML 文件的主要结构如图 14-1-1 所示。

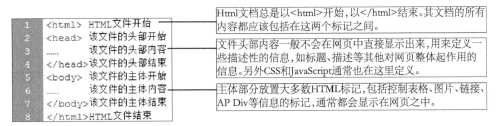

图 14-1-1

当用户在 Dreamweaver 中新建一个网页文档后，调整到代码显示模式，用户可以看到由 Dreamweaver 自动生成的空白网页的代码。需要注意的是，<head>…</head> 标签和 <body>…</body> 标签是互相独立的，但又都包含在 <html>…</html> 标签之中，如图 14-1-2 所示。

图 14-1-2

文件的 DOCTYPE（文档类型）位于最前端，声明该文件所使用的语言，浏览器将检查 DOCTYPE 元素以确定如何部署页面，该段由 Dreamweaver 新建文档时自动插入，代码如下。

<!DOCTYPE html PUBLIC "-//W3C//DTD XHTML 1.0 Transitional//EN" "http://www.w3.org/TR/xhtml1/DTD/xhtml1-transitional.dtd">

14.1.2　什么是 XHTML

　　文件在文档类型中最初显示的是 XHTML1.0。XHTML 基于 HTML，被称为可扩展的 HTML，拥有比 HTML 更严谨的语法，结合了部分 XML 的强大功能及 HTML 的简单特性。如在 HTML 中，用户把换行标签写为
，而在 XHTML 中需要添加额外的空格和表示结束的"/"，也就是
。

　　虽然 HTML5 是作为取代 HTML 4.01 和 XHTML 1.0 的未来网络核心语言，但由于其还在发展当中，很多浏览器并不能完全支持，所以 W3C 目前还是比较推荐使用 XHTML，其可扩展性和灵活性还是不容小觑的。事实上，Dreamweaver 当前默认和推荐的就是基于 XHTML 的网页设计。但需要注意的是，并非所有的浏览器都支持 XHTML 页面，特别是一些版本较老的浏览器中，该问题会更加严重。不过 Dreamweaver 允许我们方便地在 HTML 和 XHTML 之间进行切换。

　　要设置新建的文档类型（DTD）可以执行"编辑→首选参数"命令，在弹出对话框的"分类"列表框中选择"新建文档"选项，在右侧的默认文档类型（DTD）中，选择默认使用的类型，如图 14-1-3 所示。

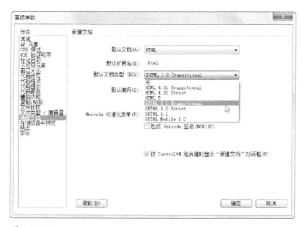

图 14-1-3

　　用户还可以在"新建文档"对话框右侧的"文档类型"下拉列表框中设置新建文档的类型，如图 14-1-4 所示。另外，如果需要对现有类型的文档进行转换，可以执行"文件→转换"命令，在其子菜单中找到各项转换命令。

图 14-1-4

14.1.3 支持的语言种类

Dreamweaver 本身支持多种网站的脚本或后台编程语言。除了基本的 HTML 和 XHTML 外，还包括 ColdFusion、ASP.NET、JSP、PHP、CSS、JavaScript 等。除了提供文本编辑功能外，Dreamweaver CS5 还提供了各种各样的功能（例如，代码提示、错误代码高亮显示等），帮助用户使用以下语言来编写代码。

1. ColdFusion 标记语言（CFML）

Coldfusion 起初是由 Allaire 公司开发的一种应用服务器平台，后来被 Adobe（Macromedia）公司收购并深入开发。其运行的 CFML（ColdFusion Markup Language）是针对 Web 应用的一种脚本语言，可以在 ColdFusion 应用程序服务器上运行，也可以在其他一些应用程序服务器上运行，文件以 *.cfm 为扩展名。CFML 更接近于 HTML，而有别于传统的编程语言，因此和 HTML 一样非常易学易用，是一种特别适合用来编写互联网应用程序的语言。

2. ASP 和 ASP.NET（Visual Basic）

ASP 是微软公司开发的一种服务器端脚本编写环境，它可以与数据库和其他程序进行交互，是一种简单、易用的编程工具。ASP 是 Active Server Page 的缩写，译为“活动服务器网页”。ASP 网页文件的扩展名是 .asp，可以包含普通文本、HTML 标记、脚本命令以及 COM 组件等。利用 ASP 可以向 Web 网页中添加交互式内容（如新闻发布、留言版、论坛等），也可以创建使用 HTML 网页作为用户界面的 Web 应用程序。使用 ASP 创建动态网页的特点如下。

（1）可以实现动态显示和后台动态更新的网页，从而突破普通 HTML 静态网页的一些功能限制。

（2）ASP 文件本身包含在 HTML 代码所组成的文件中，因此更易于日常的修改和测试。

（3）ASP 所生成的结果网页是以 HTML 形式传送到客户端浏览器上的，因此使用多种浏览器都能够正常浏览 ASP 所生成的网页，而不必过多地考虑兼容性。这是因为服务器上的 ASP 解释程序会在服务器端编译 ASP 程序，而不是在客户端。

（4）ASP 可以使用服务器端 ActiveX 组件来执行和存取数据库或访问文件系统。

（5）ASP 的保密性较强，这是由于服务器是将 ASP 程序执行的结果以 HTML 格式传回客户端浏览器，因此访问者不会看到 ASP 的原始代码，从而防止其代码被盗。

而 ASP.NET 不仅仅是 ASP 的最新版本，而且是一种建立在通用语言上的程序构架，并非必须用 Visual Basic 来编写，它的执行效率更高，有更强的适应性和高效的可管理性，并且更加简单、易学。

3. ASP.NET（C#）

C# 作为微软公司 .NET 网络框架的主角，是一种先进的、面向对象的、运行于 .NET Framework 之上的高级程序设计语言，C# 读作“C sharp”，它与 Java 语言比较相似，与 Java 几乎有同样的语法，同时借鉴了 Delphi 的一些特点。它包括了诸如单一继承和界面，以及编译成中间代码再运行的过程。C# 相对于其他编程语言，能够提供更高的编译效率与安全性、更大的扩展交互性，并且它支持现有的网络编程新标准。

4. JSP（JavaServer Pages）

JSP 类似于 ASP 技术，是由 Sun 公司倡导，并由多个公司参与建立的一种跨平台的动态网页技术标准。

JSP 在传统的网页 HTML 文件中插入 Java 程序段（Scriptlet）和 JSP 标记（tag），从而形成扩展名为 JSP 的文件 (*.jsp)。JSP 支持任意环境中的开发和部署,用 JSP 开发的 Web 应用一次编写,可在多种操作系统平台上运行，JSP 源代码几乎不用作任何更改。

5. PHP（PHP:Hypertext Preprocessor）

PHP 类似 ASP 技术，是超级文本预处理语言的缩写，是一种在服务器端执行的嵌入 HTML 文档的脚本语言，能实现所有的 CGI 或者 JavaScript 的功能。PHP 是免费的，并且完全开放源代码。PHP 消耗相当少的系统资源,执行效率也很高。它可以运行在 UNIX、Linux、Windows 下,支持大部分流行的数据库及操作系统。

6. CSS（Cascading Style Sheets）

CSS 是 Cascading Style Sheets（层叠样式表）的缩写，用来定义网站界面中文本、图像、表格等的样式，并能够统一管理、统一修改，从而减少了设计者的工作量。它是一种标记语言，并不需要编译，可以直接由浏览器执行。

7. JavaScript

JavaScript 是由 Netscape 公司开发的脚本语言，是专门为设计 Web 网页而量身定做的一种非常简单的编程语言。使用 JavaScript 可以开发实时、动态、交互性的 Web 网页，使网页包含更多活跃的元素和更加精彩的内容。JavaScript 代码短小精悍，又是在客户端上执行的，大大提高了网页的浏览速度和交互能力。

当然，我们也可以使用 Dreamweaver 中的行为面板来添加 JavaScript 程序，而不需要手工编程。但如果了解 JavaScript 的编程方法，就能更加方便、灵活地应用它，并且能更简洁地编写代码。

需要注意的是，Dreamweaver 的代码编辑环境本质上就是文本编辑器，可以编写任何类型的语言，但并不是所有语言都具备 Dreamweaver 特有的编码功能。比如 Perl 语言的文件可以被 Dreamweaver 创建和编辑，但是代码提示功能却不能应用于该语言。

14.2　定义文件头元素

文件头元素是指页面的 <head> </head> 部分，整个页面的概括类信息都会放置在文件头部分。文件头部分的主要功能如下。

（1）确定浏览器以什么语言来解释页面,是中文、英文还是多国语言,也就是使用哪种字符集来显示页面。

（2）让页面被转送至服务器上后，搜索引擎，如百度、谷歌等会阅读 HTML 的文件头，以获取该页面的标题、概述、关键字等重要信息，以便于用户搜索。

（3）当页面插入一些其他语言的代码时，如 CSS 及外部 CSS 文件指向或 JavaScript（VBScript）等，其文档范围声明和子程序都会包含在文件头部分。

14.2.1　查看和建立文件头元素

Dreamweaver 中可以非常方便地插入、查看和编辑文件头元素，即使不切换到代码视图也没有问题。要查看当前网页中的文件头元素，可以执行"查看→文件头内容"命令，或按组合键"Ctrl+Shift+H"这样在设计视图的上方，就可以看到一排当前网页中文件头元素的小图标，图 14-2-1 上部就显示了在 Dreamweaver 中可使用的大部分文件头元素的图标。

图 14-2-1

当单击了某个小图标后，如这里单击"关键字"图标，在属性检查器中，即可查看并编辑相应的关键字信息，如图 14-2-2 所示。

图 14-2-2

文件头部的信息一般不会直接显示在网页中，而是起到重要的"幕后"作用。要插入文件头元素，只需在插入栏的"常用"选项卡中就可以找到文件头的列表框，如图 14-2-3 所示。在列表框中选择一个选项即可，其中包括有如下几种。

META：插入整个 HTML 文档的总结性信息。

关键字（Keywords）：插入有利于搜索引擎快速检索到当前网页的关键描述。

说明（Description）：插入有关当前网页或站点的文字性说明和介绍。

刷新（Refresh）：在指定时间内不断重新载入当前网页或载入一个新的链接站点。

基础（Base）：设置当前网页中所有链接的基础引用。

链接（Link）：用来设置外部文档的指向链接，如一个图标或外部 CSS 样式表。

图 14-2-3

最基本的页面属性也位于 <head> </head> 之中，比如标题、编码等。用户不必手工输入这些代码，一般来说，建立新文档后代码就会自动生成，而网页的标题默认为"无标题文档"，可在 Dreamweaver 的多处进行输入。如可执行"修改 > 页面属性"命令，在打开对话框的"分类"列表框中选择"标题 / 编码"选项。用户可以在这里输入当前网页文档的标题，该标题会出现在网页浏览器的左上角，在 <head> </head> 之中表现为如下格式。

<title> 我的网页标题 </title>

标题对于搜索引擎的抓取、排名十分重要，可以考虑把一些认为最重要的信息放在标题中，以便搜索引擎优先考虑，如：

<title>Dreamweaver- 使用最广泛的网页设计工具 </title>

而在编码中要设置的是网页所使用的字符集，英文默认为 Western European，而中文默认为国标简体中文 GB2312，在 <head> </head> 之中表现为如下格式。

<meta http-equiv="Content-Type" content="text/html; charset=gb2312" />

当然，用户应按自己的需要来设置，如繁体中文大五码（big5）等，而建设多语言站点时需要选择 Unicode(UTF-8)，方便在同一页面显示多种语言。图 14-2-4 所示为"页面属性"对话框中的相关设置。

图 14-2-4

14.2.2　设置页面的 meta 属性

可以利用 META 对象为文件头部分插入各种描述性的数据，或通过 http-equiv 属性为网络服务器提供信息标签和其他数据。META 所支持的属性包括如下几种。

name=" "：指定特性名称。

content=" "：指定特性的值。

http-equiv=" "：HTTP 服务器通过该属性收集 HTTP 响应头标，以帮助精确地显示网页内容。

scheme=" "：用来命名一个解释特性值的方案。

lang=" "：指定语言信息。

dir=" "：指定文本方向。

可以执行"插入→ HTML →文件头标签→ Meta"命令，打开"META"对话框。或在插入栏的"常用"选项卡中单击"文件头"按钮，在弹出的下拉列表框中选择"META"选项打开该对话框，如图 14-2-5 所示；这里建立了一个基本的"名称"属性，并设置了相应的值和内容。<head> </head> 之间的代码如下。

<meta name="author" content=" 徐伟来 -www.witline.cn" />

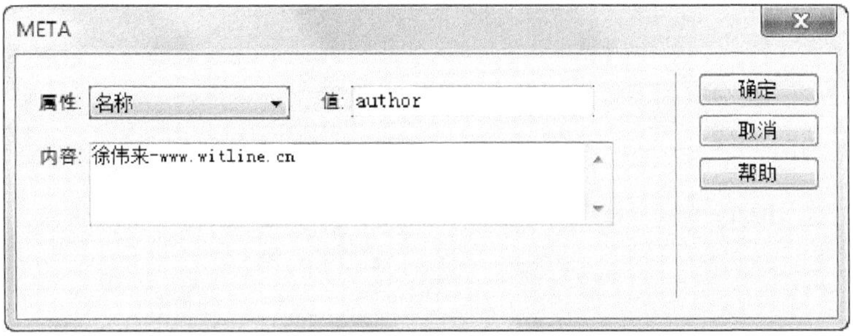

图 14-2-5

用户还可以通过类似的方法标注多种信息，如版权信息或所使用的网页编辑器，设置版权信息的代码如下。

<meta name="copyright" content="DDC MEDIA 版权所有。All Rights Reserved">

设置网页编辑器（如 Dreamweaver）的代码如下，这些代码同样可以使用上述插入方式来完成。

<meta name="generator" content="Adobe Dreamweaver CS5">

用户可以通过"页面属性"对话框设置相应的编码字符集，如可以使用 META 进行设置，这里所设置的是支持多国语言的 utf-8 字符集，如图 14-2-6 所示；其在 <head> </head> 之间的代码如下。

<meta http-equiv="Content-Type" content="text/html; charset=utf-8" />

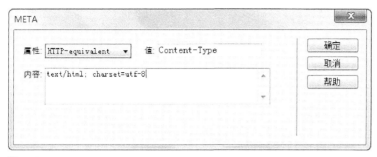

图 14-2-6

其他类似的用法还有很多，比如设置新页面在特定的区域显示。举例来说，为了防止别人在框架里直接调用你的页面，就可以强制页面在当前窗口以独立页面显示。在 <head> </head> 之间的代码如下。

<meta http-equiv=" Window-target " content="_top " />

其中 content 属性的选项有 5 个，分别为 _blank、_new、_top、_self、_parent。如果希望强制页面在新窗口中打开，在 <head> </head> 之间的代码如下。

<meta http-equiv=" Window-target " content="_blank " />

14.2.3 设置网页关键字

用户可以执行"插入→ HTML →文件头标签→关键字"命令，打开"关键字"对话框，或在插入栏的"常用"选项卡中单击"文件头"按钮，在弹出的下拉列表框中选择"关键字"选项打开该对话框，输入相应的关键字并以空格或"|"分隔，如图 14-2-7 所示，其在 <head> </head> 之间的代码如下。

<meta name="keywords" content=" 中国食用菌 | 食用菌百科 | 食用菌种植 | 食用菌栽培 " />

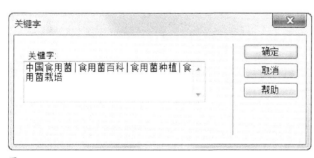

图 14-2-7

需要注意的是，因为搜索引擎会拒绝过多重复的词汇，因此在填写关键字时，不要使用相同的词汇重复添加。

14.2.4 设置网页说明

网页说明中所添加的内容可以是标题和关键字的延伸和补充，同样有利于搜索引擎的查找。它就好像一个人的简历或一个企业的介绍那样，对所述对象进行较详细的介绍。

可以执行"插入→ HTML →文件头标签→说明"命令，打开"说明"对话框，或在插入栏的"常用"选项卡中单击"文件头"按钮，在弹出的下拉列表框中选择"说明"选项打开该对话框，输入相应的说明文字，如图 14-2-8 所示，其在 <head> </head> 之间的代码如下。

<meta name="description" content=" 食用菌百科是食用菌行业的百科网站，致力于为食用菌行业的用户免费提供权威、全面、及时的百科信息，并通过全新的维基（wiki）平台不断 ..." />

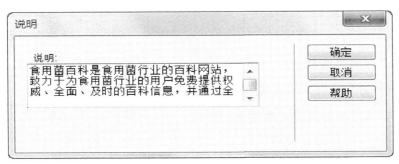

图 14-2-8

需要注意的是，因为说明一般比较长，用户有时会输入大量的分段回车，其实完全没有必要这样做，因为网页浏览器在处理代码时会完全忽略类似的格式。

14.2.5　设置网页刷新

一般来说，当页面下载很慢的时候，访问者通常会通过刷新页面来尝试重新载入网页。"刷新"命令就是强制浏览器在设定的时间后重新载入当前页面，或者载入一个新的网站地址。载入新的网站地址主要应用于网站的搬迁。图 14-2-9 所示为网络上常见的搬迁信息。

图 14-2-9

可以执行"插入→ HTML →文件头标签→刷新"命令打开"刷新"对话框，或在插入栏的"常用"选项卡中单击"文件头"按钮，在弹出的下拉列表框中选择"刷新"选项打开该对话框，设置延迟时间为 3 秒，该时间由页完成载入时开始计算。再设置转到的 URL 地址，可通过浏览和直接输入，如图 14-2-10 所示。

图 14-2-10

其在 <head> </head> 之间的代码如下。

<meta http-equiv="Refresh" content="3; URL=http://www.witline.cn" />

如果选中"刷新此文档"单选按钮，则当前页面会每隔 3 秒刷新一次，注意时间不要设得太长，以避免造成死循环，其在 <head> </head> 之间的代码如下：

<meta http-equiv="Refresh" content="0" />

14.2.6　设置网页基础 URL

通过设置网页的基础链接，可以使当前页面中所有的相对地址以此链接为基础，从而使所有链接指向另一个目录或另一个网站。

可以执行"插入→ HTML →文件头标签→基础"命令，打开"基础"对话框，或在插入栏的"常用"选项卡中单击"文件头"按钮，在弹出的下拉列表框中选择"基础"选项打开该对话框，设置使所有文档相对链接相对于 HREF 的地址以及目标，自身 (_S) 是指 _self，为网页打开的默认值，如图 14-2-11 所示。

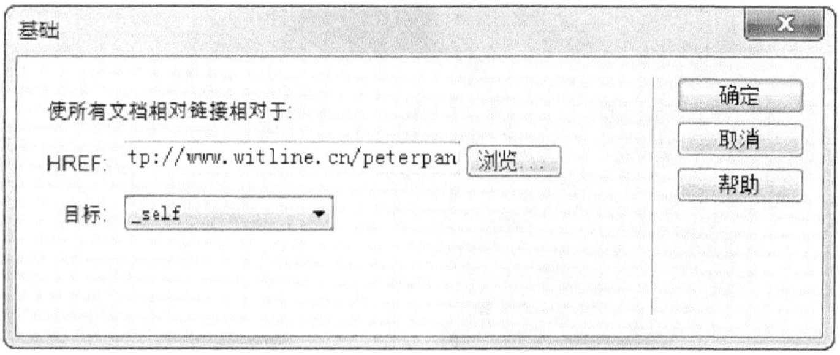

图 14-2-11

其在 <head> </head> 之间的代码如下：

<base href="http://www.xuexin.com" target="_self">

那么基础 URL 是如何影响当前页面的呢？现假设用户添加了如下相对链接。

show/literature/cool.htm

那么与基础 URL 结合后的链接效果如下。

http://www.xuexin.com/show/literature/cool.htm

当然该命令也有很强的实用价值，比如将当前网页所有的链接都设置为在新窗口中打开，其代码如下。

<base target="_blank">

_blank 是指在新窗口中打开网页。

14.2.7　设置网页链接属性

链接属性主要用来设置当前页面与另一页面或者文件之间的对应关系。链接属性常用于两个方面，一个是对当前页面添加外部的 CSS 样式表，另一个是用来创建"收藏夹图标"。要链接外部的 CSS 样式表，用户可以在 CSS 面板中添加，也可以作为文件头元素来添加。

在"CSS 样式"面板的添加方面是这样的，首先打开该面板，单击右下角的"附加样式表"按钮，如图 14-2-12 所示。

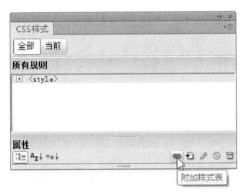

图 14-2-12

在打开的"链接外部样式表"对话框中的"文件 /URL"下拉列表框中选择一个已经定义好的扩展名为 .css 外部 CSS 样式表，如图 14-2-13 所示。

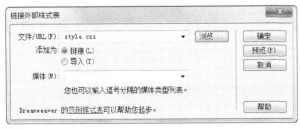

图 14-2-13

可以执行"插入→ HTML →文件头标签→链接"命令，打开"链接"对话框，或在插入栏的"常用"选项卡中单击"文件头"按钮，在弹出的下拉列表框中选择"链接"选项打开该对话框。在"HREF"文本框中选择 .css 外部样式表，然后在"Rel"文本框中输入"stylesheet"，"Rel"文本框中输入的是关键字，用来描述被链接文档与当前页面之间的关系，如图 14-2-14 所示。其在 <head> </head> 之间的代码如下：

```
<link href="style.css" rel="stylesheet" type="text/css"/>
```

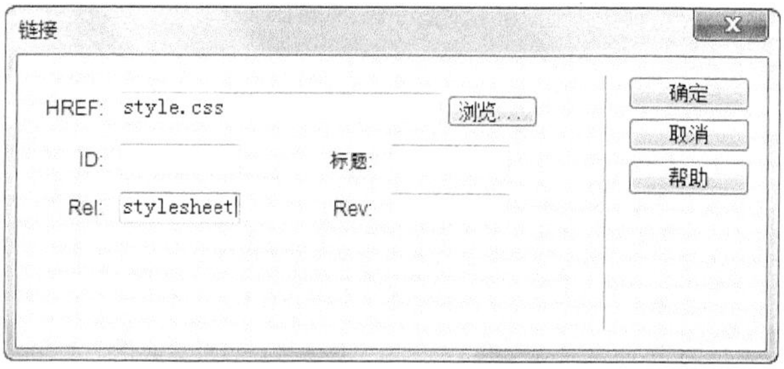

图 14-2-14

用户在网络上"畅游"的时候，遇到优秀的站点，会将其收藏起来以便将来再次访问。在 IE（Internet Explorer）浏览器的"收藏"菜单中会显示别具一格的小图标，感觉非常醒目和专业，图 14-2-15 所示的"收藏"菜单底部的三个站点均有自定义小图标。

添加的方法很简单，将创作好的 .ico 扩展名的小图标放在站点根目录下的 images 子目录中。执行"插入 ->HTML-> 文件头标签 -> 链接"命令，打开"链接"对话框，或在插入栏的"常用"选项卡中单击"文件头"按钮，在弹出的下拉列表框中选择"链接"选项打开该对话框。在"HREF"文本框中选择 .ico 的小图标，然后在"Rel"文本框中输入"shortcut icon"，如图 14-2-16 所示。<head> </head> 之间的代码如下。

```
<link href="favicon.ico" rel="shortcut icon" >
```

图 14-2-15   图 14-2-16

这样，当页面和 ico 图像文件被上传到服务器上，访问者收藏该页面时即会看到的小图标。

14.2.8　设置 meta 搜索机器人

搜索引擎除了"被动"增加各种网站信息外，还"主动"放出 robot/spider（搜索机器人）来搜索登录网站，meta 元素的一些特性就用来引导这些 robot/spider 登录网页及其分支。

用户可以执行"插入 ->HTML-> 文件头标签 ->Meta"命令，打开"META"对话框，或在插入栏的"常用"选项卡中单击"文件头"按钮，在弹出的下拉列表框中选择"META"选项打开该对话框，需要所有搜索引擎都收录该网页并继续探寻该网页的其他分支，设置如图 14-2-17 所示，其在 <head> </head> 之间的代码如下。

<meta name="robots" content="index, follow" />

robots 表示所有搜索引擎，index 为默认值，表示允许 robot/spider 收录该网页，follow 表示搜索机器人可以沿着该网页上的链接继续抓取下面的子分支。

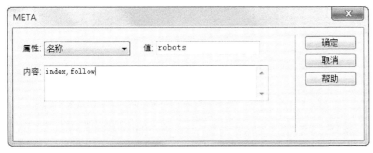

图 14-2-17

该命令还包含其他的一些参数，用来引导搜索引擎的收录。

noindex：不允许 robot/spider 收录。

nofollow：不允许 robot/spider 沿着该网页上的链接继续抓取下面的子分支。

all：和 "index, follow" 作用相同。

none：和 "noindex, nofollow" 作用相同。

比如以下代码为不允许 robot/spider 收录该网页，并沿着该网页上的链接继续抓取下面的子分支。

<meta name="robots" content="noindex,nofollow" />

14.2.9　设置 meta 禁用访问者缓存

meta 还有一项比较重要的设置，就是禁用访问者的缓存。访问某个页面时会将该网页存在缓存中，下次访问时就可从缓存中读取，以提高浏览速度。但有时为了特殊的需要，我们必须禁用访问者的缓存。一般用于两种情况。

情况一，因为浏览器在访问某个页面时会将该网页存在缓存中，再次访问时，浏览器就会直接把原来的缓存调出来，因此即使网站更新了，显示出来的还是早先的那个版本，如果禁用访问者的缓存，访问者本地就不会有缓存了，即每次浏览的都是网站的最新版本。

情况二，有些站长会在网页上放置一些维持网站发展的广告，靠访问者的刷新来增加收入。如果每次调出的都是缓存，那广告和计数器将不被刷新。因此禁用缓存后，访问者每次来都会刷新广告和计数器。

需要注意的是，这样的设置，访问者将无法脱机浏览。

可以执行"插入→HTML→文件头标签→Meta"命令，打开"META"对话框，或在插入栏的"常用"选项卡中单击"文件头"按钮，在弹出的下拉列表框中选择"META"选项打开该对话框，如图14-2-18所示。其在 <head> </head> 之间的代码为如下：

<meta http-equiv="Pragma" content="no-cache" />

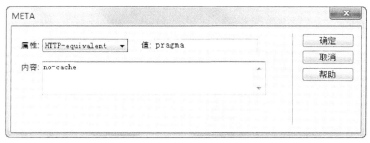

图 14-2-18

Pragma 是指 cache 模式，用来禁止浏览器从访问者本地机的缓存中调阅页面内容。

当然，要实现类似的效果，另一种写法如下。

<meta http-equiv=" expires " content="0" />

它用来指定网页在缓存中的过期时间，一旦按照设定的时间网页已过期，就必须到服务器上重新调阅。Content 为"0"可以使网页直接过期，也就是需要重新载入页面。如需设置具体的过期时间，可以按照以下格式，当然必须使用 GMT（格林威治标准时间）的时间格式。

<meta http-equiv=" expires " content=" Mon, 28 Apr 2008 08:38:12 GMT " />

14.3　查看代码

所见即所得的编辑方法给广大网页设计师带来了无尽的便利，但随着项目的更加复杂和专业，编写代码是无法回避的。代码视图给专业的网页设计和程序人员带来对页面更灵活的控制权和主动权，使对网页的细节控制变为现实。Dreamweaver 提供了多种查看网页源代码的方法，包括直接在文档窗口查看，以拆分视图查看或以代码检查器的独立窗口查看等。而代码更是能够以结构化的、不同颜色和格式来展现。

14.3.1　代码、拆分与实时代码视图

查看代码视图有两种方法，可以在菜单栏中执行"查看→代码"命令，进入代码视图，也可以单击工具栏中的"显示代码视图"按钮，进入代码视图，如图14-3-1所示。

图 14-3-1

在代码视图下，我们可以像使用正常的文本编辑器那样工作。比如可以在当前光标处添加或修改代码，双击可以选中一个单词或数字，将鼠标指针放在代码的左侧，出现向右上方的箭头时单击可选中整行等。

查看代码与设计视图（拆分视图）有两种方法，可以在菜单栏中执行"查看→代码和设计"命令，进入拆分视图，也可以单击工具栏中的"显示代码视图和设计视图"按钮，进入拆分视图，如图 14-3-2 所示。左右拖动代码视图与设计视图之间的分割条，可以调整两者的相对大小。代码视图默认位于设计视图的左侧。

在 Dreamweaver CS6 中还有一种"实时视图"功能。选中"实时视图"时，其右边会出现"实时代码"按钮，及一些用于查看"实时代码"的选项。下面，我们逐一讲解"实时视图"和"实时代码"。

图 14-3-2

"实时视图"与在浏览器中预览如出一辙。但是，网页制作过程中，我们可以保持在直接访问代码和不用事先保存网页的情况下，在实际的浏览器条件下设计网页。特别是需要通过对比几种不同的 CSS 样式，确定最终效果时，它能够让你在第一时间看到更改过后的效果。

进入"实时视图"后，"设计视图"被冻结（即不可用），但可以继续在"代码视图"、"CSS 样式"面板、外部 CSS 样式表或其他相关文件中进行更改，然后刷新"实时视图"以查看所进行的更改是否生效。

启动"实时代码"的功能必须在"实时视图"选中的状态下。此时,我们可以使用其他用于查看"实时代码"的选项。"实时代码"视图类似于"实时视图",前者主要是在代码视图中显示实时视图源。与"实时视图"不同的是,"实时代码"视图中代码以黄色显示并且不可编辑,即它是只读的,如图 14-3-3 所示。

图 14-3-3

当试图编辑其中的代码时,会出现一个黄色警号栏,如图 14-3-4 所示。如果要返回可编辑的"代码视图",则再次单击"实时代码"按钮,同样如果要返回可编辑的"设计视图",则再次单击"实时视图"按钮。

图 14-3-4

另外,单击浏览器导航中的"实时视图"按钮,打开地址栏右侧的下拉列表框,其中的选项是"实时视图"的优势所在。

(1)冻结 JavaScript 是指将受 JavaScript 影响的元素冻结在其当前状态。例如,切换到"实时视图"并将鼠标指针悬停在基于 Spry 的选项卡上。选择"冻结 JavaScript"选项时,"实时视图"会将页面冻结在当前状态。然后,可以编辑 CSS 或 JavaScript 并刷新页面,会发现更改的代码并没有生效,页面仍处于冻结状态。

(2)禁用 JavaScript 是指呈现页面时隐藏用受 JavaScript 影响而出现的效果,就像浏览器未启用 JavaScript 一样。

(3)禁用插件是指呈现页面时隐藏运用插件所出现的效果,就像浏览器未启用插件一样。

除此之外,还包括"高亮显示实时代码中的更改"、"在新选项卡中编辑实时视图页面"、"跟踪链接"、"持续跟踪链接"、"自动同步远程文件"、"将测试服务器用于文档源"、"将本地文件用于文档链接"、"HTTP 请求"选项,如图 14-3-5 所示。

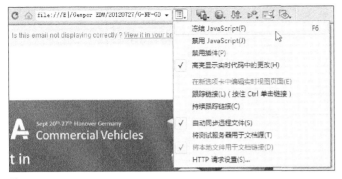

图 14-3-5

当文档中使用了插件或者 JavaScript 代码时，会减慢下载进度，影响浏览的速度，此时通过选择诸如"冻结 JavaScript"、"禁用 JavaScript"、"禁用插件"等选项，不仅可以提高浏览速度，而且能避免更改受 JavaScript 影响的好效果。

14.3.2 相关文件

"相关文件"功能可以让我们在主文档标题下的"相关文件"工具栏中看到与主文档相关的所有文件的名称，这使我们能够更方便地查看文档中运用到的样式。

打开一个 Dreamweaver 文档，在文档标题旁边会出现与该文档相关的所有文件的名称，如该文档中运用到的外部 CSS 样式表、Spry 数据集源（XML 和 HTML）等，它们的排列遵循在主文档内与相关文件链接的顺序。单击任何相关文件就可以在代码视图中查看其源代码并同时在设计视图中查看父页面，这也是一种方便、快捷地查看代码的方式，如图 14-3-6 所示。

图 14-3-6

其中 Dreamweaver 支持以下类型的相关文件：外部 CSS 样式表（包括嵌套样式表）、Spry 数据集源（XML 和 HTML）、Server Side Includes 和客户端脚本文件等。

14.3.3 代码检查器

代码检查器和在代码视图中的工作方式基本相同，它使用一个独立的窗口，更加灵活和方便。该窗口可移动、伸缩、隐藏等，甚至可以和普通的 Dreamweaver 面板整合在一起。打开代码检查器的方法有两种，在菜单栏中执行"窗口→代码检查器"命令或按下"F10"键即可进入，如图 14-3-7 所示。

代码检查器和在代码视图的上部都有一个"视图选项"按钮，其下拉列表框中的选项用来简化 HTML 和其他类型代码的编写。这些选项也可以在菜单中的"查看→代码视图选项"中找到，如图 14-3-8 所示。

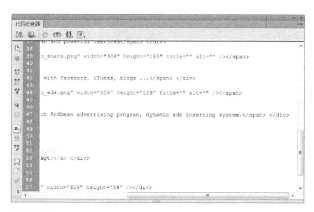

图 14-3-7

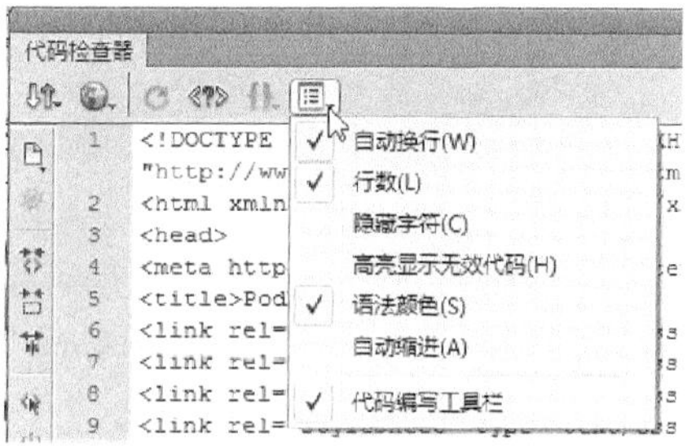

图 14-3-8

自动换行允许代码行在代码视图或代码检查器的当前范围内，到达窗口右边缘时自动换行。需要注意的是，这样的换行并非硬回车，当窗口改变大小时，自动换行位置也会随之改变。该功能可以减少用户左右滚动屏幕的麻烦，图 14-3-9 所示分别为未自动换行和自动换行后的效果。

图 14-3-9

　　行数用来显示每行代码的行号，以便用户在编程的过程中更快速地查找、调试代码，也方便记录代码出错的位置。图 14-3-10 所示分别为显示行数和未显示行数的效果。

　　隐藏字符用来显示替代程序空白处的特殊字符。一般来说，Dreamweaver 用点来取代空格，用段落标记取代换行符。隐藏和显示不可见字符有时能够让用户更容易看清代码的结构和格式，对编写代码能起到一定的辅助作用。图 14-3-11 所示分别为隐藏和显示不可见字符的效果。

　　在代码检查器或代码视图中，Dreamweaver 会以浅黄色高亮显示所有无效的（或错误的）代码，如图 14-3-12 所示。当然此功能同样适用于设计视图，当选择一个无效的黄色标签时，属性检查器将显示更正该错误的信息或相应的提示。

 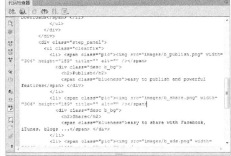

图 14-3-10

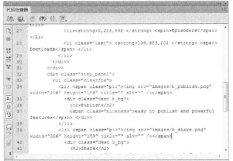 

图 14-3-11

图 14-3-12

语法颜色用来启用或禁用代码的颜色，使用不同颜色来显示可以使代码更容易阅读。默认情况下，Dreamweaver 会以不同的颜色来显示普通文本、标签、关键字、字符串等。而禁用该项后，所有代码将显示为纯黑色，如图 14-3-13 所示。

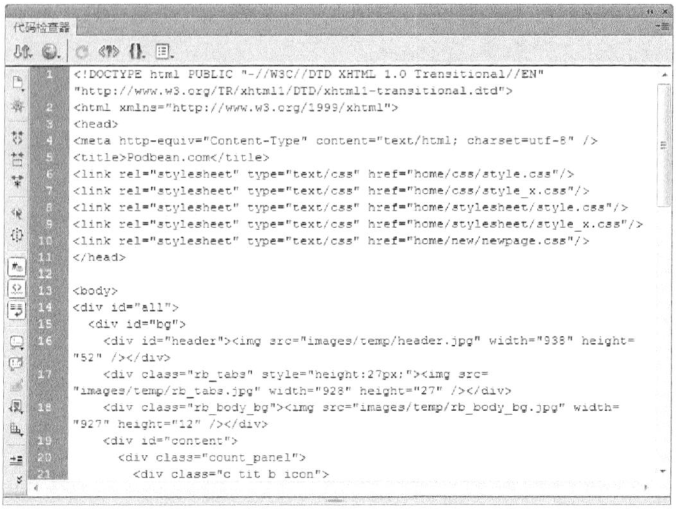

图 14-3-13

自动缩进同样用来提高代码的可读性。当用户打开了自动缩进功能后，编写代码过程中在一行结尾处按回车键时，可使新行光标处于自动缩进状态，新一行代码的缩进级别与上一行的相同。图 14-3-14 所示分别为打开和关闭此选项后按回车键的效果，读者可留意光标位置的变化。

图 14-3-14

在代码编辑环境，除了可以自动缩进代码外，还可以手工进行缩进和凸出。方法是使用"编辑"菜单中的"缩进代码"和"凸出代码"命令，其快捷键分别是"Ctrl+Shift+>"和"Ctrl+Shift+<"，其中单括号指明了缩进或凸出的方向。

在视图选项中，代码视图和代码检查器的最后一个选项是不同的。代码视图中为"顶部的设计视图"，而代码检查器中为"代码编写工具栏"。"代码编写工具栏"位于代码检查器窗口的左侧，可以使用该工具栏实现很多效果，比如为代码添加注释、折叠代码等，在 Adobe Dreamweaver CS5 的时候，又增加了一个"自动换行"功能。另外，有个别选项和视图选项中是重复的。图 14-3-15 左图所示为"代码编写工具栏"，图 14-3-15 右图所示为在"代码编写工具栏"中切换当前打开的多个网页的代码视窗。

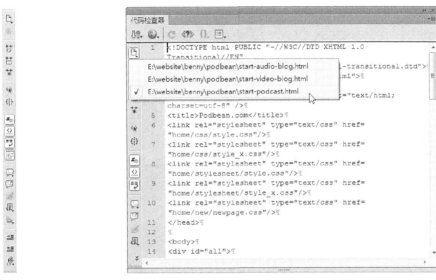

图 14-3-15

14.4　编写代码

14.4.1　代码提示与自动完成

　　编写代码时因为需要记忆的信息量过大，有时很难保证准确无误。而 Dreamweaver 的代码提示功能可以帮助手工书写代码的程序员避免拼写错误，并且提高编写效率。

　　当输入一个标签（一部分或首字母）时，代码环境当前光标的位置会出现一个列表框，其中包括标签、标签属性甚至某个属性的值。用户只需要在该列表框选择一个选项即可，可以单独依靠键盘或鼠标指针来完成输入代码的操作。比如，要通过手写代码建立一个表格，只需要输入"<t"，就会出现一个标签列表框将首字母为"t"的标签列出来，如图 14-4-1 所示。

图 14-4-1

　　在列表框中选择 <table> 后，只需要按一下空格键，就会出现 <table> 的属性列表框，这里选择对齐属性 align，选择完成后系统会再次出现列表框，显示 align 属性的值，选择"right"对齐方式即可，如图 14-4-2 所示。

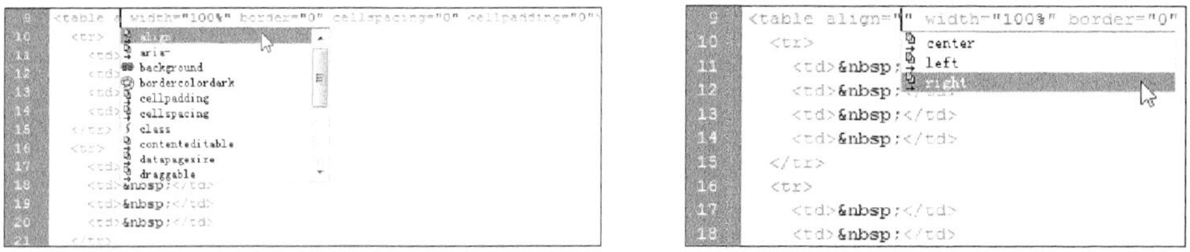

图 14-4-2

　　如果一个属性需要一个文件名，比如链接一个网页或图片，代码提示会出现"浏览"按钮，单击该按钮打开标准的选择文件对话框，通过这种方式即可定位一个文件或数据源，而不需要手工输入文件的路径，如图 14-4-3 所示。

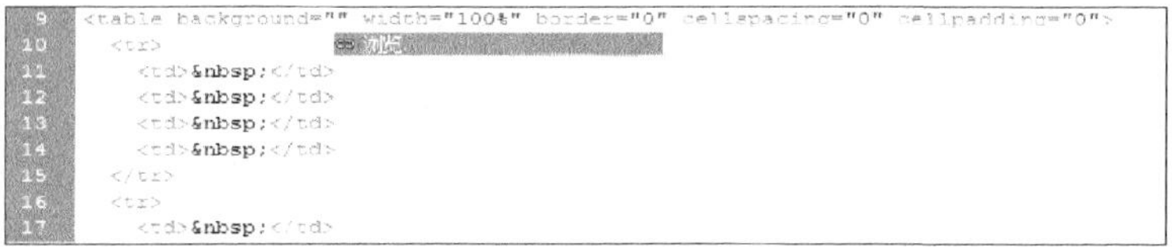

图 14-4-3

　　同样，用户可以在编码环境中为各种对象添加 CSS 样式。当然，前提是用户已经定义了一个或多个 CSS 类。当在编码过程中选择 class 属性后，将会显示当前页面可用的 CSS 样式的完整列表框，比如该例中的"content"、"second"等。并且有刷新样式表、附加样式表等功能可选，如图 14-4-4 所示。

图 14-4-4

　　另外，还有一些标签的属性需要字体的值，比如 <font> 标签的 face 属性，如图 14-4-5 左图所示，那么当用户选择该属性后，即会出现一个字体列表框，列出当前可用的字体，如图 14-4-5 右图所示。如果当前的中文字体不够用，可以通过"编辑字体列表"选项进行添加。

图 14-4-5

　　需要选择颜色时，选择 color 属性会自动弹出拾色器供用户选择，颜色会自动转换成十六进制值，如图 14-4-6 所示。

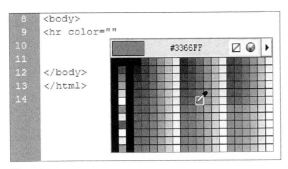

图 14-4-6

代码提示功能除了可以利于编写代码，还可以用于后期修改代码，如果要为某一标签添加属性，只需要在该标签之间按下空格键，就会重新列出属性的列表框。修改属性的值也很方便，只需把原值和周围的引号删除，然后重新输入前引号，即可出现值的列表框。

通过上面的代码编写，我们发现整个过程减少了大量的记忆和输入，代码提示会提供标签、属性和部分值的列表框，甚至字体列表框和拾色器，给编码者带来了很大的方便。另外，需要强调的是，当某个标签输入即将结束时，Dreamweaver 的自动完成功能还会智能地加入结束标签，举列来说，如果要输入一个 <table> 标签,那么最后只需输入"</",系统就会自动完成 </table> 的输入,这都得益于 Dreamweaver 的代码完成功能。

14.4.2 显示代码浏览器

显示代码浏览器（又称为代码导航器，下同）可为你显示影响当前所选内容的所有代码源。

代码导航器（浏览器）可显示与页面上选定内容相关的代码源列表框。对想要区分共享同一名称的多个规则来说，这个工具提示非常有用。我们可以从设计视图、代码视图和拆分视图下以及代码检查器中访问代码导航器。使用代码导航器可以导航到影响所单击区域的相关代码源，例如内部和外部 CSS 规则、服务器端包含、外部 JavaScript 文件、父模板文件、库文件和 iframe 源文件。

我们可以通过三种方法来打开代码导航器：在页面设计视图下，按住 Alt 键并单击（Windows），或按住 Command+Option 键并单击（Macintosh）页面上的任何区域，代码导航器会显示指向影响所单击区域的代码的链接，如图 14-4-7 所示。

图 14-4-7

另外，我们可以通过单击指示器来打开代码导航器。放置鼠标在页面上的任意区域 2 秒钟，旁边会出现一个"单击指示器可打开代码导航器"图标，通过单击指示器同样可以得到影响所单击区域的代码的链接，如图 14-4-8 所示。

图 14-4-8

同样，我们也可以通过直接在文档页面区域单击鼠标右键，在弹出的快捷菜单中选择"代码浏览器"命令打开代码导航器，如图 14-4-9 所示。

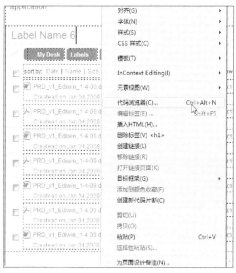

图 14-4-9

在代码导航器中单击某一样式链接，例如某个 CSS 规则，如果该规则在文件内部，则 Dreamweaver 会直接在拆分视图中显示该规则，如图 14-4-10 和图 14-4-11 所示。

图 14-4-10

如果该规则位于外部 CSS 文件中，则 Dreamweaver 会打开该文件，并在主文档上方的相关文件区域中显示该文件。在该文件名上单击鼠标右键，在弹出的快捷菜单中可以选择将其作为单独的文件打开，如图 14-4-12 所示。

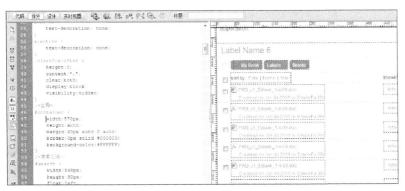

图 14-4-11

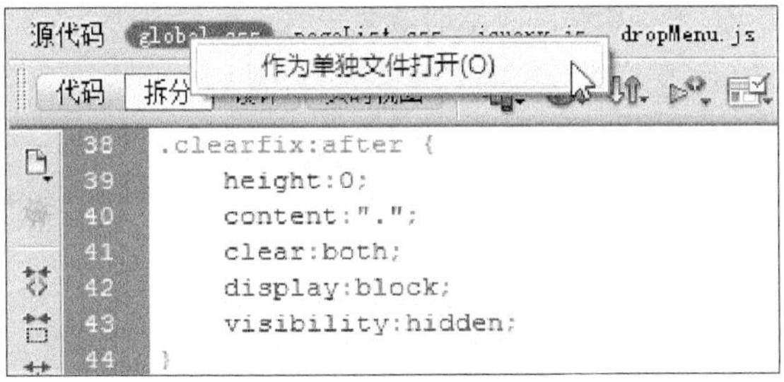

图 14-4-12

单击"作为单独文件打开"按钮后，效果如图 14-4-13 所示。

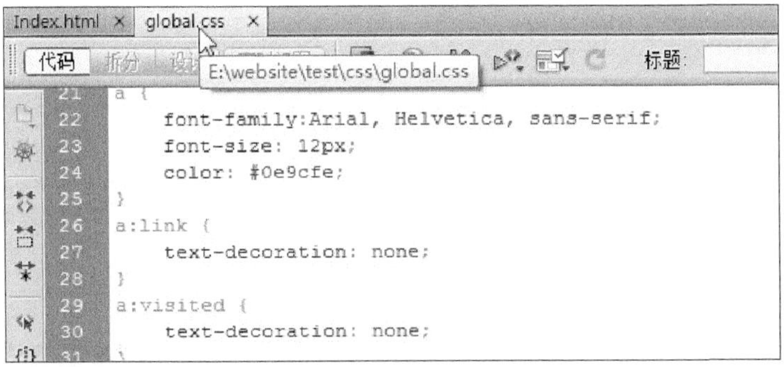

图 14-4-13

在代码导航器的外部单击便可以将其关闭。另外，不难发现，代码导航器根据文件对相关的代码源进行分组，然后按字母顺序将其简单列出，当单击某组代码时，会直接转到拆分视图中的相关代码处。例如，假设有两个内部文件中的 CSS 规则和一个外部文件中的 CSS 规则影响文档中选定的内容。在这种情况下，代码导航器会列出这三个文件以及和选定内容相关的 CSS 规则。这种功能类似于当前模式中的"CSS 样式"面板。

　　禁用代码导航器指示器：打开代码导航器，选中右下角的"禁用"复选框或者在代码导航器的外部单击以将其关闭。若要重新启用代码导航器指示器，则按住"Alt"键并单击（Windows）或按住 Command+Option并单击（Macintosh）页面以打开代码导航器和取消选择"禁用指示器"选项，如图 14-4-14 所示。

图 14-4-14

14.4.3　折叠代码

　　在实际工作中，成千上万行的代码也许会扰乱用户的思维和情绪，这时就要用到折叠代码功能。

　　当用户选择了一段代码后，该段代码的左侧会出现垂直的连线式手柄，当前为"－"状态，也就是代码是展开的。这里将网页的头部分 <head>…</head> 选中，注意其左侧的手柄，如图 14-4-15 所示。

```
1  <!DOCTYPE html PUBLIC "-//W3C//DTD XHTML 1.0 Transitional//EN" "http://www.w3.org/T
2  <html xmlns="http://www.w3.org/1999/xhtml">
3  <head>
4  <meta http-equiv="Content-Type" content="text/html; charset=utf-8" />
5  <title>test</title>
6  <link type="text/css" rel="stylesheet" href="css/global.css" />
7  <link type="text/css" rel="stylesheet" href="css/pageList.css" />
8  <script language="javascript" type="text/javascript" src="js/jquery.js"></script>
9  <script language="javascript" type="text/javascript" src="js/dropMenu.js"></script>
10 </head>
11 <body>
12 <div id="container" class="clearfix">
13   <div id="search">
```

图 14-4-15

　　单击该"－"状态手柄，当前代码段收缩到了一起，手柄变为"＋"状态，也就是折叠后的状态。折叠后的代码更具有可读性，便于复制和移动，如图 14-4-16 所示。如果想展开，只需单击"＋"手柄即可。

```
1  <!DOCTYPE html PUBLIC "-//W3C//DTD XHTML 1.0 Transitional//E
2  <html xmlns="http://www.w3.org/1999/xhtml">
3  <head> ...
11 <body>
12 <div id="container" class="clearfix">
13   <div id="search">
14     <input type="text" name="textfield" value="What are you
15     <span class="postS"><a href="#">Post</a></span>
16     <h3><span>Latest: </span> I am designing a document uplo
17     <span> On Tuesday - <a href="#">Clear</a></span> </div>
```

图 14-4-16

　　这里折叠了代码的 <body> 部分，可以看到当鼠标指针移动到折叠的代码处，会出现一个黄颜色的提示框，其中显示了该段代码前 10 行的预览，如图 14-4-17 所示。

关于折叠代码，在"代码编写工具栏"中有多个按钮可用，和使用的快捷方法功能相同，它们包括折叠整个标签、折叠所选、扩展全部，如图 14-4-18 所示。

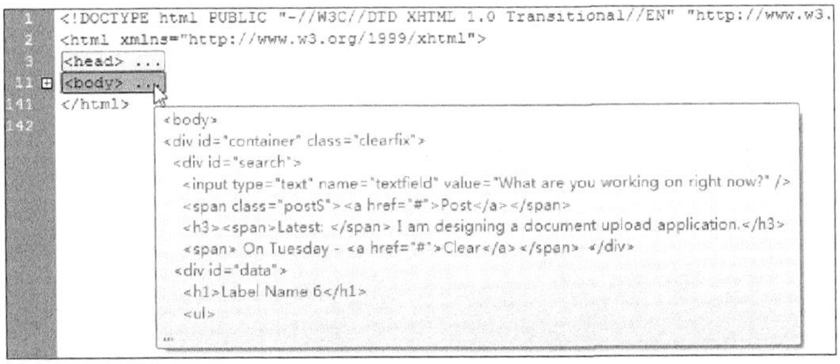

图 14-4-17

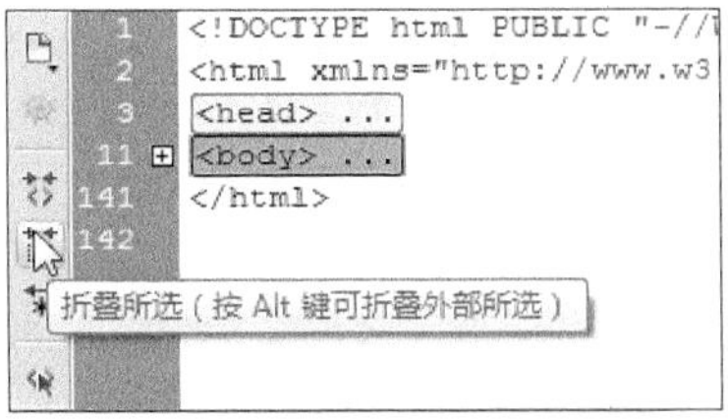

图 14-4-18

折叠整个标签，用户无需选择，只要把光标置于要折叠的标签之内，单击该按钮即可。

折叠所选，用户可任意选择代码的一部分用来折叠，不必拘泥于单个标签。

扩展全部，将当前文档中所有折叠的代码展开。

另外，还需要强调一个小技巧，在折叠代码时按下"Alt"键可以反向折叠，也就是除当前标签或所选外，折叠其他所有的部分。

14.4.4　选择代码

选择代码用来选中需要的代码或区分不同的代码群，有利于更高效地编辑代码。例如，建立了一个表格，那么标签大致会分为三层，最外面的 <table> 表格层、下级的 <tr> 表格行层和底层的 <td> 单元格层。假设当前光标在 <td> 内，如果要使用 Dreamweaver 的选择父标签功能（位于"代码编写工具栏"），单击一次选择 <td></td> 间的内容，单击两次选择 <tr></tr> 间的内容，单击三次选择 <table></table> 间的内容，图 14-4-19 所示为单击三次后的结果。

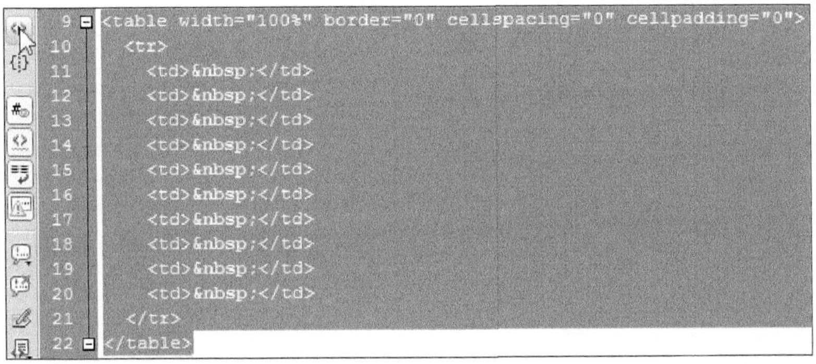

图 14-4-19

另外，还有一个选取当前代码段功能（位于"代码编写工具栏"），该功能用来选择成对匹配的圆括号、尖括号或方括号之间的代码段。

14.4.5 插入 HTML 注释

注释作为代码的文字提示，并不起到执行某种效果的作用，而且在最终的设计稿中也不会出现。但适当地插入注释可以方便理解代码，非常重要。

不同的脚本语言，所使用的注释形式不太相同。在 Dreamweaver 的"代码编写工具栏"中可以插入多种风格的注释，包括应用 HTML 注释，应用 /* */ 注释、应用 // 注释、应用 '注释和应用服务器注释，如图 14-4-20 所示。

图 14-4-20

应用 HTML 注释：<!-- 在所选 HTML 代码两侧添加的注释 -->。

应用 /* */ 注释：/* 在所选 CSS 或 JavaScript 代码两侧添加的多行风格的注释 */。

应用 // 注释：// 在所选 CSS 或 JavaScript 代码行首添加的单行风格的注释。

应用 '注释：' 在 Visual Basic 行首插入的单行风格的注释。

几种注释在代码状态的效果如图 14-4-21 所示。另外，应用服务器注释取决于服务器的类型，才能确定 ColdFusion、ASP、ASP.NET、PHP、JSP 等使用何种风格的注释。

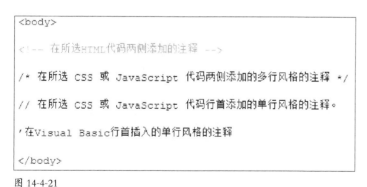

图 14-4-21

14.4.6 插入代码片段

Dreamweaver 提供的代码片段面板其实就是一个大型的代码库，里面收集了很多常用的代码段，以方便用户在使用的时候直接拖入页面。该面板有详细的分类，包括导航、内容表、页眉等，方便管理和查询。

要调出该面板，可以在菜单栏中执行"窗口→代码片段"命令，或按下"Shift+F9"组合键。这里选择了页眉组里的"文本位于顶部"代码片段，在该面板的上部已出现了该代码的效果预览，如图 14-4-22 所示。

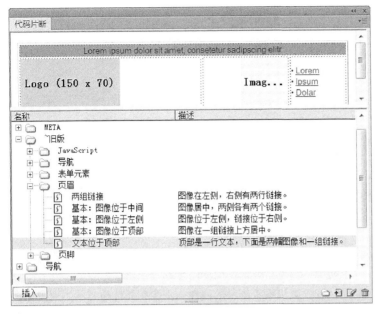

图 14-4-22

直接将该代码拖入代码视图或设计视图均可，上面标注了导航、图片和文字的插入位置，用户只需相应添加或修改成真实的内容即可，如图 14-4-23 所示。

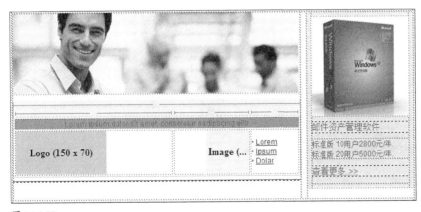

图 14-4-23

当然，代码片断的意义并不主要是使用现有的代码，更重要的是该代码库后期的扩展性，用户可以把自己常用或收集的代码添加到该面板，以备将来使用。在代码视图选择一段代码，然后在代码片段面板的右上角单击，在弹出的下拉列表框中选择"新建代码片段"选项，即出现"代码片段"对话框，会发现刚才选择的代码已自动添加其中，输入相应的名称和描述即可完成，如图 14-4-24 所示。完成后用户会在"代码片段"面板的最底层发现刚才添加的代码片段。

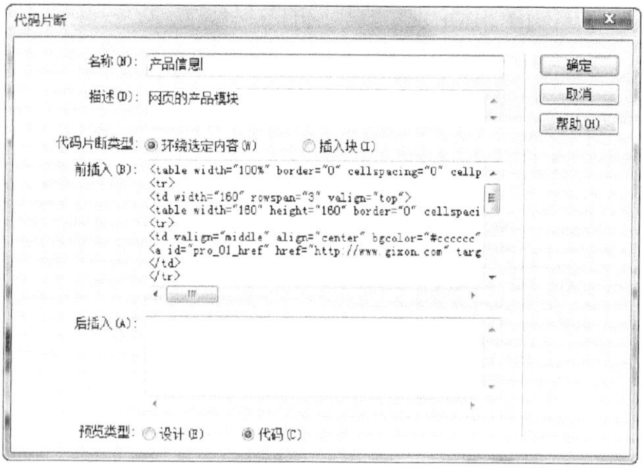

图 14-4-24

14.4.7　使用标签检查器

使用属性检查器可以设置大部分对象的值，这大大方便了程序的开发。但属性检查器空间有限，它只会提供常用的一些属性。一些较深入的属性或权威机构不推荐的属性均不会在属性检查器中列出，比如水平线的颜色属性、表格的明暗边框属性、框架和规则属性等。而标签检查器就是一个更全面的解决方案，里面包含了标签所有可能出现的属性。

执行"窗口→标签检查器"命令或按下"F9"键即可调出"标签检查器"面板。该面板有两种视图形式，一种是"显示类别视图"，将属性分类来展示，包括的类别有常规、浏览器特定的、CSS/ 辅助功能、语言、GlobalAttributes、Spry、ICE、Accessibility 和未分类；另一种是显示列表视图，将所有的属性按从 A ~ Z 的字母顺序直接列出，图 14-4-25 所示为两种视图形式。

图 14-4-25

两种视图形式都分为左右两列，左边为属性，右边为该属性的值。有些值可以直接在列表框中选择，而有些需要直接输入，当然适当的时候还会出现拾色器或浏览文件窗口等。

这里我们选择了一个表格，在标签检查器中就出现了该表格所有可能出现的属性。用户可以看到 frame 框架属性和 rules 规则属性是属性检查器中没有的，如图 14-4-26 所示。其中 frame 属性控制着表格最外围的 4 条边框的可见性，而 rules 属性则控制着表格内部边框的可见性。

图 14-4-26

这里将 frame 框架属性的值设置为 vsides，也就是只显示垂直方向的两条边框。以下列出了 frame 属性各值的含义。

void：不显示表格最外围的边框，默认值。

box：同时显示 4 条边框。

border：同时显示 4 条边框，与 box 类似。

above：只显示顶部边框。

below：只显示底部边框。

lhs：只显示左侧边框。

rhs：只显示右侧边框。

hsides：只显示水平方向的两条边框。

vsides：只显示垂直方向的两条边框。

这里将 rules 规则属性的值设置为 rows，也就是只为表格行加边框。以下列出了 rules 属性各值的含义。

none：无边框，默认值。

groups：为行组或列组加边框。

rows：只为行加边框。

cols：只为列加边框。

all：为所有行列加边框。

图 14-4-27 所示为该表格在设计窗口以及最后预览的效果，该效果无法在设计视图做到所见即所得。

品牌名称	天梭	机型产地	瑞士
款式类别	女表	表盘颜色	银色
显示类别	指针	表带颜色	蓝色
机芯类别	石英	表扣类型	针扣式

品牌名称	天梭	机型产地	瑞士
款式类别	女表	表盘颜色	银色
显示类别	指针	表带颜色	蓝色
机芯类别	石英	表扣类型	针扣式

图 14-4-27

14.4.8　快速标签编辑器

在设计视图中，用户甚至不必切换至代码视图即可对代码进行一些细节的添加和修改。快速标签编辑器允许用户在设计窗口插入、编辑和环绕代码。

要进入该状态有三种方法，按下"Ctrl+T"组合键进入、在属性检查器的右上角单击"快速标签编辑器"按钮或在菜单中执行"修改→快速标签编辑器"命令。

快速标签编辑器包括三种模式：插入 HTML 模式、环绕标签模式和编辑标签模式。它们的快捷键完全相同，区别在于用户所选择的对象。

插入 HTML 模式用来在当前光标位置插入新的标签或代码，只需在当前位置插入光标而无需选择任何代码。按下"Ctrl+T"组合键后，会出现一个尖括号。像在代码视图中输入代码一样，这里会出现相关的代码提示,也就是标签和属性列表框供选择,图14-4-28所示为正在插入HTML模式选择一个水平线的对齐属性。

图 14-4-28

环绕标签模式用来将一个标签环绕在其他内容或标签的周围。比如这里选择了一段文字并按下"Ctrl+T"组合键，若要将标题 1 格式标签环绕在该段文字周围，直接输入 <h1></h1> 即可，如图 14-4-29 所示。

图 14-4-29

编辑标签是对现有已完成的或需要添加新参数的标签进行编辑，同样是在设计视图中，选择一个对象或在标签选择器（位于文档窗口最下方的）中选择一个标签，按下"Ctrl+T"组合键即可看到该标签的全部代码，如图 14-4-30 所示。

图 14-4-30

14.4.9 使用标签选择器

标签选择器同样可以避免用户记忆和书写大量代码，它将常用语言的标签全部收集起来供用户调用，不用键盘就能完成众多代码的输入。进入标签选项器的常用方法有两种，一种是在"常用"选项卡中单击最后一个按钮"标签选择器"，另一种是在代码视图中单击鼠标右键，在弹出的快捷菜单中选择"插入标签"命令，同样可进入该选择器的界面。

进入"标签选择器"后，用户可以看到标签被分为多种，包括 HTML、JSP、PHP、ASP.NET 等，而下级又被分得更细，比如 HTML 标签就被分为页面构成类、列表、表单等。这里选择"HTML 标签→页面合成→ body"选项，可以看到面板下部的标签信息中列出了 <body> 标签的用法，如图 14-4-31 所示。

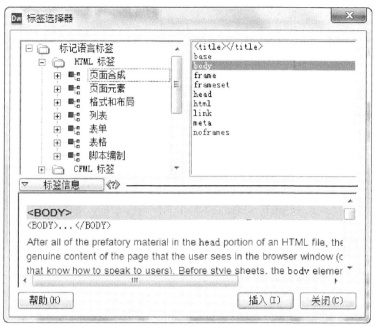

图 14-4-31

单击"插入"按钮后，就进入了标签编辑器中 <body> 的属性设置，可以看到这里的属性比属性检查器中的要全面得多，并且属性是被分过类的，甚至可以设置该对象的各种鼠标或键盘事件，如图 14-4-32 所示。

由"标签选择器"插入后的代码，还可以重新回到"标签选择器"界面进行编辑。选择该标签，单击鼠标右键，在弹出的快捷菜单中选择"编辑标签"命令即可，如图 14-4-33 所示。注意，非"标签选择器"插入的代码同样可以使用该功能。

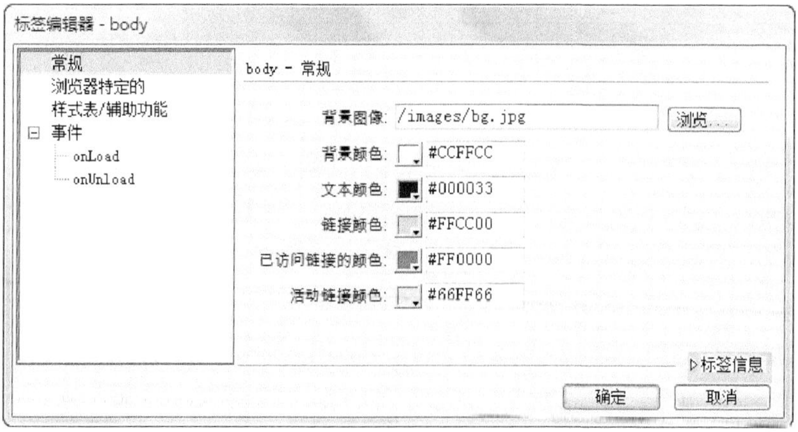

图 14-4-32

图 14-4-33

14.4.10 使用语言参考

程序员很难把编程语言的属性、参数一一记牢，所以有一本即查即用的参考书很有必要，语言参考其实就是一本编程语言的字典，方便用户查询。

使用的方法很简单，只需在代码环境下选择要查询的标签，单击鼠标右键，从弹击的快捷菜单中选择"参考"命令即可。比如这里查询的是 Body 的 bgcolor 属性，如图 14-4-34 所示。

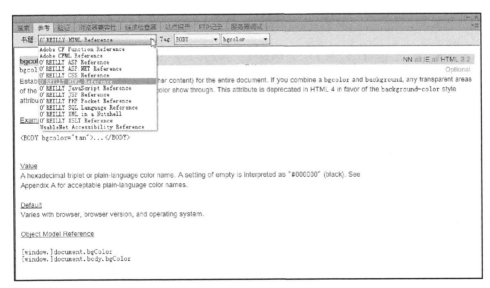

图 14-4-34

14.5 自定义编码环境

14.5.1 设置代码格式

通常情况下,建议使用 Dreamweaver 默认的代码格式。但定义个性的或特殊的代码编写环境也并非难事。可以通过"首选参数"对话框来指定代码的格式,例如缩进、行长度和属性大小写等,如图 14-5-1 所示。执行"编辑→首选参数"命令,在弹出对话框左侧的"分类"列表框中选择"代码格式"选项。这里只介绍其中较常用的几个参数。

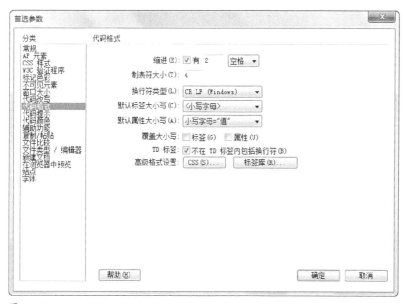

图 14-5-1

缩进:用来设置由系统生成的代码是否自动缩进或缩进几个空格或制表符。

制表符大小:设置每个制表符(TAB)字符在代码视图中显示为多少个空白字符宽度。

自动换行:设置在一行到达指定的列宽度(如几列之后)时插入一个换行符。

默认标签大小写和默认属性大小写:用来控制标签和属性名称的大小写。

14.5.2 设置代码颜色和提示

Dreamweaver 的编码环境有一套默认的代码颜色,不同的字符、属性和参数使用不同的颜色,有利于区分代码。要重新设置代码颜色,可执行"编辑 -> 首选参数"命令,在弹出对话框左侧的"分类"列表框中选择"代码颜色"选项,然后选择需要更改的文档类型,并单击"编辑颜色方案"按钮,在该对话框的下部可以看到设置后颜色的预览,如图 14-5-2 所示。

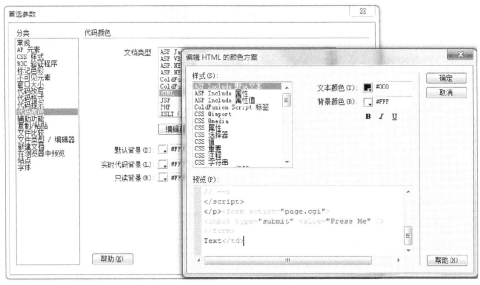

图 14-5-2

代码提示是编写代码的过程中不可缺少的好帮手，它一般会出现在代码视图、代码检查器或快速标签编辑器中，方便用户快速选择标签、属性和属性值。

用户可以执行"编辑→首选参数"命令，在弹出对话框左侧的"分类"列表框中选择"代码提示"选项。在这里，用户可选择是否使用 Dreamweaver 的自动完成功能，启用代码提示的延时以及出现全部或部分提示菜单等，如图 14-5-3 所示。

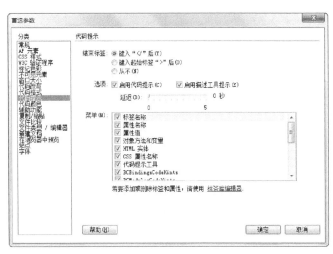

图 14-5-3

14.5.3 使用外部编辑器

Dreamweaver 是一个开放的开发环境，对于一些程序员来说，如果之前用惯了某种代码编辑器，或认为精练的编辑器更能提高效率，那么可以选择一个自己的外部编辑器（如记事本、TextEdit 或 BBEdit 等），或为特定的文件类型指定外部编辑器。

用户可执行"编辑 -> 首选参数"命令，在弹出对话框左侧的"分类"列表框中选择"文件类型 / 编辑器"选项。在这里可以很方便地选择要编辑代码的扩展名（如 .js、.css、.vb 等），以及外部代码编辑器，图 14-5-4 所示设置了外部编辑器为"记事本"（NOTEPAD）。

图 14-5-4